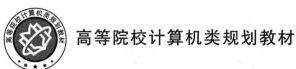

高等院校计算机类规划教材

U0309707

# 计算机视觉应用开发

毋建军　姜　波　编著

北京邮电大学出版社
www.buptpress.com

# 内 容 简 介

本书从机器学习与计算机视觉处理实践出发,通过案例介绍了计算机视觉处理相关的机器学习开发技术,包括机器学习基础、图像处理基础、特征选择与降维、典型机器学习算法、深度学习与图像识别、AI云平台及移动端应用等;详细介绍了基于机器学习的计算机视觉处理技术和算法,并以神经网络中的卷积神经网络(CNN)、循环神经网络(RNN)、AI云平台开发为例,介绍了从网络结构搭建、网络训练到模型预测应用的训练方法和开发过程。

本书配套教学课件PPT和案例源代码,以及课后习题帮助读者进行深入学习。

本书既可作为高等院校人工智能、计算机、大数据、图形图像处理等相关专业的教材,又可作为计算机专业相关人员的技术参考书。

**图书在版编目(CIP)数据**

计算机视觉应用开发 / 毋建军,姜波编著. -- 北京:北京邮电大学出版社,2022.6
ISBN 978-7-5635-6647-1

Ⅰ. ①计… Ⅱ. ①毋… ②姜… Ⅲ. ①计算机视觉 Ⅳ. ①TP302.7

中国版本图书馆 CIP 数据核字(2022)第 079830 号

策划编辑:彭 楠　　责任编辑:王晓丹　左佳灵　　责任校对:张会良　　封面设计:七星博纳

出版发行:北京邮电大学出版社

社　　　址:北京市海淀区西土城路 10 号

邮政编码:100876

发 行 部:电话:010-62282185　传真:010-62283578

E-mail:publish@bupt.edu.cn

经　　　销:各地新华书店

印　　　刷:保定市中画美凯印刷有限公司

开　　　本:787 mm×1 092 mm　1/16

印　　　张:18

字　　　数:473 千字

版　　　次:2022 年 6 月第 1 版

印　　　次:2022 年 6 月第 1 次印刷

ISBN 978-7-5635-6647-1　　　　　　　　　　　　　　　　　　　　　　定价:42.00 元

# 前　　言

计算机视觉作为人工智能技术的一个分支，已经在社会场景中有了广泛应用，如自动驾驶、人脸识别、目标识别追踪、医疗诊断、视频监控、移动机器人、自动检测等。计算机视觉是一门关于"看"的研究，旨在识别和理解图像及视频的内容，由于其研究应用贴近人们生活，并被广泛应用，已成为人工智能技术再次蓬勃发展和走向社会民生的重要标志，也已成为一个综合性的学科。

目前，计算机视觉与芯片制造、机械制造、移动终端技术、航天工业等领域都有了深入的结合，有着丰富的第三方库和云平台支持。计算机视觉领域中关于数字图像处理和 MATLAB 示例的书籍不少，但与深度学习、神经网络、Python 编程、开源框架、云平台相关的书籍较少，能帮助读者易于上手的教材更为短缺。因而，本书在机器学习的基础上，通过案例全面深入地介绍了计算机视觉中的图像处理基础、特征选择与降维、典型机器学习算法、深度学习与图像识别、AI 云平台及移动端应用等，并介绍了计算机视觉在神经网络、移动终端技术中的开发和应用，供读者全面深入学习计算机视觉的新技术。

本书从计算机视觉的基础图像处理开始讲起，以机器学习技术为纵线，由浅入深，逐步介绍在图像基础处理、图像特征筛选、图像识别、图像理解及应用等方面的技术，以及常用的图像数据处理机器学习算法、Python 库、深度学习框架、神经网络等内容。全书共 6 章，共分 3 部分：计算机视觉基础（第 1 章、第 2 章）；计算机视觉算法（第 3 章、第 4 章、第 5 章）；计算机视觉在 AI 云平台及移动端的应用（第 6 章）。全书由毋建军、姜波编著，其中姜波编写了第 4 章，感谢郭舒对本书部分内容编写工作的付出和支持。

本书面向高等院校人工智能、大数据、计算机科学与技术等专业，涵盖了计算机视觉所涉及的主要技术，通过真实企业项目案例，在案例构建、内容组织上全方位涵盖了计算机视觉应用开发的基本流程操作，可操作性、可读性强，可供从事人工智能技术应用开发、计算机视觉应用开发的读者学习。

本书所介绍的知识和项目案例涵盖了图像分类、目标检测、图像计算及变换、卷积神经网络(CNN)及循环神经网络(RNN)、人脸及人体检测等相关技术的设计和开发,涉及 OpenCV、TensorFlow、PyTorch、PIL、Scikit-image 等库及集成工具,使读者可以轻松完成计算机视觉的基础任务。本书是校企合作开发教材,感谢北京政法职业学院对本教材的资助,以及合作企业的支持。

本书的代码调试工作由毋建军、姜波、郭舒和合作企业完成。

本书提供所有项目源代码及数据,可联系北京邮电大学出版社获取。

书中难免存在不妥之处,恳请读者提出宝贵意见。

作　者

# 目　　录

# 第1章　机器学习基础

本章主要介绍机器学习的基础知识,包含机器学习问题、任务、常见应用场景,如机器学习的发展历程、机器学习的各个学派、典型算法,以及回归、分类、语音识别等典型处理任务;同时,介绍了机器学习在不同系统平台下开发环境的搭建,以及机器学习常用库、框架、开源平台、常用工具集等,使读者通过本章的学习,能够深入了解机器学习的基础知识。

**本章学习目标:**

(1) 了解人工智能、机器学习及其关系;
(2) 熟悉机器学习中的基本问题及典型任务;
(3) 了解机器学习在各领域的场景应用;
(4) 掌握机器学习开发环境的搭建;
(5) 熟悉机器学习常用库、机器学习框架、机器学习平台。

在学习完本章后,将对机器学习的基础知识有一个全面的掌握和熟悉,并为其后续的实际应用开发打下基础。

## 1.1　机器学习简介

### 1. 人工智能

1950 年,计算机科学之父艾伦·麦席森·图灵在"Computing Machinery and Intelligence"一文中提出了机器学习、遗传算法、图灵测试等概念;1956 年,约翰·麦卡锡在达特茅斯(Dartmouth)会议上提出"人工智能"(Artificial Intelligence,AI)一词,其定义是利用人工的方法和技术,模仿、延伸和扩展人的智能,实现机器智能,让机器的行为看起来像人所表现出的智能行为一样。人工智能有 4 个基本任务,分别是知识表示、搜索、推理和机器学习。人工智能涵盖很多学科,其研究的主要内容有以下几个方面。

(1) 计算机视觉,包含模式识别、图像处理、图像生成、人脸识别等;
(2) 自然语言理解与交流,包含文本理解及生成、摘要生成、语义理解、语音识别及合成等;
(3) 认知与推理,包含逻辑推理、自动推理、搜索、物理及社会常识等;

（4）机器人学，包含智能控制与设计、运动规划、任务规划、博弈等；

（5）人工智能伦理，包含社会伦理、伦理规范、伦理标准等；

（6）机器学习，包含知识表示、知识获取、知识处理、统计建模及相关分析工具和计算方法等。

人工智能按智能程度分为弱人工智能、强人工智能、超人工智能三个阶段。

弱人工智能（Narrow AI）只专注于特定的任务，只用于解决特定具体类的任务问题，包含了学习、语言、认知、推理、创造和计划，目标是使人工智能在处理任务的同时，与人类开展交互式学习，如语音识别、图像识别和翻译等任务。

强人工智能认为机器不仅是一种工具，而且本身拥有思维。强人工智能机器有真正推理和解决问题的能力，被认为有知觉和有自我意识。强人工智能分为类人的人工智能和非类人的人工智能两种。类人的人工智能，即机器的思考和推理方式就像人的思维方式一样；非类人的人工智能，即机器产生了和人完全不一样的知觉和意识，使用和人完全不一样的推理方式。

超强人工智能认为机器在几乎所有领域都比最聪明的人类大脑还聪明很多，包括科学创新、通识和社交技能（Nick Bostrom 定义）。

目前人工智能还介于弱人工智能和强人工智能之间，其发展历程如图 1-1 所示，距离强人工智能还有较长的路要走。

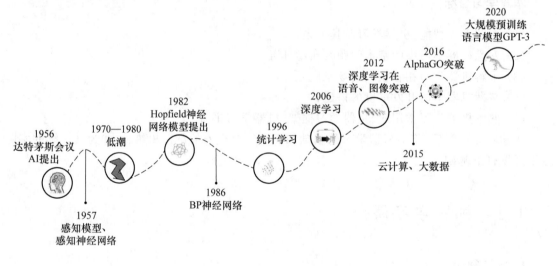

图 1-1　人工智能发展历程

### 2. 机器学习

机器学习（Machine Learning，ML）是研究计算机（机器）如何模拟和实现人的学习行为的一种技术。它从历史数据或经验中发现规律或获取知识、技能，利用新学到的知识和已存在的知识，改进问题的求解方法和提升系统的性能。1998 年，Tom Mitchell 提出机器学习定义为：提出学习问题后，如果计算机程序对于任务 T 的性能度量 P 通过经验 E 得到了提高，则认为此程序对经验 E 进行了学习。

在机器学习的研究历程中，可分为符号主义、联结主义、进化主义、贝叶斯派、类比主义 5 个学派，它们分别起源于不同的学科，也有着不同的代表性算法和领域人物。详见表 1-1。

表 1-1　机器学习学派及其他信息

| 机器学习学派 | 起源学科 | 代表性算法 | 代表性人物 | 应用 |
| --- | --- | --- | --- | --- |
| 符号主义 (Symbolists) | 逻辑学、哲学 | 逆演绎算法(Inverse Deduction) | Tom Mitchell、Steve Muggleton、Ross Quinlan | 知识图谱 |
| 联结主义 (Connectionist) | 神经科学 | 反向传播算法(Backpropagation)、深度学习(Deep Learning) | Yann LeCun、Geoff Hinton、Yoshua Bengio | 机器视觉、语音识别 |
| 进化主义 (Evolutionaries) | 进化生物学 | 基因编程(Genetic Programming) | John Koda、John Holland、Hod Lipson | 海星机器人 |
| 贝叶斯派 (Bayesians) | 统计学 | 概率推理(Probabilistic Inference) | David Heckerman、Judea Pearl、Michael Jordan | 反垃圾邮件、概率预测 |
| 类比主义 (Analogizer) | 心理学 | 核机器(Kernel Machines) | Peter Hart、Vladimir Vapnik、Douglas Hofstadter | 推荐系统 |

机器学习的基本流程为输入数据,然后通过模型训练,预测结果,模型通常为函数,如图 1-2 所示。

机器学习通常分为有监督学习、半监督学习、无监督学习、深度学习、强化学习、深度强化学习。它们之间的关系如图 1-3 所示。除此之外,还有对抗学习、对偶学习、迁移学习、分布式学习和元学习等。

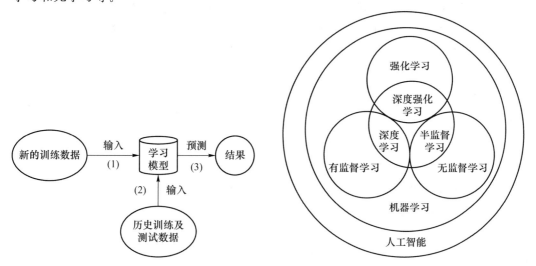

图 1-2　机器学习过程

图 1-3　人工智能、机器学习、有监督学习、无监督学习、深度学习、强化学习、深度强化学习之间的关系

机器学习的整个流程包括定义问题、收集数据、建立特征工程、训练模型、评估模型、应用模型、调优模型,然后再将应用的结果反馈到问题定义,如图 1-4 所示。

机器学习处理流程步骤如下。

(1) 定义问题:根据具体任务,定义学习问题。

(2) 收集数据:将收集的数据分成训练数据、验证数据和测试数据。

(3) 建立特征工程:使用训练数据来构建使用相关特征。

(4) 训练模型:根据相关特征训练模型。

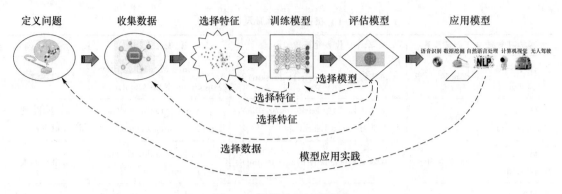

图 1-4　机器学习处理流程

（5）评估模型：使用验证数据评估训练的模型，使用测试数据检查被训练的模型的表现。

（6）应用模型：使用完全训练好的模型在新数据上做预测。

（7）调优模型：根据模型应用中的问题，以及更多数据、不同特征、不同参数来提升算法的性能表现。

传统的机器学习算法包含线性回归、逻辑回归、决策树、支持向量机、贝叶斯网络、神经网络等。与传统机器学习不同的是，深度学习采用端到端的学习，基于多层的非线性神经网络，直接从原始数据学习，自动抽取特征，从而实现回归、分类等目标。

强化学习是机器学习的子类领域，是机器学习中一类学习算法的统称。其主要通过智能体在动态系统、环境中，与系统或环境进行交互获得的奖罚训练指导学习行为，从而最大化累积奖赏或回报，以使奖励信号（强化信号）函数值最大。强化学习可分为免模型学习（Model-Free）和有模型学习（Model-Based）两种。强化学习在控制理论、运筹学、统计学等领域也有广泛应用。

# 1.2　机器学习任务

## 1.2.1　机器学习问题

机器学习研究中有许多前沿问题和基本问题。基本问题有回归、分类、聚类、降维、网络学习等；前沿问题有规模化学习、参数空间自动配置学习、最优拓扑结构搜索等。下面就其基本问题进行简述。

### 1. 回归

回归分析用于预测输入变量（自变量）和输出变量（因变量）之间的关系，如图 1-5 所示，特别是当输入变量的值发生变化时，输出变量的值则随之发生变化，其中要学习的答案是一个连续值。直观来说，回归问题等价于函数拟合，选择一条函数曲线使其很好地拟合已知数据且能很好地预测未知数据。常用回归算法包括线性模型、非线性模型、规则化、逐步回归、提升（Boosted）和袋装（Bagged）决策树、

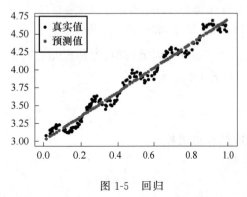

图 1-5　回归

神经网络和自适应神经模糊学习。

**2. 分类**

从数据中学习一个分类决策函数或分类模型(分类器),对新的输入进行输出预测,输出变量取有限个离散值。如图 1-6 所示,仅有两个可能的值时,称为二元分类问题,有多个值的分类称为多元分类问题。用于实现分类的常用算法包括支持向量机(SVM)、提升决策树和袋装决策树、$k$-最近邻、朴素贝叶斯(Naïve Bayes)、判别分析、逻辑回归和神经网络。

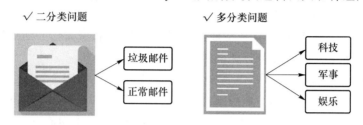

图 1-6  分类问题

分类在我们日常生活中很常见,例如"垃圾邮件分类"的二分类问题以及"新闻板块分类"的多分类问题等。

**3. 聚类**

聚类即给定一组样本特征,通过发掘样本在 $N$ 维空间的分布,分析样本间的距离,如哪些样本距离更近,哪些样本之间距离更远,来进行样本类别的划分。聚类用于分析样本的属性,类似于分类,不同的是,分类在预测前知道属性范围,或者说知道有多少个类别,而聚类事先并不知道样本的属性范围,只能凭借样本在特征空间的分布来分析样本的属性,如图 1-7 所示。

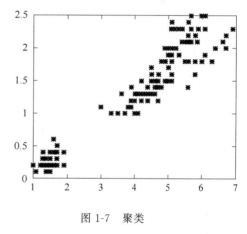

图 1-7  聚类

聚类的常用算法包括 $k$-均值和 $k$-中心点、分层聚类、模糊聚类、高斯混合模型、隐马尔可夫模型、自组织映射、减法聚类、单连接群集、预期最大化(EM)、非负矩阵分解、潜在狄利克雷分配(LDA)。

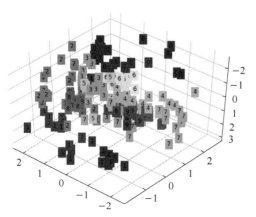

图 1-8  手写数字降维映射到三维空间

**4. 降维**

降维有很多重要应用,如数百万维的特征,特征维数过高,会增加训练的负担与存储空间,希望去除特征的冗余,用更加少的维数来表示特征。另外,降维可以加快训练的速度,筛选掉一些噪音和冗余特征,但同时也会丢失一些信息,因而需要掌握它们之间的平衡问题。

除此之外,降维也可以使高维度的数据在低维度实现数据可视化,通过视觉直观地发现一些非常重要的信息,如图 1-8 所示。

**5. 网络学习**

网络学习是通过计算机学习网络的浅层结构、

深层结构、网络节点表示、节点重要性及其作用等信息。常见的网络学习算法有自组织映射、感知、反向传播、自动编码、Hopfield 网络、玻尔兹曼机器、限制玻尔兹曼机器、Spiking 神经网络等。其典型应用有用户画像、网络关联分析、欺诈作弊发现、热点发现等。

### 1.2.2 机器学习典型任务

机器学习任务是根据所定义的问题,利用训练数据或规则所进行的预测或推理的一种场景模式。机器学习任务通常依赖于数据中的模式或者人工设定的规则进行学习,通常不同的场景有不同任务模式。例如,分类任务将数据分配给相应类别,聚类任务则根据相似性对数据进行分组。常见的机器学习任务有以下几种。

**1. 分类任务**

分类问题是输出变量为有限个离散变量的预测问题。分类任务用于预测数据实例所属的类别。分类算法输入是一组标记示例,输出是一个分类器,可用于预测未标记的新实例的类。在分类任务中,计算机程序需要指定某些输入属于 $K$ 类中的哪一类。为了完成这个任务,学习算法通常会返回一个函数。当 $y=f(x)$ 时,模型为向量 $x$ 所代表的输入指定数字码 $y$ 所代表的类别。分类任务的输入也可以是图片(通常用一组三通道像素值表示),输出是表示图片的数字码,进行图像分类识别。例如,基础的人脸识别、图物识别等。

**2. 回归任务**

回归问题是输入变量与输出变量均为连续变量的预测问题。回归任务输入是一组带已知值标签的示例,输出是一个函数,可用于预测任何一组新输入特征的标签值,模拟其相关特征上的标签依赖关系,以确定标签将如何随着特征值的变化而变化。

分类和回归的区别是输出变量的类型和空间不同。回归是定量输出(输出空间是度量空间,度量输出值与真实值之间的误差),是连续变量预测;分类是定性输出(输出空间不是度量空间),是离散变量预测。

**3. 语音识别**

语音识别在搜索、金融、教育和互联网服务等领域的销售、客服电话自动识别、语音搜索场景有广泛的应用。

近年来,语音识别经历了从基于 DNN+HMM(深度神经网络和隐马尔可夫模型)和基于 LSTM+CTC(长短时记忆网络和连接时序分类)的不完全端到端到基于 Transformer(自注意力机制)的完全端到端的发展历程。2019 年,通过 Transformer-XL 神经网络结构引入循环机制和相对位置编码,解决了语音识别的超长输入问题,使得长序列建模能力更强,也使得语音识别系统的商业准确率有了大幅提高。

**4. 机器翻译**

在机器翻译任务中,输入的是一种语言的符号序列,计算机程序将其转化成另一种语言的符号序列。机器翻译由苏联科学家 Peter Troyanskii 于 1993 年提出,在机器中将一种语言转换为另一种语言。正式开始于 1954 年的 Georgetown-IBM 实验,使 IBM 701 计算机完成了史上首例机器翻译,自动将 60 个俄语句子翻译成了英语。机器翻译经历了基于规则的机器翻译(RBMT)、基于例子的机器翻译(EBMT)、统计机器翻译、神经机器翻译(NMT)四个主要阶段。从中可以看出,机器学习应用于机器翻译主要是在统计机器翻译、神经机器翻译阶段。当前的神经机器翻译中,深度学习产生了重要影响,如谷歌发布的 9 种语言的神经机器翻译 GNMT,它由 8 个编码器和 8 个 RNN 解码器层构成,解码器网络中加入了注意力连接和众包机制,使得用户可以帮助数据打标签并训练神经网络。机器翻译商业产品有谷歌的 Pixel Buds、科大讯飞等。

**5. 机器阅读理解**

机器阅读理解在输入给定需要机器理解的文章以及对应的问题下,通常以人工合成问答、完形填空、选择题、篇章抽取答案等形式出现。早期机器阅读理解将世界知识排除在外,采用人工构造的比较简单的数据集,让机器回答一些相对简单的问题。在深度学习的推动下,机器阅读理解的深度学习模型有一维匹配模型、二维匹配模型、推理模型、EpiReader 模型和动态实体表示模型等。其商业应用有搜索智能问答、智能家居人机交互、人工智能辅助阅片系统、人机对话的健康咨询等。

**6. 异常检测**

异常检测属于机器学习中的非监督学习问题,它通常在给定的数据集下,测试新的数据是不是异常,即这个测试数据不属于给定数据集的概率是多少。异常检测也可以是计算机程序在一组事件或对象中筛选,并标记不正常或非典型个体的过程。异常检测通常应用于信用卡诈骗检测、制造业产品异常检测、数据中心机器异常检测、入侵检测、垃圾邮件识别、新闻分类等场景。

## 1.3 机器学习应用场景

机器学习在上述典型任务及其他任务中被广泛应用,比如在音乐推荐、智能客服、智能反垃圾、用户画像、恶意流量识别、保险投保者分组、简历推荐、穿衣搭配推荐、基于用户位置信息的商业选址推荐、基于用户轨迹的商户精准营销和旅游地点推荐、基于用户兴趣的实时新闻推荐等。下面举几个例子简要说明。

**1. 广告推荐**

根据用户基本信息、上网浏览行为、点击行为等特征数据,提取浏览商品图像特征、价格等信息,实时描绘用户各个维度的信息及特征,提供给推荐、广告等系统,指导广告主进行定向广告投放和优化,使广告投入产生最大回报,提高推荐或广告的效果。

**2. 用户画像**

将用户的人口属性标签(包括性别、年龄、学历、爱好等)和用户历史的查询词一起作为训练数据,通过机器学习、数据挖掘技术构建分类算法来对用户的兴趣属性进行判定,构建多层级成体系的用户画像系统,从而实现精准营销和推广。

**3. 票房预测**

在题材、内容、导演、演员、编辑、发行方、历史票房数据、影评数据、舆情数据等数据的基础上,通过机器学习的算法,对电影市场票房进行预测。

**4. 新闻推荐**

通过挖掘对用户在线阅读的新闻文本内容、用户的潜在兴趣、用户的浏览行为进行分析,挖掘用户的新闻浏览模式和变化规律,设计及时准确的推荐系统预测用户未来可能感兴趣的新闻,并进行相应的新闻推荐,如今日头条等。

## 1.4　搭建机器学习开发环境

目前多数机器学习框架如 TensorFlow、PyTorch 等，都支持 Windows、Ubuntu、Mac OS 等操作系统下的开发和运行，支持运行在 NVIDIA 显卡上的 GPU 版本和只使用 CPU 进行计算的 CPU 版本。下面以 Windows 10 系统和 Linux（Ubuntu 18.04）系统为例，介绍安装和配置 Python、OpenCV、NVIDIA GPU 环境，以及安装 TensorFlow 框架、PyTorch 框架及其配套的开发软件。

### 1.4.1　开发环境系统要求

在 Windows 10 或 Linux(如 Ubuntu 18.04)操作系统下，首先查看自己电脑显卡的型号。如果显卡为 NVIDIA 系列，那么可选择安装 GPU 版本；否则，需装 CPU 版。

### 1.4.2　Windows10 系统平台下搭建开发环境

#### 1. 搭建 Python 开发平台

（1）安装 Anaconda，Anaconda 的下载地址为 https://www.anaconda.com/distribution/，选择 Windows 下的 Python 3.7 版本，依据系统是 32 位或 64 位，选择对应版本进行下载，如图 1-9 所示。

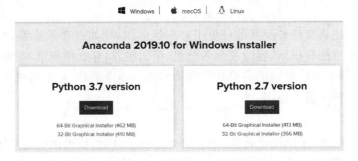

图 1-9　Anaconda 下载界面

（2）然后运行，直接默认安装即可，如图 1-10 所示，勾选默认添加环境变量，将 Anaconda 环境配置到 PATH 环境变量中。

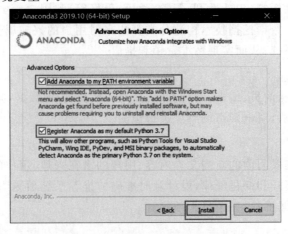

图 1-10　配置 Anaconda 环境

（3）安装完成后，检测 Anaconda 环境是否安装成功（查看 Anaconda 版本号），打开 Windows 下的 cmd，输入命令"conda-version"，如安装成功，则返回当前版本号，如图 1-11 所示。

图 1-11　检测 Anaconda 环境是否安装成功

（4）创建 OpenCV 并安装 Python 3.7，输入命令"conda create--name Opencv python＝3.7"，如图 1-12 所示。

图 1-12　创建 OpenCV 并安装 Python 3.7

（5）激活并进入环境，输入命令"conda activate Opencv"，如图 1-13 所示。

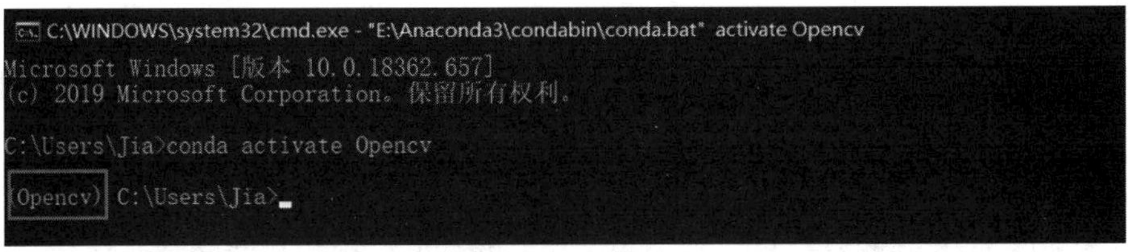

图 1-13　激活并进入环境

（6）安装 OpenCV，输入命令"pip install opencv-python"，如图 1-14 所示。

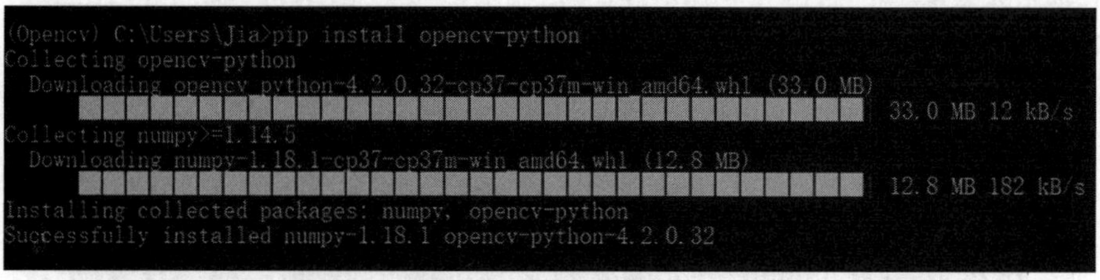

图 1-14　安装 Opencv

（7）进入 Python 解释器，输入命令"python"，如图 1-15 所示。

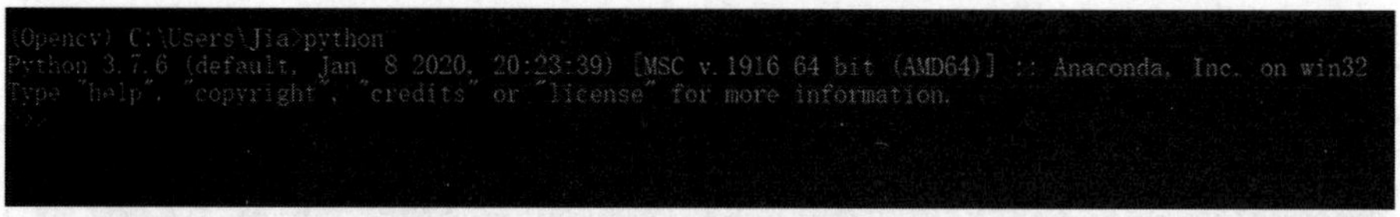

图 1-15　进入 Python 解释器

（8）测试 Python 环境，输入命令"print('hello world!')"，输出"hello world!"，如图 1-16 所示。

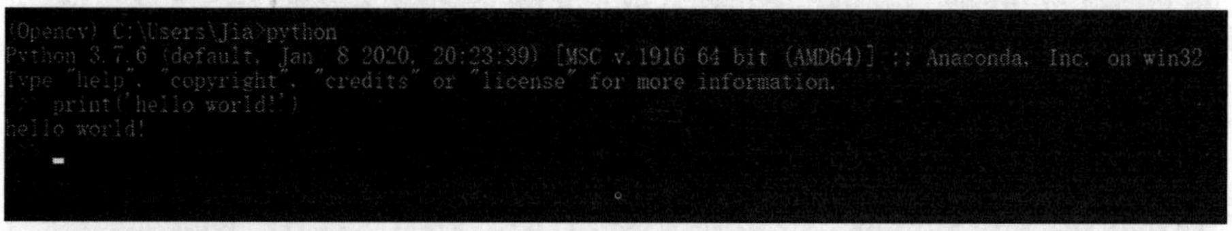

图 1-16　测试 Python 环境

### 2. 搭建 OpenCV 开发平台

（1）激活并进入环境，输入命令"conda activate Opencv"。

（2）安装 OpenCV 环境，输入命令"pip install opencv-python"，如图 1-17 所示。

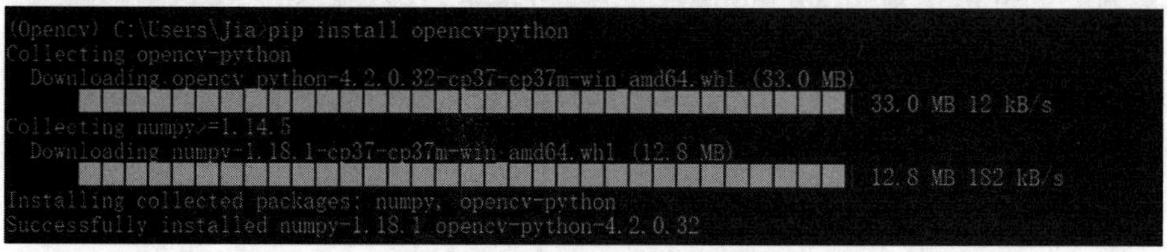

图 1-17　安装 OpenCV 环境

（3）测试 OpenCV 环境，进入 Python 解释器，输入"import cv2"，若不报错则为正常，如图 1-18 所示。

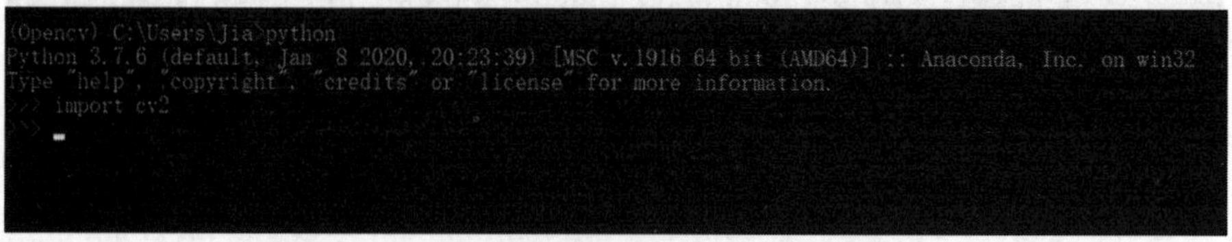

图 1-18　测试 OpenCV 环境

**3. 搭建 TensorFlow 开发平台**

（1）安装 TensorFlow-CPU，打开 Windows 的 cmd 命令行，创建环境 tf-cpu 并安装 Python 3.7，输入命令"conda create--name tf-cpu python＝3.7"，如图 1-19 所示。

图 1-19　创建 TensorFlow-CPU 环境

（2）激活并进入环境，输入命令"conda activate tf-cpu"，如图 1-20 所示。

图 1-20　激活并进入 TensorFlow-CPU 环境

（3）安装 TensorFlow-CPU，输入命令"pip install tensorflow＝＝1.13.1"，如图 1-21 所示。

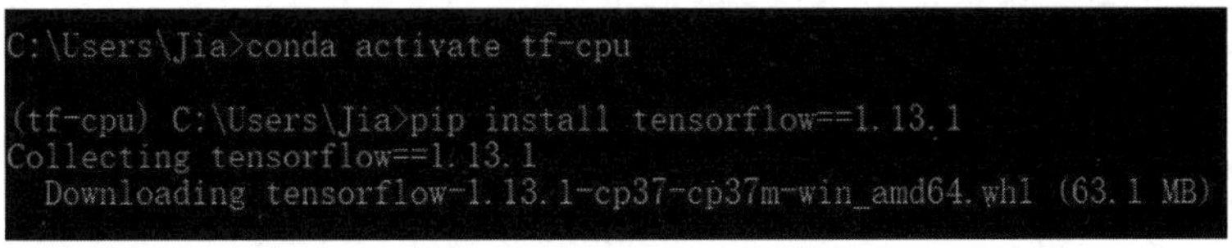

图 1-21　安装 TensorFlow-CPU

（4）安装 NumPy 1.16.0，输入命令"pip install numpy＝＝1.16.0"。

（5）测试 TensorFlow-CPU 安装环境，进入 Python 解释器，输入测试代码如下所示。

```
import tensorflow as tf
hello = tf.constant('Hello,Tensorflow! ')
sess = tf.Session()
print(sess.run(hello))
```

输出结果如下：

```
b'Hello,Tensorflow! '
```

（6）安装 TensorFlow-GPU，查看自己电脑显卡的型号。如果显卡是 NVIDIA 系列的，那么继续下面的步骤；如果显卡不是 NVIDIA 系列的，直接装 CPU 版即可。右击"此电脑"→"管理"→"设备管理器"→"显示适配器"，就可以查看自己电脑显卡的型号，如图 1-22 所示。

（7）打开英伟达官网 https://developer.nvidia.com/cuda-gpus 查看自己的显卡型号算力以及是否支持 GPU 加速，如果计算能力大于等于 3.5，那么可以装 GPU 版，如图 1-23 所示。

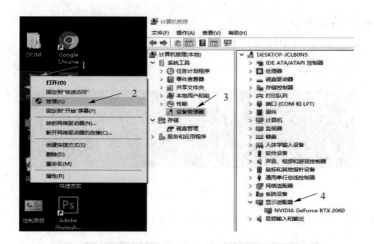

图 1-22　查看显卡型号

| GeForce和TITAN产品 | | GeForce笔记本电脑产品 | |
| --- | --- | --- | --- |
| 显卡 | 计算能力 | 显卡 | 计算能力 |
| NVIDIA TITAN RTX | 7.5 | Geforce RTX 2080 | 7.5 |
| Geforce RTX 2080 Ti | 7.5 | Geforce RTX 2070 | 7.5 |
| Geforce RTX 2080 | 7.5 | Geforce RTX 2060 | 7.5 |
| Geforce RTX 2070 | 7.5 | GeForce GTX 1080 | 6.1 |
| Geforce RTX 2060 | 7.5 | GeForce GTX 1070 | 6.1 |
| NVIDIA TITAN V | 7.0 | GeForce GTX 1060 | 6.1 |
| NVIDIA TITAN Xp | 6.1 | GeForce GTX 980 | 5.2 |
| NVIDIA TITAN X | 6.1 | GeForce GTX 980M | 5.2 |
| GeForce GTX 1080 Ti | 6.1 | GeForce GTX 970M | 5.2 |
| GeForce GTX 1080 | 6.1 | GeForce GTX 965M | 5.2 |
| GeForce GTX 1070 | 6.1 | GeForce GTX 960M | 5.0 |

图 1-23　查看显卡算力

（8）打开网址 https：//developer.nvidia.com/cuda-toolkit-archive，选择 local 版本进行下载并安装 CUDA Toolkit 10.0，如图 1-24 和如图 1-25 所示。

# CUDA Toolkit Archive

Previous releases of the CUDA Toolkit, GPU Computing SDK, documentation and developer drivers can be found using the links below. Please select the rel
below, and be sure to check www.nvidia.com/drivers for more recent production drivers appropriate for your hardware configuration.

Download Latest CUDA Toolkit　　　　　　　　　　Learn More about CUDA Toolkit 10

**Latest Release**

CUDA Toolkit 10.2 (Nov 2019), Versioned Online Documentation

**Archived Releases**

CUDA Toolkit 10.1 update2 (Aug 2019), Versioned Online Documentation

CUDA Toolkit 10.1 update1 (May 2019), Versioned Online Documentation
CUDA Toolkit 10.1 (Feb 2019), Online Documentation
CUDA Toolkit 10.0 (Sept 2018), Online Documentation
CUDA Toolkit 9.2 (May 2018),Online Documentation
CUDA Toolkit 9.1 (Dec 2017), Online Documentation
CUDA Toolkit 9.0 (Sept 2017), Online Documentation
CUDA Toolkit 8.0 GA2 (Feb 2017), Online Documentation
CUDA Toolkit 8.0 GA1 (Sept 2016), Online Documentation

图 1-24　选择 CUDA Toolkit 10.0

# CUDA Toolkit 10.0 Archive

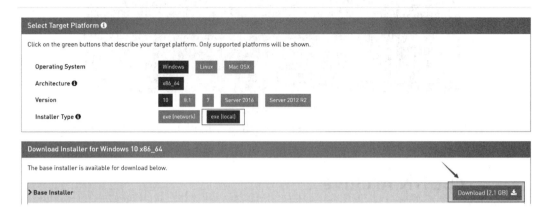

图 1-25　选择 local 版本

（9）安装 CUDA，运行下载好的安装包，选择"OK"进行解压，如图 1-26 所示。

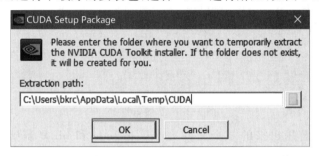

图 1-26　安装 CUDA

（10）在兼容性检测和同意许可协议后，选择精简安装，如图 1-27 所示。

图 1-27　选择精简安装

（11）安装完成后，重启即可，系统会自动添加环境变量。使用快捷键"win＋R"，然后输入"powershell"，接着输入命令"nvcc-V"即可验证是否安装成功，如图 1-28 所示。

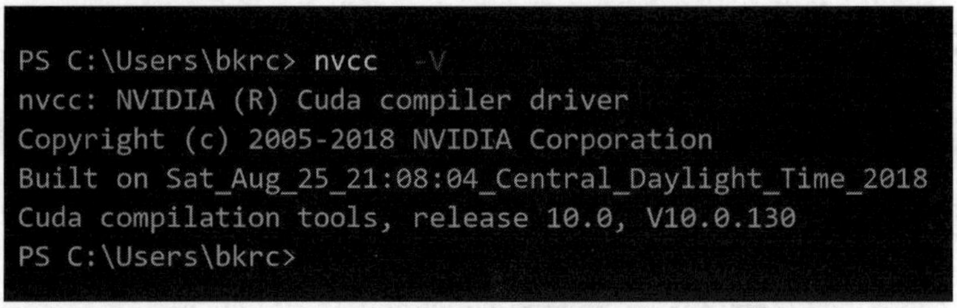

```
PS C:\Users\bkrc> nvcc  -V
nvcc: NVIDIA (R) Cuda compiler driver
Copyright (c) 2005-2018 NVIDIA Corporation
Built on Sat_Aug_25_21:08:04_Central_Daylight_Time_2018
Cuda compilation tools, release 10.0, V10.0.130
PS C:\Users\bkrc>
```

图 1-28　验证安装

（12）下载安装 cuDNN，在网址 https://developer.nvidia.com/rdp/cudnn-archive 中选择 for CUDA10.0，如图 1-29 所示。

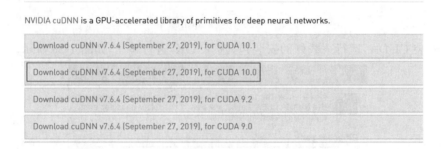

图 1-29　下载 cuDNN

（13）将 cuDNN 解压出来的 3 个文件夹 bin、include 和 lib 复制到 C:\Program Files\NVIDIA GPU Computing Toolkit\CUDA10 目录下，并重启系统。

（14）TensorFlow-GPU 的安装与步骤（1）至（2）相同，创建并激活进入环境 tf-gpu，输入代码如下：

```
conda create --name tf-gpu python = 3.7
conda activate tf-gpu
```

（15）安装 TensorFlow-GPU，输入命令"pip install tensorflow-gpu==1.13.1"，如图 1-30 所示。

图 1-30　TensorFlow-GPU 安装

（16）安装 NumPy 1.16.0,输入命令"pip install numpy＝＝1.16.0"。

（17）测试 TensorFlow-GPU 环境,进入 Python 解释器,输入测试代码如下所示,输出"True"即安装成功。

```
import tensorflow as tf
a = tf.test.is_built_with_cuda()
b = tf.test.is_gpu_available(cuda_only = False,min_cuda_compute_capability = None)
print(a)
print(b)
```

**4. 搭建 PyTorch 开发平台**

（1）打开 PyTorch 官网 https://pytorch.org/,GPU 的安装方式如图 1-31 所示,CUDA 选项为 None 即为 CPU 版本。

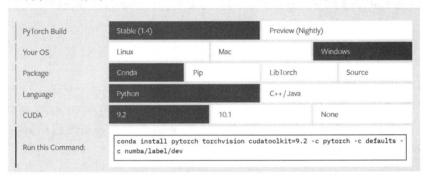

图 1-31　PyTorch 安装方式选择

（2）PyTorch 的安装,创建并激活进入环境 torch,输入命令如下:

```
conda create--name torch python = 3.7
conda activate torch
```

（3）输入图 1-31 中 Run this Command 框中的指令,安装 PyTorch-GPU,如图 1-32 所示。

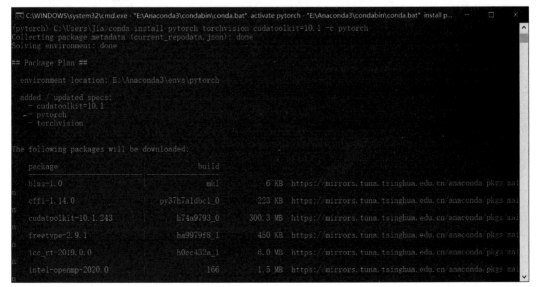

图 1-32　安装 PyTorch-GPU

（4）测试安装是否成功，进入 Python 解释器，输入如下代码：

```
import torch
print("cuda is available {}".format(torch.cuda.is_available()))
print("torch version {}".format(torch.__version__))
```

运行结果如图 1-33 所示。

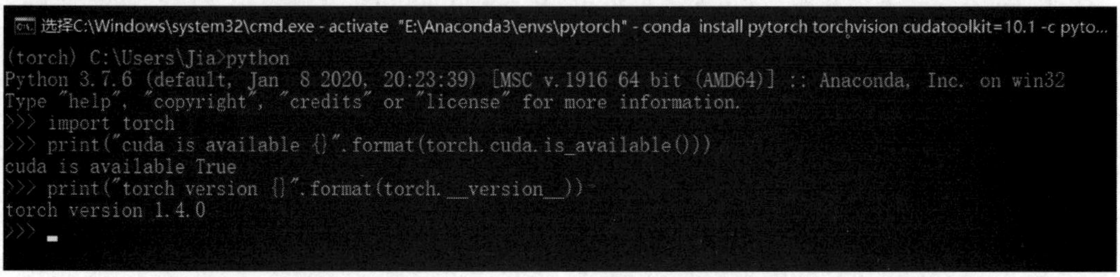

图 1-33　测试 PyTorch 环境

### 1.4.3　Linux 系统平台下搭建开发环境

**1. 搭建 Python 开发平台**

（1）安装 Anaconda，打开 Anaconda 官网 https://www.anaconda.com/products/distribution，选择 Linux Python 3.9 版本，然后下载与 64 位操作系统对应的版本。当前最新版本是 Anaconda3-2021.11-Linux-x86_64.sh，如图 1-34 所示。

图 1-34　Anaconda 下载界面

（2）进入 Anaconda 目录，执行命令：bash Anaconda3-2021.11-Linux-x86_64.sh，如图 1-35 所示。

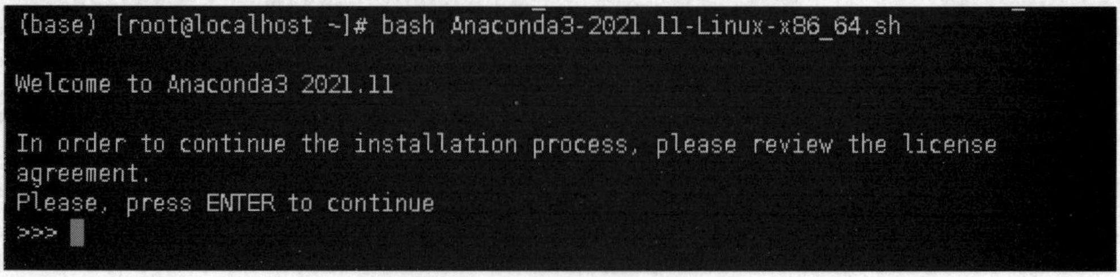

图 1-35　Linux 安装 Anaconda

（3）按照提示操作,成功安装,如图 1-36 所示。

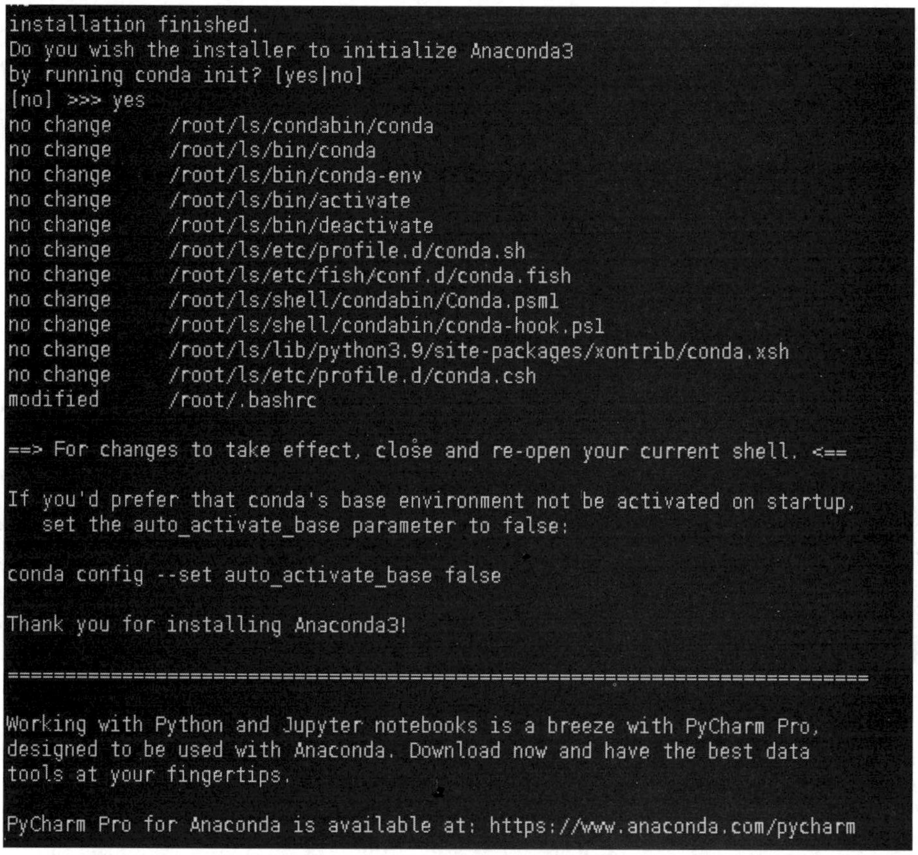

```
installation finished.
Do you wish the installer to initialize Anaconda3
by running conda init? [yes|no]
[no] >>> yes
no change     /root/ls/condabin/conda
no change     /root/ls/bin/conda
no change     /root/ls/bin/conda-env
no change     /root/ls/bin/activate
no change     /root/ls/bin/deactivate
no change     /root/ls/etc/profile.d/conda.sh
no change     /root/ls/etc/fish/conf.d/conda.fish
no change     /root/ls/shell/condabin/Conda.psm1
no change     /root/ls/shell/condabin/conda-hook.ps1
no change     /root/ls/lib/python3.9/site-packages/xontrib/conda.xsh
no change     /root/ls/etc/profile.d/conda.csh
modified      /root/.bashrc

==> For changes to take effect, close and re-open your current shell. <==

If you'd prefer that conda's base environment not be activated on startup,
   set the auto_activate_base parameter to false:

conda config --set auto_activate_base false

Thank you for installing Anaconda3!

============================================================================

Working with Python and Jupyter notebooks is a breeze with PyCharm Pro,
designed to be used with Anaconda. Download now and have the best data
tools at your fingertips.

PyCharm Pro for Anaconda is available at: https://www.anaconda.com/pycharm
```

图 1-36　安装成功提示

（4）验证 Anaconda 是否安装成功,在终端窗口中输入命令"conda-V",输出 Anaconda 版本号,如图 1-37 所示。

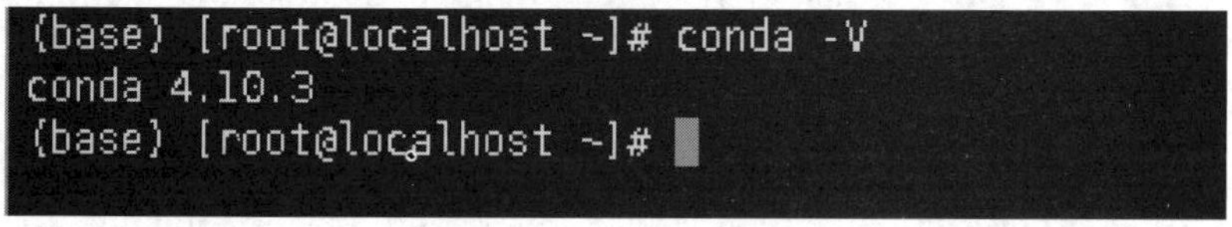

```
(base) [root@localhost ~]# conda -V
conda 4.10.3
(base) [root@localhost ~]#
```

图 1-37　验证 Anaconda 环境

（5）安装 Python 环境,如图 1-38 所示,然后在终端窗口输入"conda create- -name python3.9 python==3.9"。

```
Downloading and Extracting Packages
tzdata-2022e        | 109 KB    | ###################################
ncurses-6.3         | 782 KB    | ###################################
zlib-1.2.11         | 108 KB    | ###################################
readline-8.1.2      | 354 KB    | ###################################
openssl-1.1.1n      | 2.5 MB    | ###################################
python-3.9.5        | 18.1 MB   | ###################################
ca-certificates-2022| 117 KB    | ###################################
wheel-0.37.1        | 33 KB     | ###################################
certifi-2021.10.8   | 151 KB    | ###################################
sqlite-3.38.2       | 1.0 MB    | ###################################
Preparing transaction: done
Verifying transaction: done
Executing transaction: done
#
# To activate this environment, use
#
#     $ conda activate python3.9
#
# To deactivate an active environment, use
#
#     $ conda deactivate

(base) [root@localhost ~]#
```

图 1-38　安装 Python 环境

（6）激活并进入环境，在终端窗口输入"conda activate python 3.9"，如图 1-39 所示。

```
(base) [root@localhost ~]# conda activate python3.9
(python3.9) [root@localhost ~]#
```

图 1-39　激活 Python 环境

（7）测试 Python 环境，首先进入 Python 解释器，在终端窗口输入"python"，输入测试代码如下：

print('hello world! ')
输出结果：hello world

结果如图 1-40 所示。

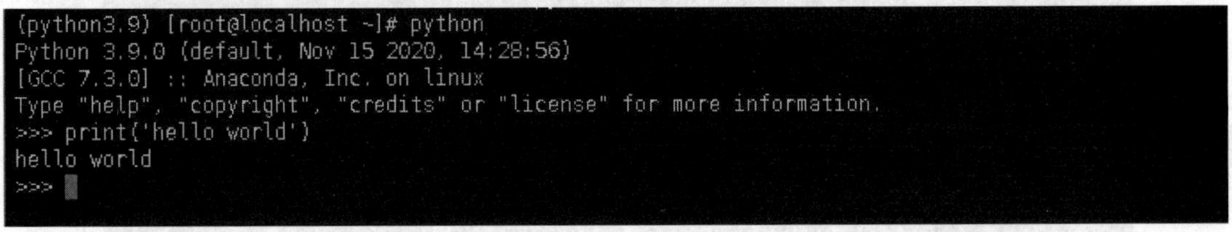

```
(python3.9) [root@localhost ~]# python
Python 3.9.0 (default, Nov 15 2020, 14:28:56)
[GCC 7.3.0] :: Anaconda, Inc. on linux
Type "help", "copyright", "credits" or "license" for more information.
>>> print('hello world')
hello world
>>>
```

图 1-40　测试 Python 环境

## 2. 搭建 OpenCV 开发平台

（1）激活并进入 Python 环境，安装 OpenCV 环境，在终端输入代码如下：

conda activate python3.7
pip install opencv-python

结果如图 1-41 所示。

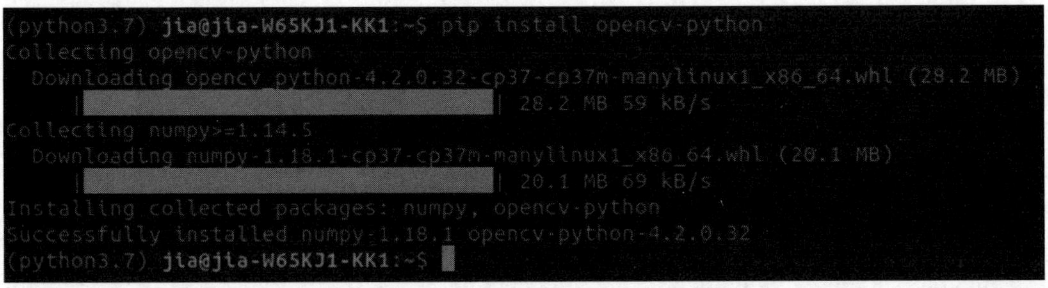

```
(python3.7) jia@jia-W65KJ1-KK1:~$ pip install opencv-python
Collecting opencv-python
  Downloading opencv_python-4.2.0.32-cp37-cp37m-manylinux1_x86_64.whl (28.2 MB)
     |                                | 28.2 MB 59 kB/s
Collecting numpy>=1.14.5
  Downloading numpy-1.18.1-cp37-cp37m-manylinux1_x86_64.whl (20.1 MB)
     |                                | 20.1 MB 69 kB/s
Installing collected packages: numpy, opencv-python
Successfully installed numpy-1.18.1 opencv-python-4.2.0.32
(python3.7) jia@jia-W65KJ1-KK1:~$
```

图 1-41　安装 OpenCV 环境

（2）测试 OpenCV 环境，进入 Python 解释器，在终端窗口输入"import cv2"，若不报错则说明安装成功，如图 1-42 所示。

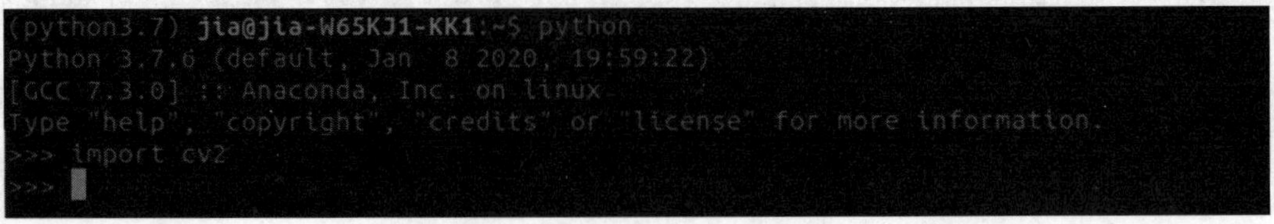

```
(python3.7) jia@jia-W65KJ1-KK1:~$ python
Python 3.7.6 (default, Jan 8 2020, 19:59:22)
[GCC 7.3.0] :: Anaconda, Inc. on linux
Type "help", "copyright", "credits" or "license" for more information.
>>> import cv2
>>>
```

图 1-42　测试 OpenCV 环境

**3. 搭建 TensorFlow 开发平台**

（1）安装创建 TensorFlow-CPU 环境，在终端窗口输入"conda create-name tf-cpu python ＝＝3.7"，如图 1-43 所示。

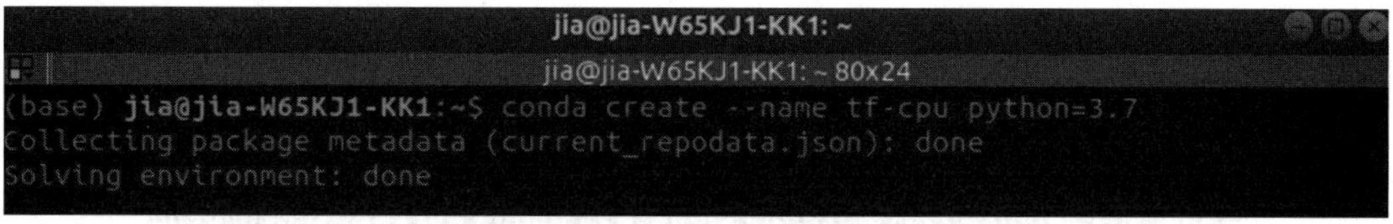

图 1-43　安装创建 TensorFlow-CPU

（2）激活 TensorFlow-CPU 环境，在终端窗口输入"conda activate tf-cpu"，如图 1-44 所示。

图 1-44　激活 TensorFlow-CPU 环境

（3）安装 TensorFlow-CPU，在终端窗口输入"pip install tensorflow＝＝1.13.1"，如图 1-45 所示。

图 1-45　安装 TensorFlow-CPU

（4）安装 NumPy 1.16.0，输入命令"pip install numpy＝＝1.16.0"。

（5）测试 TensorFlow-CPU 环境，进入 Python 解释器，输入测试代码如下：

```
import tensorflow as tf
hello = tf.constant('Hello,Tensorflow! ')
sess = tf.Session()
print(sess.run(hello))
```

输出结果如下：

```
b'Hello,Tensorflow! '
```

（6）安装 TensorFlow-GPU 前先查看自己电脑显卡的型号。如果显卡是 NVIDIA 系列的，那么继续下面步骤；如果显卡不是 NVIDIA 系列的，直接装 CPU 版即可。

（7）与步骤（1）至（2）相同，创建并激活进入环境 tf-gpu，输入代码如下：

```
conda create--name tf-gpu python = 3.7
conda activate tf-gpu
```

（8）安装 TensorFlow-GPU，在终端输入"cunda install tensorflow-gpu==1.13.1"，如图 1-46 所示。

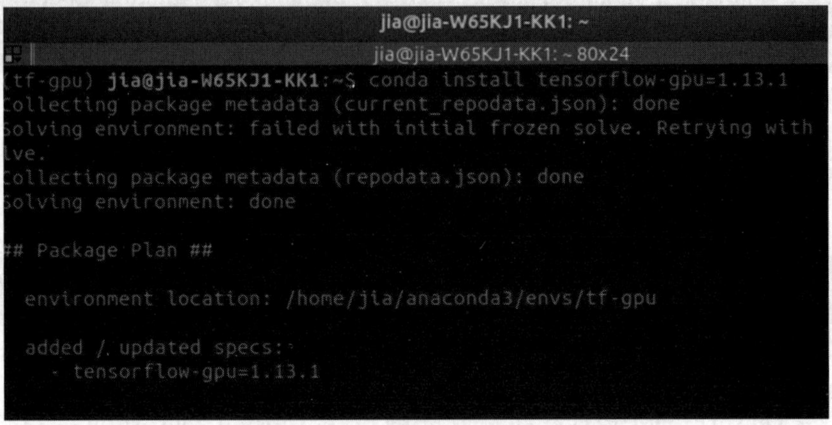

图 1-46  安装 TensorFlow-GPU

（9）安装 NumPy 1.16.0，输入命令"pip install numpy==1.16.0"，结果如图 1-47 所示。

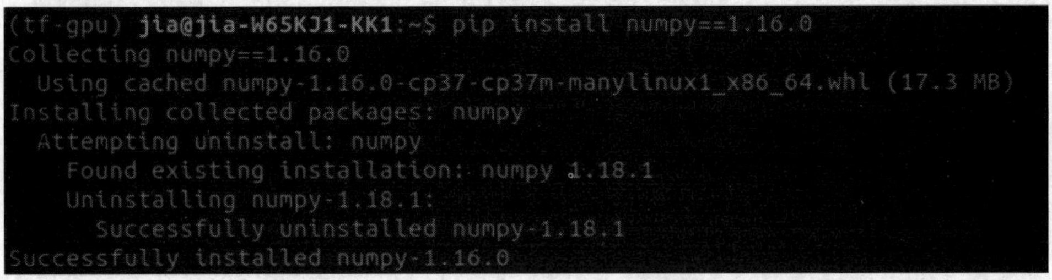

图 1-47  安装 NumPy 1.16.0

（10）测试 TensorFlow-GPU 环境，进入 python 解释器，输入测试代码如下：

```
import tensorflow as tf
a = tf.test.is_built_with_cuda()
b = tf.test.is_gpu_available(cuda_only = False,min_cuda_compute_capability = None)
print(a)
print(b)
```

### 4. 搭建 PyTorch 开发平台

（1）进入 PyTorch 官网 https://pytorch.org/，GPU 的安装方式如图 1-48 所示，CUDA 选项为 None 即为 CPU 版本。

（2）安装 PyTorch，创建并激活进入环境 torch，输入代码如下：

```
conda create--name torch python = 3.7
conda activate torch
```

（3）输入图 1-48 中 Run this Command 框中的命令，安装 PyTorch-GPU，如图 1-49 所示。

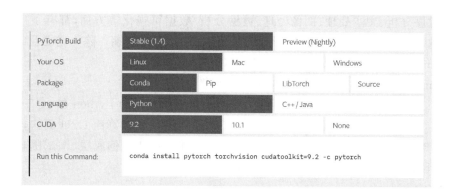

图 1-48 PyTorch 安装方式选择

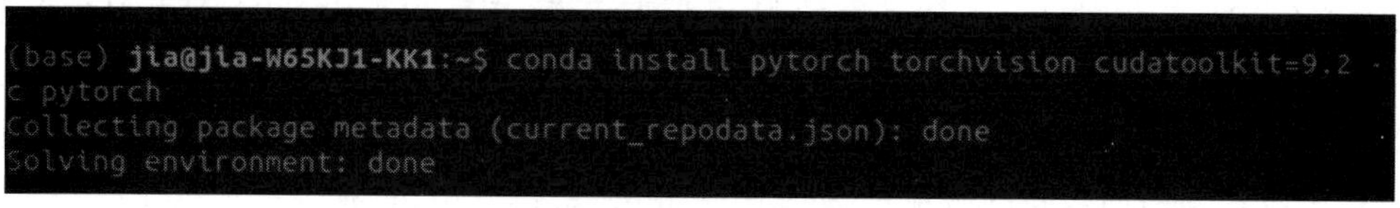

图 1-49 安装 PyTorch-GPU

（4）测试是否安装成功，进入 Python 解释器，输入如下代码，结果如图 1-50 所示。

```
import torch
print("cuda is available {}".format(torch.cuda.is_available()))
print("torch version {}".format(torch.__version__))
```

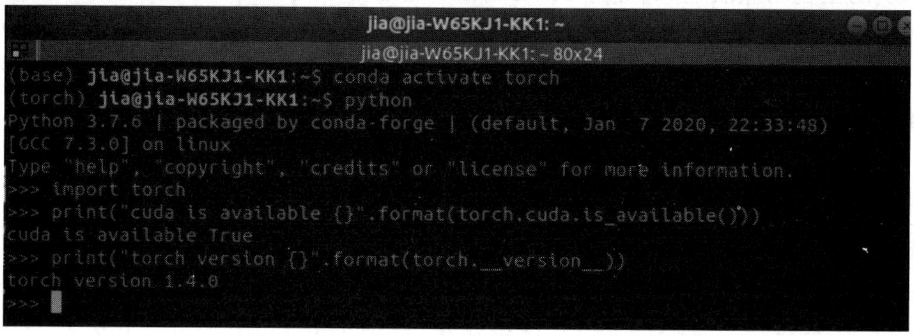

图 1-50 测试 PyTorch 环境

## 1.5 机器学习常用库概述

### 1.5.1 库简介

机器学习领域的编程语言多为 Java 和 Python。Python 具有与 C/C++紧密的关系，相对容易扩展，同样 Java 机器学习库也有许多，如 WEKA、Mallet 等。

本书重点介绍 Python 机器学习中的 NumPy、Scipy、Scikit-learn、Theano、TensorFlow、Keras、PyTorch、Pandas、Matplotlib 等库，它们使得机器学习在科学计算、列表数据、数据模型

及预处理、时序分析、文本处理、图像处理、数据分析/数据可视化等方面,都有了广泛应用;同时,也越来越多地被用于独立的、大型项目的开发,以缩短开发周期。除上述提及的库之外,还有 Gensim、milk、Octave、Mahout、PyMl、NLTK、LibSVM 等库。

**1. Theano**

Theanos 是一个可以让用户定义、优化、有效评价数学表示的 Python 包,是一个通用的符号计算框架。Theano 的优点是显式地利用了 GPU,使得数据计算比 CPU 更快,使用图结构下的符号计算架构能很好地支持 RNN。其缺点是依赖 NumPy,偏底层、调试困难、编译时间长、缺乏预训练模型。其当前最新的版本为 Theano 1.0.4。

**2. Scikit-learn**

Scikit-learn(简称 sklearn)是一个在 2007 年由数据科学家 David Cournapeau 发起,基于 NumPy 和 SciPy 等包的 Python 语言的机器学习开源工具包。它通过 NumPy、SciPy 和 Matplotlib 等 Python 数值计算的库,实现有监督和无监督的机器学习。Scikit-learn 在分类、回归、聚类、降维、预处理等方面,应用于数据挖掘、数据分析等领域,是简单高效的数据挖掘和数据分析工具。其当前最新的版本是 Scikit-learn 0.22.2。

**3. Statsmodels**

在 Python 中,Statsmodels 是统计建模分析的核心工具包,其包括了回归模型、非参数模型和估计、时间序列分析和建模以及空间面板模型等,其当前最新的版本是 Statsmodels 0.11.1。

**4. Gensim**

Gensim 是一个开源的第三方 Python 工具包,用于从原始的非结构化文本中,无监督地学习文本隐层的主题向量表达,其支持 TF-IDF、LSA、LDA、Word2Vec 等主题模型算法,通常用于抽取文档的语义主题。Gensim 输入的是原始的、无结构的数字文本(纯文本),在内置算法的支持下,通过计算训练语料中的统计共现模式自动发现文档的语义结构。

**5. Keras**

Keras 是基于 Theano 的一个深度学习框架,也是一个高度模块化的神经网络 API 库,提供了一种更容易表达神经网络的机制。Keras 主要包括 14 个模块包,如 Models、Layers、Initializations、Activations、Objectives、Optimizers、Preprocessing、metrics 等。另外,Keras 还提供了一些用于模型编译、数据集处理、图形可视化处理等的最佳工具。Keras 运行在 TensorFlow、CNTK 或 Theano 之上,支持 CPU 和 GPU 运行。其当前最新的版本为 Keras 2.3.1。

**6. DMTK**

DMTK 由一个服务于分布式机器学习的框架和一组分布式机器学习算法构成,是一个将机器学习算法应用在大数据上的强大工具包,支持在超大规模数据上灵活稳定地训练大规模机器学习模型。DMTK 的框架包含参数化的服务器和客户端 SDK,如图 1-51 所示。

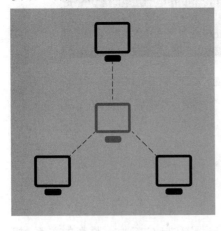

图 1-51　DMTK 框架

DMTK 是设计用于分布式机器学习的平台。深度学习不是 DMTK 的重点,DMTK 中发布的算法主要是非深度学习算法。如果想使用最新的深度学习工具,建议使用 Microsoft CNTK。DMTK 与 CNTK 紧密合作,并为其异步并行培训功能提供支持。

#### 7. CNTK

CNTK 是微软认知工具集(Microsoft Cognitive Toolkit,CNTK),是用于商业级分布式深度学习的开源工具包。它通过有向图将神经网络描述为一系列计算步骤。CNTK 允许用户轻松实现和组合流行的模型类型,例如,前馈 DNN、卷积神经网络(CNN)和递归神经网络(RNN / LSTM)。CNTK 通过跨多个 GPU 和服务器的自动微分和并行化实现随机梯度下降(SGD,错误反向传播)学习。

另外,CNTK 也可以作为库包含在 Python、C♯或 C＋＋程序中,还可以通过其自身的模型描述语言(BrainScript)用作独立的机器学习工具。另外,可以在 Java 程序中使用 CNTK 模型评估功能。

CNTK 是第一个支持开放神经网络交换 ONNX 格式的深度学习工具包,这是一种用于框架互操作性和共享优化的开源共享模型表示。ONNX 由 Microsoft 和 Meta 共同提出,并得到许多其他公司的支持,允许开发人员在 CNTK、Caffe2、MXNet 和 PyTorch 等框架之间移动模型。

### 1.5.2　库安装及集成

#### 1. Theano 安装

(1) 在 Anaconda 中创建并进入环境,注意 Python 版本要小于等于 3.6(参考 1.4 节搭建机器学习开发环境),输入命令"conda create--name ML python＝＝3.6"。

(2) 安装 Theano,输入命令"conda install theano",如图 1-52 所示。

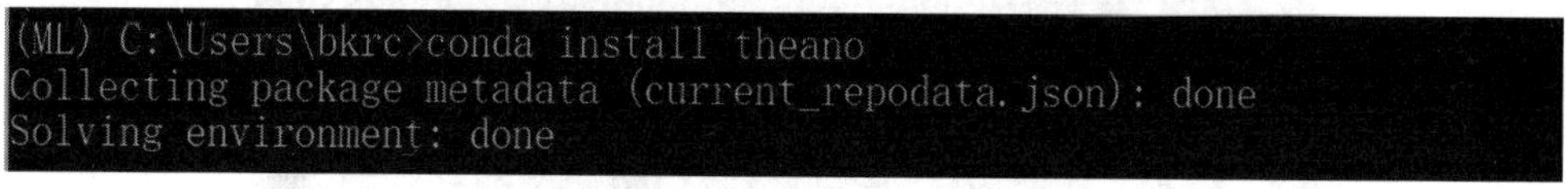

```
(ML) C:\Users\bkrc>conda install theano
Collecting package metadata (current_repodata.json): done
Solving environment: done
```

图 1-52　Theano 安装

(3) 安装 Theano 环境所依赖组件,代码如下所示:

```
conda install mkl-service
pip install nosey
pip install parameterized
```

(4) 测试 Theano 安装环境,进入 Python 解释器,输入如下代码,结果如图 1-53 所示。

```
import theano
theano.test()
```

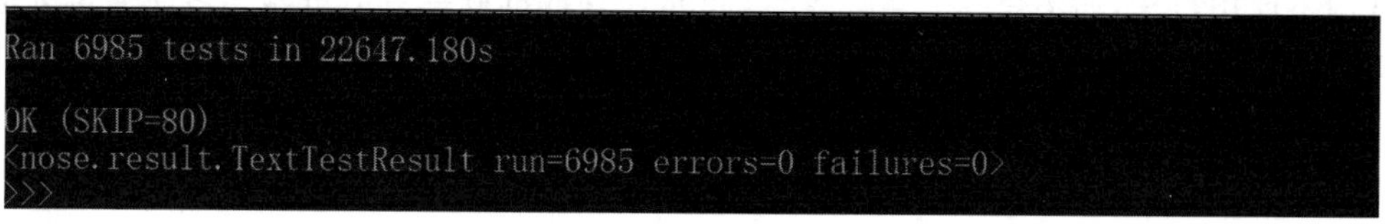

```
Ran 6985 tests in 22647.180s

OK (SKIP=80)
<nose.result.TextTestResult run=6985 errors=0 failures=0>
>>>
```

图 1-53　测试 Python 环境

#### 2. Scikit-learn 安装

(1) 在 Anaconda 中创建并进入环境,注意 Python 版本要小于等于 3.6(参考 1.4 节搭建机器学习开发环境),输入命令"conda create--name ML python＝＝3.6"。

（2）安装 Scikit-learn，输入命令"conda install scikit-learn"，如图 1-54 所示。

```
(ML) C:\Users\bkrc>conda install scikit-learn
Collecting package metadata (current_repodata.json): done
Solving environment: failed with initial frozen solve. Retrying with flexible solve.
Solving environment: done
Collecting package metadata (repodata.json): done
Solving environment: failed with initial frozen solve. Retrying with flexible solve.
Solving environment: done

## Package Plan ##
```

图 1-54　安装 Scikit-learn

（3）测试 Scikit-learn 安装环境，进入 Python 解释器，输入如下代码，结果如图 1-55 所示。

```
from sklearn import datasets
iris = datasets.load_iris()
digits = datasets.load_digits()
print(digits.data)
```

```
(ML) C:\Users\bkrc>python
Python 3.6.0 |Continuum Analytics, Inc.| (default, Dec 23 2016,
Type "help", "copyright", "credits" or "license" for more infor
>>> from sklearn import datasets
D:\ToolsSoftware\Anaconda3\envs\ML\lib\site-packages\sklearn\ex
eprecationWarning: the imp module is deprecated in favour of im
ses
  import imp
>>> iris = datasets.load_iris()
>>> digits = datasets.load_digits()
>>> print(digits.data)
[[ 0.  0.  5. ... 10.  0.  0.]
 [ 0.  0.  0. ... 16.  9.  0.]
 ...
 [ 0.  0.  1. ...  6.  0.  0.]
 [ 0.  0.  2. ... 12.  0.  0.]
 [ 0.  0. 10. ... 12.  1.  0.]]
>>>
```

图 1-55　测试 Scikit-learn 环境

# 1.6　机器学习框架概述

机器学习框架与机器学习库的不同之处在于，机器学习框架支持完成机器学习项目的全过程（从开始到结束），其界面可以是图形化界面、命令行或者应用程序接口，或三者综合兼容。它通常用于通用目标，而不仅仅着重于速度、可扩展性或准确率。但机器学习库通常为应用程序接口，应用于特定的问题、任务、目标或环境。下面就常用的机器学习框架 Caffe、TensorFlow、MXNet、PyTorch、Apache Mahout、Apache Singa、MLib 和 H2O 进行简要介绍。

**1. Caffe**

Caffe（Convolution Architecture for Feature Extraction）是一个兼具表达性、速度和思维模块化的深度学习框架，出现于 2013 年，设计初衷是应用于计算机视觉。其内核是用 C++编写的，Caffe 支持多种类型的深度学习架构，支持 CNN、RCNN、LSTM、全连接神经网络设计，以及基于 GPU 和 CPU 的加速计算内核库。此外，Caffe 有 Python 和 Matlab 相关的接口。

2017 年 4 月，Facebook 发布 Caffe2，增加递归神经网络等新功能。2018 年 3 月底，Caffe2

并入 PyTorch。Caffe 具有完全开源、模块化、表示和实现分离、GPU 加速、Python 和 MATLAB 结合等特点。

**2. TensorFlow**

TensorFlow 是由 Google 设计开发的开源的机器学习框架,以 Python 语言为基础,主要用于机器学习和深度学习应用,其特点包含可以方便地用张量来定义、优化、计算数学形式化表达,支持深度神经网络、机器学习算法,适用于不同数据集的高性能数值计算。TensorFlow 可以跨平台在 Linux、Windows、Mac OS 系统下运行,也可以在移动终端下运行,用户可以轻松地将计算工作部署到多种平台(CPU、GPU、TPU)上进行分布式计算,也可以部署到设备,如桌面设备、服务器集群、移动设备、边缘设备等。TensorFlow 模块包含 TensorBoard、Datasets、TensorFlow Hub、Serving、Model Optimization、Probability、TensorFlow Federated、MLIR、Neural Structured Learing、XLA、TensorFlow Graphics、SIG Addons、SIG IO,当前版本为 TensorFlow 2。

**3. MXNet**

MXNet 是一个轻量级的深度学习框架(亚马逊 AWS 选择支持),支持 Python、R 语言、Julia、Scala、Go、JavaScript 等,支持多 GPU。MXNet 尝试将声明式编程与命令式编程两种模式无缝结合,在声明式编程中 MXNet 支持符号表达式,在命令式编程中 MXNet 提供张量运算。MXNet Python 库包含 NDArray、Symbol、KVStore,其中 NDArray 提供矩阵和张量计算,Symbol 定义神经网络,并提供自动微分,KVStore 使得数据在多 GPU 和多个机器间同步。其当前的版本为 MXNet 1.6。

**4. Pytorch**

PyTorch 起源于 1990 年产生的 Torch,其底层与 Torch 一样,是应用于机器学习的优化的张量库,支持 GPU 和 CPU。PyTorch 除了基本的 torch Python API 库之外,还有处理音频、文本、视觉的库,如 torchaudio、torchitext、torchvision、torchElastic 等。

2018 年 4 月,Facebook 宣布 Caffe2 将正式将代码并入 PyTorch。PyTorch 在数据加载 API、神经网络构建等方面具有明显优势。

**5. Apache Mahout**

Apache Mahout 是 Apache Software Foundation(ASF)开发的一个全新的开源项目,提供一些可扩展的机器学习领域经典算法的实现。Mahout 包括聚类、分类、推荐过滤、频繁子项挖掘等。同时,Mahout 通过 Apache Hadoop 库可以扩展到云端。Mahout 已经包含 Taste CF,支持 $k$-Means,模糊 $k$-Means、Canopy、Dirichlet、Mean-Shift、Matrix 和矢量库等在集群上的分布式运行。

**6. Apache Singa**

SINGA 项目始于 2014 年,由新加坡国立大学数据库系统实验室联合浙江大学和网易共同开发完成,是一个开源的分布式、可扩展的深度学习平台,它可以在机器集群上训练大规模的机器学习模型,尤其是深度学习模型。

2019 年 10 月,SINGA 项目成为 Apache 软件基金会(Apache Software Foundation,ASF)顶级项目。其包含硬件层、支撑层、接口层、Python 应用层。SINGA 通过代码模块化来支持不同类型的深度学习模型、不同的训练(优化)算法和底层硬件设备。另外,SINGA 同时支持 ONNX、DLaaS(Deep Learning as a Service)等。其当前的版本为 SINGA 3.0。

**7. MLlib**

MLlib 是最早由 AMPLab、UC Berkeley 发起的 Spark 子项目常用机器学习库。MLlib

支持 Java、Scala 和 Python 语言,以及通用的机器学习算法,如分类、回归、聚类、协同过滤 (ALS)、降维(SVD、PCA)、特征提取与转换、优化(随机梯度下降、L-BFGS)等。它在 Spark 中可以实现 GraphX+MLIib、Streaming+MLIib、Spark SQL+MLIib 等组合应用。

**8. H2O**

H2O 是由 Oxdata 于 2014 年推出的一个独立开源机器学习平台,主要功能是为 App 提供快速的机器学习引擎。H2O 支持大量的无监督式和监督式机器学习算法,可以通过对 R 语言和 Python 引入包的方式进行模型的开发,提供可视化的 UI 界面建模工具,以及模型的快速部署、自动化建模和自动化参数调优。另外,H2O 提供了许多集成,如 H2O+TensorFlow+MXNet+Caffe、H2O+Spark 等。H2O4GPU 是 H2O 开发的可以加速 GPU 机器学习的工具包。其最新稳定的版本是 1.8 LTS。

H2O 也提供了一个 REST API,用于通过 HTTP 上的 JSON 从外部程序或脚本访问所有软件。H2O 核心代码使用 Java 编写,数据和模型通过分布式 Key/Value 存储在各个集群节点的内存中。H2O 的算法通过 Map/Reduce 框架实现,并使用了 Java Fork/Join 框架来实现多线程。

## 1.7 机器学习开源平台

**1. PaddlePaddle**

PaddlePaddle(Parallel Distributed Deep Learning,并行分布式深度学习),又称飞桨,是百度发起的开源深度学习平台,支持大规模稀疏参数训练场景、千亿规模参数、数百个节点的高效并行训练,同时支持动态图和静态图,具有易用、高效、灵活和可伸缩等特点。

飞桨支持本地和云端两种开发和部署模式,其组件使用场景如图 1-56 所示。

PaddlePaddle 具有支持多端多平台的部署,适配多种类型硬件芯片的优势。

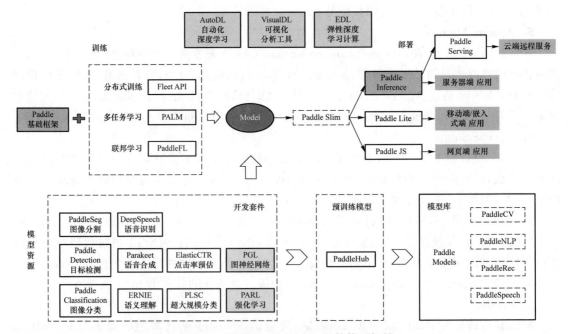

图 1-56　飞桨 PaddlePaddle 组件使用场景

**2. Photon ML**

Photon ML 是 LinkedIn 公司开发的应用于 Apache Spark 的机器学习库。Photon ML 支持大规模回归、L1、L2 和 Elastic -net 正则化的线性回归、逻辑回归和泊松回归。它提供可选择的模型诊断,创建表格来帮助诊断模型和拟合的优化问题,实现了实验性质的广义混合效应模型。在 LinkedIn 公司中,Photon ML 使用 Spark on Yarn 模式,与其他应用,如 Hadoop MapReduce 共用同一个集群,在同一个工作流中混合使用 Photon ML 和传统的 Hadoop MapReduce 程序及脚本。

Photon ML 把典型的机器学习的过程分为三个阶段:第一阶段是数据准备,包含在线数据的 ETL,即数据抽取(Extract)、转换(Transform)、加载(Load),以及标签创建、特征加入;第二阶段是数据采样,分为训练数据集、测试数据集,先通过特征计算,训练 Photon 机器学习模型,选取最优评分模型,然后在测试数据集上验证;第三阶段是最优模型的在线部署,进行 A/B 测试,验证效果。具体流程如图 1-57 所示。

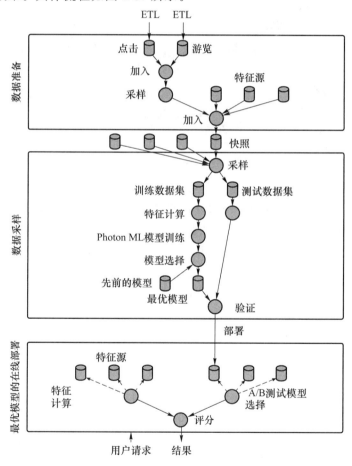

图 1-57　Photon ML 机器学习过程

**3. X-DeepLearning**

X-DeepLearning(简称 XDL)是由阿里发起的面向高维稀疏数据场景(如广告、推荐、搜索等)的深度优化框架,其主要特性有:针对大 batch/低并发场景的性能优化;存储及通信优化,参数无须人工干预自动全局分配,请求合并,彻底消除 ps 的计算/存储/通信热点;拥有完整的流式训练,包括特征准入、特征淘汰、模型增量导出、特征统计等。

XDL 专注于解决搜索广告等稀疏场景的模型训练性能问题,因此将模型计算分为稀疏和稠密两部分,稀疏部分通过参数服务器、GPU 加速、参数合并等技术极大提升了稀疏特征的计算和通信性能。稠密部分采用多 backend 设计,支持 TF 和 MXNet 两个引擎作为计算后端,并且可以使用原生 TF 和 MXNet API 定义模型。此外,XDL 支持单机及分布式两种训练模式,单机模式一般用来做早期模型的调试和正确性验证,为了充分发挥 XDL 的稀疏计算能力,建议使用分布式模式进行大规模并行训练。X-DeepLearning 的框架如图 1-58 所示。

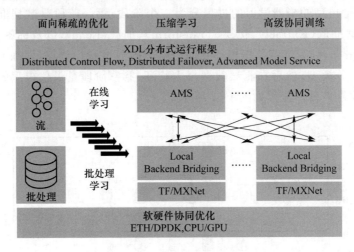

图 1-58　X-DeepLearning

### 4. Angel

Angel 是一个基于参数服务器架构的分布式机器学习平台。Angel 能够高效地支持现有的大数据系统以及机器学习系统,依赖于参数服务器处理高维模型的能力,它能够以无侵入的方式为大数据系统(比如Apache Spark)提供高效训练超大机器学习模型的能力,并且高效地运行已有的分布式机器学习系统(比如PyTorch)。此外,针对分布式机器学习中通信开销大和掉队者问题,Angel 也提供了模型平均、梯度压缩和异构感知的随机梯度下降解法等。

目前 Angel 支持 Java 和 Scala,Angel 系统的基本架构如图 1-59 所示,主要包括四个部分,分别为客户端(Client)、主控节点(Master)、计算节点(Worker)和存储节点(Server)。

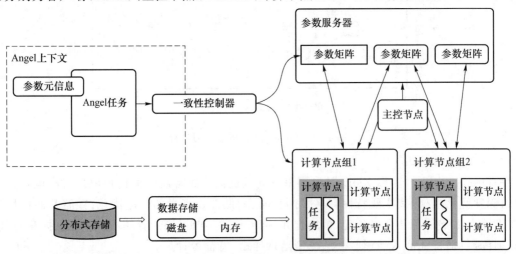

图 1-59　Angel 系统基本框架

客户端是 Angel 任务启动的入口,主控节点用来管理 Angel 任务的生命周期,存储节点作为模型参数的分布式存储和数据存储系统,向所有计算节点维护一份全局的模型参数,而计算节点则用于计算任务的进程,它们构成了 Angel 系统的基本结构。

**5. AWS**

AWS 是 Amazon 开发的机器学习平台,其提供了丰富的工具包,如 AWS 命令行界面 CLI、Ruby、JavaScript、Python、PHP、. NET、Node. js、Android、iOS 等,应用在机器学习、用户计算、机器人技术、区块链、物联网、游戏开发、数据分析等方面,提供的服务包含 Amazon Polly、AWS Deep Learning、AMI Amazon Transcribe 等。

# 本章小结

本章主要讲解机器学习的基础知识,首先,介绍了人工智能、机器学习分类及典型算法、领域应用场景;然后,介绍了在不同操作系统下的机器学习开发环境的搭建过程、机器学习常用库、集成安装、常用工具集,以及机器学习常见的框架、开源平台等知识。本章同时给出了机器学习配置、基本应用等实际操作案例。

# 习 题 1

**1. 概念题**

(1) 机器学习的典型任务有哪些?分别应用于哪些场景?

(2) 机器学习、深度学习、强化学习三者之间的关系是什么?

(3) 搭建机器学习开发环境常用的软件有哪些?

(4) 常见的机器学习框架有哪些?它们之间有什么关系?

**2. 操作题**

编写一个文本分析处理程序,要求如下:(1)用 TensorFlow 和 Torch 完成自动读取指定目录下指定格式的数据;(2)支持文件正则解析操作;(3)使用文件存储数据。

# 第 2 章　图像处理基础

本章主要介绍图像处理的基础操作、常用库及工具、图像捕获绘制、图像计算、图像值化及平滑、图像变换和形态操作、图像检测等。使读者通过本章的学习,能够达到深度掌握图像处理的基础知识和操作。

**本章学习目标:**

(1) 掌握图像的读写、显示、视频捕获、视频播放及保存;

(2) 掌握图像绘制的方法、图像通道拆分及合并、区域 ROI 切片提取;

(3) 掌握图像计算、图像颜色空间的常用转换及常见颜色空间等;

(4) 掌握图像的几何变换如拓展缩放、平移、旋转、仿射变换和透视变换;

(5) 掌握图像二值化、图像平滑处理操作;

(6) 掌握图像形态学如腐蚀、膨胀、开操作、闭操作、礼帽和黑帽等操作;

(7) 掌握图像边缘检测、图像轮廓查找和图像轮廓绘制。

## 2.1　图像处理简介

数字图像处理最早可追溯到 20 世纪 20 年代初期的 Bartlane 电缆图片传输系统,在计算机技术的推动下,数字图像处理技术有了很大的发展,尤其是电荷耦合元件 CCD 的发明,使得光学影像转化为数字信号成为现实。对于图像处理通常有广义和狭义两个视角之分,广义的图像处理流程包含图像信息获取及输入、图像信息存储、图像信息传输、图像信息处理、图像信息输出及显示。狭义的图像处理包含图像变换、图像生成及计算、图像分类、图像增强及复原、图像编码、图像分割及重建、图像识别及分析理解等,而这些都可划归于计算机视觉的范畴。在计算机视觉中,图像可以看作二维的数字信号,借助于传感器等工具,通过数字信号处理方法,如连续函数采样的方法,采样得到 $M$ 行 $N$ 列矩阵构成离散图像,完成数字图像的处理过程,形成二值图像、灰度图像或彩色图像等。

二值图像是指图像上的每个像素只有两种可能的取值或灰度等级状态,通常由 0、1 两个值或者 0、255 组成,0 代表黑色,1 或者 255 代表白色。其优点是占用空间小,缺点是图像内部纹理特征表现不明显。图像二值化就是将图像上像素点的灰度值设置为 0 或 255,使得图像呈现黑白效果的过程。

灰度图像又称灰阶图,是指用灰度表示的图像,把白色与黑色之间按对数关系分为若干等级,某点颜色 RGB(R,G,B)转化为灰度的方法有浮点法、整数法、移位法、平均值法等。灰度图像与黑白图像不同的是,灰度图像在黑色与白色之间有许多级的颜色深度。而彩色图像是用红(R)、绿(G)、蓝(B)三原色的组合来表示每个像素的颜色,每个像素由 RGB(R,G,B)3 个分量表示,其值介于 0 到 255 之间。$M$、$N$ 分别表示图像的行列数,3 个 $M \times N$ 的二维矩阵分别表示各个像素 R、G、B 3 个颜色的分量。

在图像处理中,有许多库和工具,常用的有 OpenCV(Open Source Computer Vision Library)、Matlab、OpenGL(Open Graphics Library)、EmguCv、AForge. net、AGG(Anti-Grain Geometry)、PaintLib、FreeImage、CxImage 等,本章以典型图像处理工具 OpenCV 为例,介绍图像处理的基本操作和方法。

OpenCV 是用于计算机视觉、图像处理和机器学习的开源库,具有 GPU 加速功能,有 C / C++、Python 和 Java 接口,支持 Windows、Linux、Mac OS、iOS 和 Android。通过它可以提高计算效率,实现实时应用,充分利用多核处理器的优势。OpenCV 发展历程如图 2-1 所示。

图 2-1　OpenCV 发展历程

## 2.2　图像基础

### 2.2.1　图像表示

图像与文字信息相比,图像具有更简单、直观、形象等优点。通常图像可以用一个二维函数 $f(x,y)$ 表示,其中 $x,y$ 表示二维空间平面坐标,而在 $(x,y)$ 空间坐标处的幅值 $f$ 称为该点处的强度或灰度。当 $x,y$ 和灰度值是有限的离散数值时,则可称该图像为数字图像(Digital Image)。数字图像处理技术是计算机视觉应用的重要基础。

图像获取方法有许多,通过传感器输出得到的是连续的电压波形,这些波形的幅度和空间特性与感知的物理现象有关。一幅数字图像的产生,可以通过将连续的感知数据转换成数字形式(图 2-2),这种转换包括两个过程:采样和量化,如图 2-3 所示。

数字图像有三种基本表示方法,如图 2-4 所示。最左边是一般的表示方法,表示一幅数字图像出现在显示器上的情况,它可以使我们快速观察图像处理结果。第二种表示方法是函数图,由两个坐标轴决定空间位置,$z$ 轴坐标是空间变量 $x$、$y$ 对应的灰度值,图 2-4 中间的函数图可以使我们对图像认识地更加直观,能推断出图像的结构。第三种表示方法是将数字图像

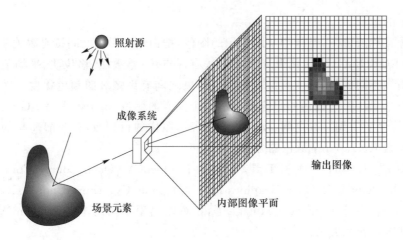

图 2-2　传感器阵列获取数字图像的过程

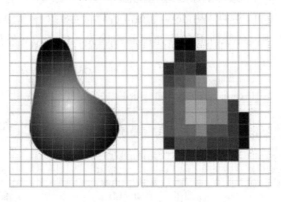

图 2-3　采样和量化

的数值显示为一个 $M \times N$ 的矩阵，$M$、$N$ 对应于图像的高和宽，矩阵的数值对应于像素的灰度。如图 2-4 的右侧图所示，数值矩阵的表示方法可以将图像的一部分作为数值打印出来，对算法开发和图像处理尤其有用。

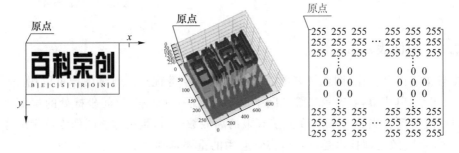

图 2-4　数字图像表示

数字图像可以根据携带信息的种类、传感器种类、应用场景、存储格式等进行划分，根据图像的通道数量，可将数字图像分为：单通道图像（黑白图像、灰度图像）、彩色图像〔三通道图像，四通道图像（含透明度）〕两类。如图 2-5 所示，只有黑白两种颜色的图像称为黑白图像或单色图像，每个像素只能是黑或白，没有中间过渡的颜色，故又称为二值图像。

灰度图像：每个像素的信息由一个量化的灰度级来描述，如果每个像素的灰度值用一个字节来表示，灰度值级数就等于 255 级，每个像素可以是 0～255 之间的任何一个数。灰度图只有亮度信息,没有颜色信息。

彩色图像:除了有亮度信息外,还包含有颜色信息。

图 2-5 灰度图和彩图

彩色图像的表示与所采用的颜色空间,即彩色的表示模型有关。同一幅彩色图像如果采用不同的彩色空间表示,对其的描述可能有很大的不同。对于多通道图像而言,其存储的颜色信息的编码方式高达上百种,人们可能最熟悉 RGB 格式。在 RGB 颜色空间中,一幅彩色数字图像的各个像素的信息由 RGB 三原色通道构成,其中各个通道 R(红色)、G(绿色)、B(蓝色)在每个像素点都由不同的灰度级来描述,三者的共同作用,决定了图像的色彩和亮度,如图2-6所示。

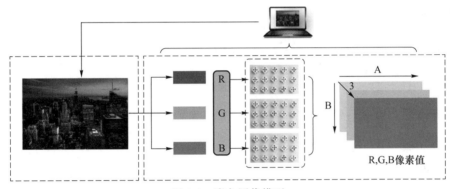

图 2-6 彩色图像模型

## 2.2.2 图像读取

图像读入、显示和保存是计算机视觉中最基本也是必不可少的操作,本节以 OpenCV 工具操作为例,介绍基础操作的 API 函数,如使用函数 imread()加载或读取图像,使用函数 imshow()显示图像,使用函数 imwrite()写入图像等。

如从磁盘中读取一张图像,并将它显示到 GUI 窗口中。在不使用库操作时实现图像编码解码、GUI 图像显示等功能,较为比较复杂。OpenCV 库为这个功能的实现提供了简单操作,其操作流程如图 2-7 所示。

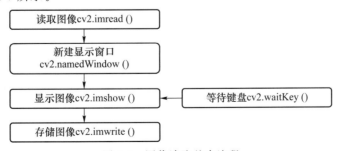

图 2-7 图像读取基本流程

具体代码如下所示。

（1）读取图像并显示图像基本信息。

```
"""
OpenCV3 图像的读入,演示 cv2.imread()
    imread(filename[, flags]) -> retval
    第一个参数 filename:图像的相对路径或绝对路径
    第二个参数 flags:告诉函数如何读取这些图像
        Cv2.IMREAD_COLOR 表示读入彩色图像,图像的透明度会被忽略
        cv2.IMREAD_GRAYSCALE 表示读入灰度图
        cv2.IMREAD_UNCHANGED 表示读入一幅图像并且包括图像的 alpha 通道
    more help(imread)
"""

import cv2 as cv

# 图像地址
img_path = './test_alpha.png'

# 读入彩色图 注意 OpenCV 中颜色格式为 BGR,而不是 RGB
img_bgr = cv.imread(img_path)

# 查看图像的 shape
h, w, c = img_bgr.shape
size = img_bgr.size
dtype = img_bgr.dtype
print(img_bgr[0][0])
print("图像高度:{0}\t 宽度:{1}\t 通道数:{2}".format(h, w, c))
print("图像大小{0}\t 数据类型{1}".format(size, dtype))
print('*'* 40)

# 读入灰度图 注意灰度图通道数为 1
img_gray = cv.imread(img_path, cv.IMREAD_GRAYSCALE)

# 查看图片的 shape
h, w, = img_gray.shape[0:2]
size = img_gray.size
dtype = img_gray.dtype
print("图像高度:{0}\t 宽度:{1}\t 通道数:{2}".format(h, w, 1))
print("图像大小{0}\t 数据类型{1}".format(size, dtype))
print('*'* 40)

# 读入彩色图包含透明度 注意这时通道数为 4
img_bgra = cv.imread(img_path, cv.IMREAD_UNCHANGED)
```

```
# 查看图片的 shape
h, w, c = img_bgra.shape[0:3]
size = img_bgra.size
dtype = img_bgra.dtype
print("图像高度:{0}\t 宽度:{1}\t 通道数:{2}".format(h, w, c))
print("图像大小{0}\t 数据类型{1}".format(size, dtype))

# 这里将图片路径改错,OpenCV 不报错,得到的 image = None
image = cv.imread('./test.png')
# 得到 None
print(image)
```

(2) 读取图像、输出图像的一些基本信息,程序输出结果如下。

```
[ 1   0 255]
图像高度:1200    宽度:1200 通道数:3
图像大小:4320000 数据类型:uint8
* * * * * * * * * * * * * * * * * * * * * * * * * * * * * * *
图像高度:1200    宽度:1200 通道数:1
图像大小:1440000 数据类型:uint8
* * * * * * * * * * * * * * * * * * * * * * * * * * * * * * *
图像高度:1200    宽度:1200 通道数:4
图像大小:5760000 数据类型:uint8
[[[188 162 122]
  [188 162 122]
  [188 162 122]

  ...
```

(3) 图像显示操作。

```
"""
OpenCV3 图像的显示 cv2.imshow(winname, mat) -> None
    第一个参数 winname:窗口的名称
    第二个参数 mat:要显示的图像
    可以创建多个窗口,但 winname 不能相同

"""

import cv2 as cv

img_path = './test.png'

# 读入彩色图 注意 OpenCV 中颜色格式为 BGR,而不是 RGB
img_bgr = cv.imread(img_path)
```

```
#读入灰度图 注意灰度图通道数为1
img_gray = cv.imread(img_path, cv.IMREAD_GRAYSCALE)

#显示这两种图像
cv.imshow('img_bgr', img_bgr)
cv.imshow('img_gray', img_gray)

#无限期地等待键盘按下
cv.waitKey(0)
#销毁所有窗体
cv.destroyAllWindows()
```

（4）程序执行结果如图 2-8 所示。

图 2-8　图像显示 imshow()

另外还可以通过函数 nameWindow() 来创建窗体，可以自由调整窗体大小，用法如下。

```
"""
    cv2.namedWindow 创建一个窗体，只需指定窗体名称
        cv2.namedWindow() 初始化默认的标签是 cv2.WINDOW_AUTOSIZE
        如果把标签改成 cv2.WINDOW_NORMAL 就可以自由地调整窗体大小，当图像维度太大时，这将很
有帮助
        cv2.destroyWindow() 销毁指定窗体
"""

import cv2 as cv

img_path = '../test.png'
cv.namedWindow('img_bgr')
cv.namedWindow('img_gray', cv.WINDOW_NORMAL)
```

```
# 读入彩色图 注意 OpenCV 中颜色格式为 BGR,而不是 RGB
img_bgr = cv.imread(img_path)


# 读入灰度图 注意灰度图通道数为 1
img_gray = cv.imread(img_path, cv.IMREAD_GRAYSCALE)


# 显示这两种图像
cv.imshow('img_bgr', img_bgr)
cv.imshow('img_gray', img_gray)


# 无限期地等待键盘按下
cv.waitKey(0)
# 销毁所有窗体
cv.destroyWindow('img_bgr')
cv.destroyWindow('img_gray')
```

（5）图像磁盘保存,使用函数 imwrite()把内存中图像矩阵序列化到磁盘文件中,用法如下。

```
"""
OpenCV3 图像保存 cv2.imwrite()
    函数原型 imwrite(filename, img[, params]) -> retval
    一般需要传入两个参数:要保存的文件名;要保存的图像
    保存的图像格式是根据文件扩展名来定的

"""

import cv2 as cv

img_path = '../test.png'


# 读入彩色图 注意 OpenCV 中颜色格式为 BGR,而不是 RGB
img_bgr = cv.imread(img_path)


# 将 img_bgr 保存成 jpg 格式
status = cv.imwrite('./test.jpg', img_bgr)
if status:
    print('图像保存成功')
else:
    print('图像保存失败')
```

上述操作可以看出,函数 imwrite()会根据文件的扩展名来选择不同的压缩编码方式,将 PNG 格式的图像另存为 JPG 格式的图片,只需更改文件扩展名即可完成对不同格式图像的保存。

### 2.2.3　图像存储

NumPy(Numerical Python)提供了高效存储、数据操作、数据缓存的接口,包含数字计算函数、矩阵计算函数等,在开发中通常引用的方式如下:

```
importnumpy as np　#np 为别名
```

在 Python 中图像的操作实质上是对数组的操作,使用 OpenCV 读取的图像,返回的是一个 np. ndarray 数组类型的对象。每个数组有 nidm(数组的维度)、shape(数组每个维度的大小)和 size(数组的总大小)属性,以及 dtype(数组的数据类型)属性。数组属性间表示关系如图 2-9 所示。

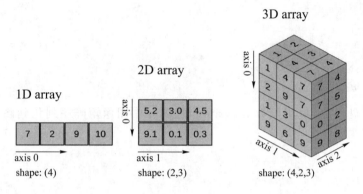

图 2-9　数组属性

我们可以通过这些属性来查看图像的属性,如通过 nidm 来确定图像是彩色图,还是灰度图。通过 shape 来确定图像的高度、宽度及通道大小。

在 NumPy 中使用函数 numpy. zeros()创建一个全零矩阵,下面以函数 zeros 为例,介绍 NumPy 数组与图像之间的关系,具体代码如下。

```
import cv2 as cv
importnumpy as np

# 创建 30×30 的黑色灰度图,指定数据类型为 uint8(0-255)
img = np. zeros((30, 30), dtype = np. uint8)
# print(img)
print('*' * 40)
print(type(img))
print('*' * 40)
print('size:{0}\tshape:{1}\tdtype:{2}'.format(img. size, img. shape, img. dtype))
# 显示这个小黑点
cv. namedWindow('point')
cv. imshow('point', img)
cv. waitKey(0)
cv. destroyWindow('point')
```

运行结果如下。

```
*********************************************
<class'numpy.ndarray'>
*********************************************
size:900    shape:(30,30)  dtype:uint8
```

在计算机中图像以矩阵的形式保存,矩阵的基本元素是图像中对应位置的像素值。在 OpenCV 中的图像坐标系中,零点坐标为图像的左上角,$x$ 轴为图像矩形上边的那条水平线,$y$ 轴为图像矩形左边的那条垂直线。图像在坐标系中某一点的像素值就是对应矩阵行和列位置的值。

注意:图像像素的相对位置以 0 为索引开始计算,并且先按行索引,再按列索引,即($H$, $W$)。如操作 NumPy 数组时,坐标(3,4)索引到的是第 4 行第 5 列的像素点。在 NumPy 中图像坐标索引为先行(高)再列(宽)。其存储表示如图 2-10 所示。

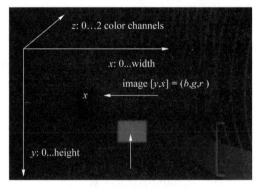

图 2-10　OpenCV 图像坐标系

NumPy 数组常用属性如表 2-1 所示,其中前 5 个属性为图像操作常用属性。

表 2-1　NumPy 数组属性

| 属性 | 说明 |
| --- | --- |
| ndarray.ndim | 轴的数量或维度的数量 |
| ndarray.shape | 数组的维度,对于矩阵,为 $n$ 行 $m$ 列 |
| ndarray.size | 数组元素的总个数,相当于 shape 中 $n*m$ 的值 |
| ndarray.dtype | ndarray 对象的元素类型 |
| ndarray.itemsize | ndarray 对象中每个元素的大小,以字节为单位 |
| ndarray.flags | ndarray 对象的内存信息 |
| ndarray.real | ndarray 元素的实部 |
| ndarray.imag | ndarray 元素的虚部 |
| ndarray.data | 包含实际数组元素的缓冲区,一般通过数组的索引获取元素,因此通常不需要使用这个属性 |

## 2.2.4　视频捕获

在 OpenCV 中捕获摄像头视频流可通过 cv2.VideoCapture 视频捕获类实现,通过 API 调用,便可从视频硬件设备中获取帧图像。VideoCapture 类构造函数说明如表 2-2 所示。

通过构造函数可获得 VideoCapture 类的实例对象,通过实例对象 VideoCapture 的成员方法 read()来读取视频帧。VideCapture 类成员方法如表 2-3 所示。

表 2-2　VideoCapture 类构造函数

| 功能 | cv2. VideoCapture 类构造函数 | 参数说明 |
|---|---|---|
| 视频文件 | < VideoCaputrue object > = cv2. VideoCapture（VideoPath） | VideoPath:本地视频文件路径 |
| 摄像头设备 | < VideoCaputrue object > = cv2. VideoCapture（index） | index:摄像头设备 ID,填 0 表示使用系统默认的摄像头,在 Linux 系统中,如果存在多个摄像头,可以使用"/dev/video1"等这样的设备名 |

表 2-3　VideoCapture 类成员方法

| 函数原型 | 函数功能 |
|---|---|
| retval = cv2. VideoCapture. isOpened() | 判断视频捕获是否初始化成功。初始化成功则返回 True。之前调用 VideoCapture 的构造函数成功,就会返回 True |
| retval,image= cv2. VideoCapture. read() | 抓取,解码并返回下一个视频帧。返回值为 True 则表明抓取成功。如果抓取帧失败,该函数返回 False,并输出空图像 |
| retval = cv2. VideoCapture. get(propId) | 通过设置 propId 以返回相机/视频文件的各种属性。propId 的常见取值如下:<br>cv2. CAP_PROP_POS_MSEC:视频文件的当前位置（ms）<br>cv2. CAP_PROP_POS_FRAMES:从 0 开始索引帧,帧位置<br>cv2. CAP_PROP_POS_AVI_RATIO:视频文件的相对位置（0 表示开始,1 表示结束）<br>cv2. CAP_PROP_FRAME_WIDTH:视频流的帧宽度<br>cv2. CAP_PROP_FRAME_HEIGHT:视频流的帧高度<br>cv2. CAP_PROP_FPS:帧率<br>cv2. CAP_PROP_FOURCC:编解码器四字符代码<br>cv2. CAP_PROP_FRAME_COUNT:视频文件的帧数<br>…… |

在上述基本函数方法的基础上,捕获视频流的基本流程如图 2-11 所示。

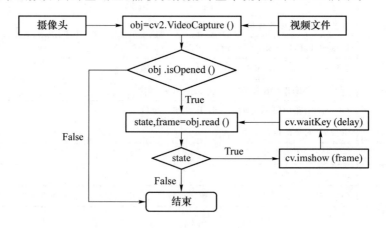

图 2-11　视频捕获基本流程

基本的视频流捕获示例代码如下。

```
import cv2 as cv

# 获取本地默认的摄像头,如果你在 Windows 下使用 USB 摄像头那么 id 为 1,如果在 Linux 系统下使用
```

```
USB 摄像头,则应填"/dev/video1"
    cap = cv.VideoCapture(0)
    #如果检测到摄像头已打开
    ifcap.isOpened():
        state, frame = cap.read()       #抓取下一个视频帧状态和图像
        while state:                                #当抓取成功则进入循环
            state,frame = cap.read()    #抓取每一帧图像
            cv.imshow('video',frame) #显示图像帧
            #等待键盘按下,超时 25ms 可通过设置等待超时时间来控制视频播放速度
            k = cv.waitKey(25) & 0xff    # 25ms 内当有键盘按下时返回对应按键的 ASCII 码,超时返回 -1
            if k == 27 orchr(k) == 'q':    # 当按下 Esc 或者 q 建时退出循环。
    break
```

## 2.2.5　视频流保存

视频是由一帧一帧的图像连接而成的,通常把一秒钟切换图像的次数称为帧率(FPS),如人眼感觉流畅的视频,通常需在一秒内切换 24 帧图像,则其帧率为 24 FPS。

在实践中为了有效保存视频流,减少存储视频大小,在许多视频压缩编码格式的支持下,如常见的 MPEG-4、H.264、H.265 等,通过 OpenCV 中的 VideoWriter 类 API 接口实现视频流的保存。保存视频流的 API 函数如表 2-4 所示。

表 2-4　视频流保存函数

| 函数名称 | cv2. VideoWriter. write() | |
| --- | --- | --- |
| 函数原型 | write(image) —> None | |
| 必填参数 | img | 被保存的图像帧 |
| 返回值 | 无 | |
| 调用示例 | fourcc = cv2. VideoWriter_fourcc('X', 'V', 'I', 'D')　#设置保存视频的压缩格式<br>out = cv. VideoWriter('savefile. avi', fourcc,30,(640,480))　#创建名为 out 的输出句柄<br>out. write(frame)　#通过 cv. VideoWriter 类的成员函数 write()完成视频的存储 | |

视频流保存流程如图 2-12 所示。

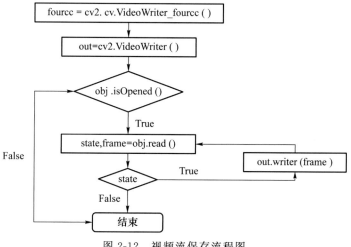

图 2-12　视频流保存流程图

视频流保存的代码如下。

```
"""
Opencv3 使用对象 VideoWriter()保存视频流
    构造函数 cv2.VideoWriter(filename, fourcc, frameSize, isColor) -> retval
    fourcc 就是一个 4 字节码,用来确定视频编码格式
    可用的编码可以从 fourcc.org 查到
    • In Fedora:DIVX, XVID, MJPG, X264, WMV1, WMV2. (XVID is
        more preferable. MJPG results in high size video. X264 gives
        very small size video)
    • In Windows:DIVX (More to be tested and added)
    • In OSX :(I don't have access to OSX. Can some one fill this?)
"""
import cv2 as cv
importnumpy as np
cap = cv.VideoCapture(0)

# 指定视频的编码格式
fourcc = cv.VideoWriter_fourcc( * 'XVID')
# 保存到文件,调用 VideWriter 函数(文件名,编码格式, FPS, 帧大小,isColor),其中 isColor 默认为
True,表示保存彩图
out = cv.VideoWriter('output.avi', fourcc, 30, (640, 480))

whilecap.isOpened():
    ret, frame = cap.read()
    if ret:
        # 帧翻转
        # frame = cv.flip(frame, 1)
        out.write(frame)
        cv.imshow('frame', frame)
        k = cv.waitKey(25) & 0xFF
        ifchr(k) == 'q':
            break
# 需要调用 release 函数
cap.release()
out.release()
cv.destroyAllWindows()
```

## 2.2.6 图像绘制

绘制不同形状的图像,如直线、矩形、圆形、多边形等,通常只需调用不同的函数,如
line()、rectangle()、circle()、polylines()等即可完成。

### 1. 直线绘制

一条直线的确定需要两个端点,在绘制一条直线时,需要传入两个端点坐标。在 OpenCV

中使用函数 cv2. line()绘制一条直线。该函数用法如表 2-5 所示。

表 2-5　画线函数

| 函数名称 | cv2. line() | |
|---|---|---|
| 函数原型 | line(img, pt1, pt2, color[, thickness[, lineType[, shift]]]) —> img | |
| 必填参数 | img | 输入的原始图像 |
| | pt1&pt2 | 直线的两点坐标 |
| | color | 线条的颜色,需要传入一个 BGR 格式的元组,(0,0,255)表示红色 |
| 默认参数 | thickness | 线条的粗细,默认值为−1(填充),数值越大线条越粗 |
| | lineType | 线条的类型,默认 8 连线,cv2. LINE_AA 为抗锯齿 |
| | shift | 坐标的小数点位数,默认无 |
| 返回值 | 返回在 img 基础上绘制了以 pt1、pt2 为顶点的直线后的图像 | |
| 调用示例 | cv2. line((0,0),(499,499),(0,0,255),5)♯画一条红色线,宽为 5px | |

使用函数 cv2. line()绘制直线代码如下。

```
"""
函数原型:line(img, pt1, pt2, color[, thickness[, lineType[, shift]]]) -> img
        img:要绘制的那种图像
        pt1:起点坐标,如(0, 0)
        pt2:终点坐标,如(499, 499)

        color:线段的颜色,传一个元组,如红色(0,0,255)
        thickness:线段的粗细,默认值为−1,表示填充
        lineType:线段类型:默认 8 连线,cv2.LINE_AA 表示抗锯齿
    morehelp:help(cv2.line)
"""
import cv2 as cv
import numpy as np


# 创建背景为纯黑色图片
img = np.zeros((500, 500, 3), np.uint8)


# 创建纯白色图片
img1 = np.ones((500, 500, 3), np.uint8) * 255


# 绘制线段
cv.line(img, (0, 0), (499, 499), (0, 0, 255), 5, cv.LINE_AA)
# 显示图像
cv.imshow('img', img)
cv.waitKey(0)
cv.destroyWindow('img')
```

```
# 绘制一个多边形
# 三角形
triangle = [(255, 200),(200, 300),(300,300)]
# 画出三角形
cv.line(img1, triangle[0], triangle[1], (0, 255, 0), 5, cv.LINE_AA)
cv.line(img1, triangle[1], triangle[2], (0, 255, 0), 5, cv.LINE_AA)
cv.line(img1, triangle[2], triangle[0], (0, 255, 0), 5, cv.LINE_AA)

cv.imshow('img1', img1)
cv.waitKey(0)
cv.destroyWindow('img1')
```

程序运行结果如图 2-13 所示。

图 2-13　绘制直线

### 2. 矩形绘制

在人工智能的应用中,常需要将检测到的物体用矩形标示出来,即需矩形绘制功能。绘制一个矩形需要对角线的两个端点坐标,然后使用函数 cv2.rectangle()来完成,其函数如表 2-6 所示。

表 2-6　绘制矩形函数

| 函数名称 | cv2.rectangle() | |
|---|---|---|
| 函数原型 | rectangle(img, pt1, pt2, color[, thickness[, lineType[, shift]]])->img | |
| 必填参数 | img | 输入的原始图像 |
| | pt1&pt2 | 矩形正对角线上的两点坐标 |
| | color | 线条的颜色,需要传入一个 BGR 格式的元组,(0,0,255)表示红色 |
| 默认参数 | thickness | 线条的粗细,默认值-1(填充),数值越大线条越粗 |
| | lineType | 线条的类型,默认 8 连线,cv2.LINE_AA 为抗锯齿 |
| | shift | 坐标的小数点位数,默认无 |
| 返回值 | 返回改变后的图像 | |
| 调用示例 | cv2.rectangle(img,(300,200),(450,450),(0,255,0),3) | |

绘制矩形示例代码如下。

```
"""
函数原型:rectangle(img, pt1, pt2, color[, thickness[, lineType[, shift]]]) -> img
    img:要绘制的那种图像
    pt1:矩形的左上角坐标,如(0,0)
```

```
          pt2:矩形右下角坐标,如(499,499)

          color:线段的颜色,传一个 RGB 格式的元组,如红色(0,0,255)
          thickness:线段的粗细,默认值为 -1,表示填充
          lineType:线段类型:默认 8 连线,cv2.LINE_AA 表示抗锯齿
      morehelp:help(cv2.rectangle)
"""


import cv2 as cv
import numpy as np

# 创建一幅背景为纯黑色的图片
img = np.zeros((500, 500, 3), np.uint8)

# 创建一幅纯白色图片
img1 = np.ones((500, 500, 3), np.uint8) * 255

# 绘制矩形
cv.rectangle(img, (300, 200), (400, 450), (0, 255, 0), 3)
cv.rectangle(img, (200, 300), (450, 400), (0, 255, 255), 3, cv.LINE_AA)

cv.rectangle(img1, (300,200), (400, 450), (0, 255, 0), 3)
cv.rectangle(img1, (200, 300), (450, 400), (0, 255, 255), 3, cv.LINE_AA)

# 显示图像
cv.imshow('img', img)
cv.imshow('img1', img1)
cv.waitKey(0)
cv.destroyAllWindows()
```

程序运行结果如图 2-14 所示。

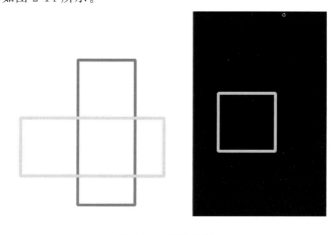

图 2-14　矩形绘制

### 3. 圆形和椭圆绘制

一个圆需要确定圆心及圆半径,其绘制函数如表 2-7 所示。

表 2-7　绘制圆形函数

| 函数名称 | cv2. circle() | |
|---|---|---|
| 函数原型 | circle(img, center, radius, color[, thickness[, lineType[, shift]]])—>img | |
| 必填参数 | img | 输入的原始图像 |
| | center | 圆的圆心坐标 |
| | radius | 圆的半径 |
| | color | 线条颜色,需要传入一个 BGR 格式元组,(0,0,255)表示红色 |
| 默认参数 | thickness | 线条的粗细,默认值为-1(填充),数值越大线条越粗 |
| | lineType | 线条的类型,默认 8 连线,cv2. LINE_AA 为抗锯齿 |
| | shift | 坐标的小数点位数,默认无 |
| 返回值 | 返回改变后的图像 | |
| 调用示例 | cv2. circle(img,(255,255),100,(255,0,0),3) | |

实际上,还可通过 cv2. ellipse()方法绘制椭圆,如表 2-8 所示。

表 2-8　绘制椭圆

| 函数名称 | cv2. ellipse() | |
|---|---|---|
| 函数原型 | ellipse(img, center, axes, angle, startAngle, endAngle, color[, thickness[, lineType[, shift]]])—>img | |
| 必填参数 | img | 输入的原始图像 |
| | axes | 一对元组,分别表示椭圆的长半轴与短半轴的长度 |
| | angle | 椭圆沿逆时针方向旋转的角度 |
| | startAngle | 椭圆弧沿顺时针方向的起始角度 |
| | endAngle | 椭圆弧沿顺时针方向的结束角度,若从 0 到 360 则表示画整个椭圆 |
| | color | 线条的颜色,需要传入一个 BGR 格式的元组,(0,0,255)表示红色 |
| | img | 输入的原始图像 |
| 默认参数 | thickness | 线条的粗细,默认值为-1(填充),数值越大线条越粗 |
| | lineType | 线条的类型,默认 8 连线,cv2. LINE_AA 为抗锯齿 |
| | shift | 坐标的小数点位数,默认无 |
| 返回值 | 返回改变后的图像 | |
| 调用示例 | cv. ellipse(img, (250, 250), (100, 50), 0, 0, 360, (0, 255, 0), 3) | |

下面是绘制圆形的示例代码。

```
import cv2 as cv
import numpy as np


# 创建一幅背景为灰色的图片
img = np.ones((500, 500, 3), np.uint8) * 127
img1 = np.ones((500, 500, 3), np.uint8) * 127


# 绘制圆形
```

```
cv.circle(img, (255, 255), 50, (255, 0, 0), 3)
cv.circle(img, (255, 255), 100, (255, 255, 255), 3, cv.LINE_AA)
cv.circle(img, (255, 255), 150, (0, 255, 255), 3)

# 画线
cv.line(img, (255, 255), (255 + 50, 255), (0, 0, 255), 3)
cv.line(img, (255, 255), (255, 255 + 100), (0, 0, 255), 3)

cv.ellipse(img1, (250,250), (100,50), 0, 0, 360, (0, 255, 0), 3, cv.LINE_AA)
cv.ellipse(img1, (100, 100), (80, 40), 0, 0, 360, (0, 0,255), -1, cv.LINE_AA)

# 显示图像
cv.imshow('img', img)
cv.imshow('img1', img1)
cv.waitKey(0)
cv.destroyAllWindows()
```

程序运行效果如图 2-15 所示。

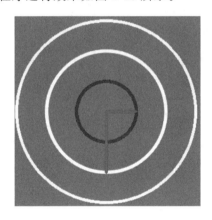

图 2-15　绘制圆形

**4. 多边形绘制**

绘制多边形需要事先确定多边形端点的坐标,然后使用绘制直线函数将相邻的顶点连接起来,即可完成多边形的绘制。在 OpenCV 中调用函数 cv2. polylines()可实现多边形的绘制。其详细用法如表 2-9 所示,但此方法只适用于顶点比较少的多边形,且需要多次调用。

表 2-9　多边形绘制函数

| 函数名称 | cv2. polylines() | |
| --- | --- | --- |
| 函数原型 | polylines(img, [pts], isClosed, color[, thickness[, lineType[, shift]]])—>img | |
| 必填参数 | img | 输入的原始图像 |
| | pts | 多边形的顶点列表 |
| | isClosed | 默认为 True,表示闭合;False 表示不闭合 |
| | color | 线条的颜色,需要传入一个 BGR 格式的元组,(0,0,255)表示红色 |

| 默认参数 | thickness | 线条的粗细,默认值为－1(填充),数值越大线条越粗 |
| | lineType | 线条的类型,默认 8 连线,cv2.LINE_AA 为抗锯齿 |
| | shift | 坐标的小数点位数,默认无 |
| 返回值 | 返回改变后的图像 | |
| 调用示例 | pts = np.array([[400,100],[300,140],[450,250],[350,250]],np.int32)<br>cv.polylines(img,[pts],True,(0,0,255),3,cv.LINE_AA) | |

绘制多边形示例代码如下。

```
"""
    函数原型:polylines(img, pts, isClosed, color[, thickness[, lineType[, shift]]]) -> img
        img:要绘制的那种图像
        pts:多边形的顶点列表
        isClosed:默认为 True,表示闭合;False 表示不闭合

        color:线段的颜色,传一个 RGB 格式的元组,如红色(0,0,255)
        thickness:线段的粗细,默认值为－1,表示填充
        lineType:线段类型,默认 8 连线,cv2.LINE_AA 表示抗锯齿
    morehelp:help(cv2.polylines)
"""
import cv2 as cv
import numpy as np


# 创建一幅背景为灰色的图片
img = np.zeros((500,500,3),np.uint8)


img1 = np.ones((500,500,3),np.uint8)


# 准备一些顶点坐标
pts = np.array([[100,50],[200,300],[300,200],[400,200]],np.int32)
# 这里的参数为－1,表示这一个维度是根据后面的参数计算出来的,计算结果为 4
pts = pts.reshape((-1,1,2))
print(pts.shape)
# 画闭合多边形
cv.polylines(img,[pts],True,(0,0,255),3,cv.LINE_AA)


# 画不闭合多边形
cv.polylines(img1,[pts],False,(0,255,0),3,cv.LINE_AA)


# 显示图像
cv.imshow('img',img)
```

```
cv.imshow('img1', img1)

cv.waitKey(0)
cv.destroyAllWindows()
```

程序运行效果如图 2-16 所示。

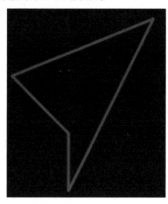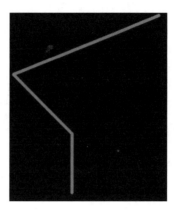

图 2-16　绘制多边形

### 5．文字绘制

在一些场景中，需要将文字信息绘制到图像中去，如视频监控项目中需要添加时间、地理位置信息到视频帧中。在 OpenCV 中通过 cv2.putText()在指定坐标绘制文字，其详细用法如表 2-10 所示。

表 2-10　绘制文字

| 函数名称 | cv2.putText() | |
|---|---|---|
| 函数原型 | cv2.putText(img, text, org, font, fontScale, color[, thickness[, lineType[, bottomLeftOrigin]]]) | |
| 必填参数 | img | 要绘制的原始图像 |
| | text | 绘制的文本 |
| | org | 要绘制的位置坐标 |
| | font | 字体格式 |
| | fontScale | 字体大小 |
| | color | 文本字符线条绘制的颜色 |
| | thickness | 线条的粗细 |
| 默认参数 | thickness | 线条的粗细，默认值−1(填充)，数值越大线条越粗 |
| | lineType | 线条的类型，默认 8 连线，cv2.LINE_AA 为抗锯齿 |
| 返回值 | 返回绘制的图像 | |
| 调用示例 | cv.putText(img, 'learning OpenCV', (0, 100), font, 1.5, (255, 0, 255), 2)<br>cv2.imshow('Image', img) | |

图像中绘制文字示例代码如下。

```
"""

　　函数原型:putText(img, text, org, fontFace, fontScale, color[, thickness[, lineType[,
```

```
bottomLeftOrigin]]]) -> img
        img:要绘制的那种图像
        text:要绘制的文本
        org:绘制的位置坐标
        fontFace:字体格式
        fontScale:字体大小
        color:线段的颜色,传一个 RGB 格式的元组,如红色(0,0,255)
        thickness:线段的粗细,默认值为 -1,表示填充
        lineType:线段类型,默认 8 连线,cv2.LINE_AA 表示抗锯齿
        bottomLeftOrigin:如果为 True 则图像位于原点的左下角
    morehelp:help(cv2.putText)
"""
import cv2 as cv
import numpy as np


# 创建一幅背景为灰色的图片
img = np.ones((200, 400, 3), np.uint8) * 127


# 绘制文字
font = cv.FONT_HERSHEY_SIMPLEX
cv.putText(img, 'learning OpenCV', (0, 100), font, 1.5, (255, 0, 255), 2)



# 显示图像
cv.imshow('img', img)


cv.waitKey(0)
cv.destroyAllWindows()
```

程序运行效果如图 2-17 所示。

图 2-17  绘制文字

## 2.3　图像计算

**1. 图像按位运算**

图像的基本运算有多种,如两幅图像可以相加、相减、相乘、相除、按位运算、取平方根、取对数、取绝对值等,还可以截取其中的一部分作为 ROI(感兴趣区域)。按位运算在提取 ROI 区域得到了广泛的应用,而 ROI 又是几乎所有图像处理都必须要经过的步骤,所以掌握图像的按位运算操作十分必要。

所谓按位运算,就是对(彩色图像或灰色图像均可)图像像素二进制形式的每个 bit 进行对应运算。按位运算包括 AND、NOT、XOR、OR 运算。它们的函数原型定义如图 2-18 所示。

```
1  bitwise_and、bitwise_or、bitwise_xor、bitwise_not这四个按位操作函数。
2  void bitwise_and(InputArray src1, InputArray src2,OutputArray dst, InputArray mask=noArray());//dst = src1 & src2
3  void bitwise_or(InputArray src1, InputArray src2,OutputArray dst, InputArray mask=noArray());//dst = src1 | src2
4  void bitwise_xor(InputArray src1, InputArray src2,OutputArray dst, InputArray mask=noArray());//dst = src1 ^ src2
5  void bitwise_not(InputArray src, OutputArray dst,InputArray mask=noArray());//dst = ~src
```

图 2-18　算术运算函数原型

函数 cv2. bitwise_and()将两幅图像 src1 与 src2 每个像素值进行按位与运算,并返回处理后的图像。该函数的用法如表 2-11 所示。

表 2-11　按位与函数

| 函数名称 | cv2. bitwise_and() | |
|---|---|---|
| 函数原型 | bitwise_and(src1，src2[，dst[，mask]])—>dst | |
| 必填参数 | src1＆src2 | 输入的需要按位与的图像,要求两幅图像有相同的类型和大小 |
| 默认参数 | dst | 与输入图像有同样大小,并是同样类型的输出图像 |
| | mask | 输入掩模,可省略参数,必须是 8 位单通道图像 |
| 返回值 | 返回按位与之后的图像 | |
| 调用示例 | output ＝cv. bitwise_and(source，mask) | |

函数 cv2. bitwise_not()将输入图像 src 的每个像素值按位取反,并返回处理后的图像。该函数的用法如表 2-12 所示。

表 2-12　按位取反函数

| 函数名称 | cv2. bitwise_not() | |
|---|---|---|
| 函数原型 | bitwise_not(src[，dst[，mask]])—>dst | |
| 必填参数 | src | 输入的需要按位取反的图像 |
| 默认参数 | dst | 与输入图像有同样大小,并是同样类型的输出图像 |
| | mask | 输入掩模,可省略参数,必须是 8 位单通道图像 |
| 返回值 | 返回按位取反之后的图像 | |
| 调用示例 | output ＝cv. bitwise_not(source) | |

### 2. 图像加法

使用函数 cv2.add()可进行图像的加法运算,对于要相加的两张图需要保证图像的 shape 一致。此外图像的加法运算还可以通过 NumPy 实现。在 OpenCV 中加法是一种饱和操作,而在 NumPy 中加法是一种模操作。如下所示:

```
x = np.uint8([250])
y = np.uint8([10])
print(cv2.add(x,y)
[[255]]    #250 + 10 = 260 = > 255
print(x + y)
[[4]]    #250 + 10 = 260 % 256 = 4
```

图像加法函数中 cv2.addWeighted()能做图像混合,其函数原型如下:

```
addWeighted(src1,alpha,src2,beta,gamma[,dst[,dtype]]) - > dst
```

函数计算公式如下:

$$g(x) = (1 - \alpha)f0(x) + \alpha f1(x) + gamma$$

因为两幅图片相加的权重不同,所以给人一种混合的感觉,通过修改 $\alpha$ 的值(0→1)便可以实现非常好的混合效果。下面给出简短的图像混合示例代码:

```
img = cv2.addWeighted(img1,0.7,img2,0.3,0)
```

### 3. 图像通道拆分及合并

有时需要对图像的单个通道进行特殊操作,就需要把 BGR 拆分成 3 个单独的通道,操作完单个通道后,还可将 3 个单独的通道合并成 1 张 BGR 图,通道拆分及合并操作如下:

```
b,g,r = cv2.split(img)
img = cv2.merge((b,g,r))
```

注意:cv2.split()用于分割通道,cv2.merge()用于合并通道,但其操作开销很大,因此实际开发中建议使用如下代码替代。

```
#使用 python 切片来完成通道分割和替换功能
b = img[:,:,:1]
g = img[:,:,1:2]
r = img[:,:,2:3]
img[:,:,2:3] = r
img[:,:,1:2] = g
img[ : , : ,0:1] = b
```

# 2.4  颜色空间转化及分割

目前比较常用的三色颜色空间有 RGB、HSV、Lab、YUV 等。在图像处理中,通常使用向量表示色彩的值,如(0,0,0)表示黑色、(255,255,255)表示白色。R、G、B 分别代表 3 个基色(R-红色、G-绿色、B-蓝色),是一个三维色彩空间,具体的色彩值由 3 个基色叠加而成。

HSV 色彩空间（H-色调、S-饱和度、V-值）将亮度从色彩中分解出来，由于其对光线不敏感的特性，在图像增强算法中用途很广。在图像处理中，经常将图像从 RGB 色彩空间转换到了 HSV 色彩空间，利用 HSV 分量从图像中提取感兴趣的区域，以便更好地感知图像颜色。

由于在图像处理的过程中，HSV 模型比 RGB 模型更适合做预处理，所以会经常将两个颜色空间互换，OpenCV 提供了颜色空间转换的接口函数 cv2.cvtColor()。详细用法如表 2-13 所示。

表 2-13　颜色空间转换函数

| 函数名称 | cv2.cvtColor() | |
|---|---|---|
| 函数原型 | cvtColor(src, code[, dst[, dstCn]])—>dst | |
| 必填参数 | src | 输入图像 |
| | code | 颜色空间转换类型，常用的是：<br>cv.COLOR_BGR2HSV　　／　　cv.COLOR_HSV2BGR<br>cv.COLOR_BGR2GRAY　／　cv.COLOR_GRAY2BGR |
| 默认参数 | dstCn | 输出图像的颜色通道数，默认为 0，此时输出图像通道数将由 code 决定 |
| 返回值 | 转换了颜色空间后的图像 | |
| 调用示例 | hsv = cv2.cvtColor(img,cv.COLOR_BGR2HSV)<br>bgr = cv2.cvtColor(img,cv.COLOR_HSV2BGR) | |

OpenCV 中提供了 cv2.inRange() 函数，根据上下颜色边界阈值用该函数对原输入图像进行分割，上下阈值之外的像素全部设置为 0，阈值之间的像素值全部设置为 1，返回的是一个二值图，即掩模。详细用法如表 2-14 所示。

表 2-14　inRange() 函数

| 函数名称 | cv2.inRange() | |
|---|---|---|
| 函数原型 | inRange(src, lowerb, upperb[, dst])—>dst | |
| 必填参数 | src | 输入图像 |
| | lowerb | 设置分割的下边界阈值 |
| | upperb | 设置分割的上边界阈值 |
| 返回值 | 返回颜色提取后的二值图像，即掩模 | |
| 调用示例 | mask=cv.inRange(hsv, (0, 43, 46), (10, 255, 255)) | |

使用 inRange() 进行阈值处理，分割指定颜色块。

将图像转化到 HSV 颜色空间下，然后参照表 2-15 即可分割指定颜色块。

表 2-15　HSV 颜色空间对照表

| | 黑 | 灰 | 白 | 红 | | 橙 | 黄 | 绿 | 青 | 蓝 | 紫 |
|---|---|---|---|---|---|---|---|---|---|---|---|
| hmin | 0 | 0 | 0 | 0 | 156 | 11 | 26 | 35 | 78 | 100 | 125 |
| hmax | 180 | 180 | 180 | 10 | 180 | 25 | 34 | 77 | 99 | 124 | 155 |
| smin | 0 | 0 | 0 | 43 | | 43 | 43 | 43 | 43 | 43 | 43 |
| smax | 255 | 43 | 30 | 255 | | 255 | 255 | 255 | 255 | 255 | 255 |
| vmin | 0 | 46 | 221 | 46 | | 46 | 46 | 46 | 46 | 46 | 46 |
| vmax | 46 | 220 | 255 | 255 | | 255 | 255 | 255 | 255 | 255 | 255 |

颜色分割示例代码如下：

```python
import cv2 as cv
# 1.载入图像
img_src = cv.imread('rub00.jpg')
# 2.转换空间转换
hsv_src = cv.cvtColor(img_src, cv.COLOR_BGR2HSV)
# 3.查表可得绿色高低阈值
green_low_hsv = (35, 43, 46)
green_high_hsv = (77, 255, 255)
# 4.分割颜色获得掩模
mask_green = cv.inRange(hsv_src, green_low_hsv, green_high_hsv)
# 5.掩模和原图进行按位与
green = cv.bitwise_and(hsv_src,hsv_src,mask = mask_green)
green = cv.cvtColor(green,cv.COLOR_HSV2BGR)
# 6.显示图像
cv.imshow('src', img_src)
cv.imshow('mask_green', green)
cv.waitKey(0)
cv.destroyAllWindows()
```

程序运行效果如图 2-19 所示。

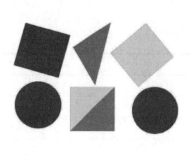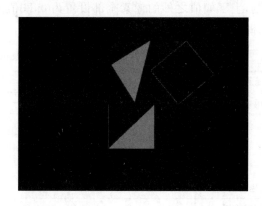

图 2-19　图像颜色分割效果

# 2.5　图像二值化及平滑

## 2.5.1　图像二值化

在图像处理中，图像二值化是指将图像上的灰度值按照某种方式设置为 0 或 255，得到一张黑白二值图像的过程。在二值化图像当中，只存在黑色和白色两种颜色。图像二值化可以使边缘变得更加明显，如图 2-20 所示。在图像处理中，二值化操作通常应用在如掩模、图像分割、轮廓查找等过程中。在 OpenCV 中全局阈值二值化函数 threshold() 的用法如表 2-16 所示。

图 2-20　数字图像二值化

表 2-16　threshold( )函数

| 函数名称 | cv. threshold( ) | | |
|---|---|---|---|
| 函数原型 | threshold(src, thresh, maxval, type[, dst])―>retval, dst | | |
| 必填参数 | src | 传入待二值化的灰度图 | |
| | thresh | 比较阈值(0~255) | |
| | maxval | 最大值(0~255) | |
| | type | 阈值处理方式 | cv2. THRESH_BINARY 超过阈值部分取 maxval(最大值),否则取 0 |
| | | | cv2. THRESH_BINARY_INV THRESH_BINARY 的反转 |
| | | | cv2. THRESH_TRUNC 大于阈值部分设为阈值,否则不变 |
| | | | cv2. THRESH_TOZERO 大于阈值部分不改变,否则设为 0 |
| | | | cv2. THRESH_TOZERO_INV THRESH_TOZERO 的反转 |
| 默认参数 | 无 | | |
| 返回值 | 返回两个值 retval, dst。retval 表示该次二值化使用的 thresh 值,dst 为二值图像 | | |
| 调用示例 | ret,thresh_binary = cv. threshold(gray, 127, 255, cv. THRESH_BINARY) | | |

### 1. 简单阈值二值化

简单阈值二值化是指设置一个全局阈值,通过该阈值对灰度图像素值进行归类设置。具体做法是,像素点灰度值小于等于阈值时将该点置 0(反转置 maxval),大于阈值置 maxval(反转置 0)。

如下生成灰度渐变图:

```
small = np.array(range(0, 256), np.uint8).reshape(16, 16)
```

生成结果如图 2-21 所示。

灰度渐变图的像素分布如图 2-22 所示。

图 2-21　灰度渐变图　　　　　图 2-22　灰度渐变图像素分布

### 2. 全局阈值二值化

使用全局阈值二值化上述渐变灰度图，代码如下：

```
ret,small_thresh = cv.threshold(small, 127, 200, cv.THRESH_BINARY)
```

二值化效果如图 2-23 所示。

二值化后的像素分布情况如图 2-24 所示。

图 2-23　二值化后结果

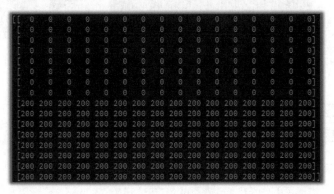

图 2-24　二值化图像素分布

从二值化图像素分布可以看出，像素点灰度值小于等于阈值时该点置 0（反转置 maxval），大于阈值置 maxval（反转置 0）。

### 3. 自适应阈值二值化

自适应阈值二值化同简单阈值二值化的不同之处在于，简单阈值使用一个全局阈值来二值化，而自适应阈值使用每个块中的平均值或加权平均值作为阈值，简单阈值的优势体现在处理速度和某些特定场景的二值化表现上，而自适应阈值在局部过曝场景中具有优势。因此，在实际应用场景中需要根据场景特点选择合适的二值化处理函数，一般是先使用简单阈值调参，然后考虑使用自适应阈值二值化。自适应阈值二值化的用法如表 2-17 所示。

表 2-17　自适应阈值二值化

| 函数名称 | cv. adaptiveThreshold( ) | | |
|---|---|---|---|
| 函数原型 | adaptiveThreshold(src, maxValue, adaptiveMethod, thresholdType, blockSize, C[, dst])—>dst | | |
| 必填参数 | src | 传入待二值化的灰度图 | |
| | maxValue | 最大值（0~255） | |
| | adaptiveMethod | cv. ADPTIVE_THRESH_MEAN_C 值取自相邻区域的平均值 | |
| | | cv. ADPTIVE_THRESH_GAUSSIAN_C 值取值相邻区域的加权和，权重为高斯窗口 | |
| | thresholdType | 阈值处理方式 | cv2. THRESH_BINARY 超过阈值部分取 maxval（最大值），否则取 0 |
| | | | cv2. THRESH_BINARY_INV THRESH_BINARY 的反转 |
| | | | cv2. THRESH_TRUNC 大于阈值部分设为阈值，否则不变 |
| | | | cv2. THRESH_TOZERO 大于阈值部分不改变，否则设为 0 |
| | | | cv2. THRESH_TOZERO_INV THRESH_TOZERO 的反转 |
| | blockSize | 邻域大小用来计算自适应阈值的区域大小 | |
| | C | 常数 C，阈值等于平均值或者加权平均值减去这个常数 | |
| 默认参数 | 无 | | |
| 返回值 | 返回值 dst 二值图像 | | |
| 调用示例 | dst ＝ cv. adaptiveThreshold(img, 255,cv. ADAPTIVE_THRESH_MEAN_C, cv. THRESH_BINARY, 11, 2) | | |

自适应阈值二值化和全局阈值二值化的对比效果如图 2-25 所示。图 2-25(a)为原灰度图;(b)为原灰度图,使用简单阈值二值化图——thresh＝127;(c)为原灰度图,使用自适应二值化图——邻域均值;(d)为原灰度图,使用自适应二值化图——高斯加权均值。

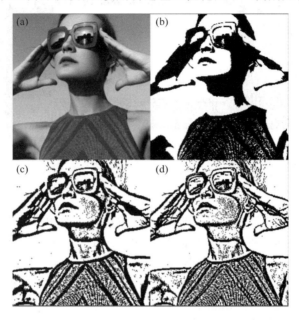

图 2-25　二值化效果对比

### 4. OTSU 二值化

OTSU 是一种确定图像二值化分割阈值的算法,又称最大类间差法或大津算法。在 OpenCV 中使用标志位 cv.THRESH_OTSU 表示使用 OTSU 得到全局自适应阈值来实现图像二值化。

OTSU 对灰度图进行二值化示例代码如下:

```
ret, th1 = cv.threshold(img, 0, 255, cv.THRESH_BINARY + cv.THRESH_OTSU)
# ret 就是 OTSU 计算出来全局自适应阈值
```

测试图片如图 2-26 所示,该图存在大量的噪声。它的直方图如图 2-27 所示,可以看到直方图存在两个波峰。

图 2-26　测试图

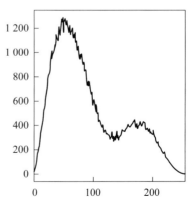

图 2-27　测试图的直方图

使用 OTSU 对测试图二值化后的结果如图 2-28 所示,可以看到良好的二值化效果。

图 2-28　OTSU 二值化效果

### 2.5.2　图像平滑

**1. 均值滤波**

均值滤波是平滑线性滤波器中的一种,具有平滑图像过滤噪声的作用。均值滤波的思想是使用滤波器模板 $w$ 所包含像素的平均值去覆盖中心锚点的值。滤波计算公式为

$$g(i,j) = \sum_{k,t} f(i+k, j+t) h(k,t)$$

滤波计算过程如图 2-29 所示,经过均值滤波操作后中间锚点 83 变成了 76。

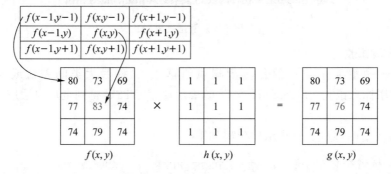

图 2-29　均值滤波原理

其中 $g(x,y)$ 是滤波函数,$h(x,y)$ 是邻域算子,$f(x,y)$ 是滤波前的原图表示。计算过程可表示为式(2-1),其中 $h(x,y)$ 的值为 1。

$$g(x,y) = \frac{f(x-1,y-1) + f(x,y-1) + f(x+1,y-1) + f(x-1,y)}{9}$$
$$+ \frac{f(x,y) + f(x+1,y) + f(x-1,y+1) + f(x,y+1) + f(x+1,y+1)}{9} \quad (2\text{-}1)$$

在 OpenCV 中可以使用函数 cv. blur()或 cv. boxFilter()做均值滤波,它们的详细用法如表 2-18 和表 2-19 所示。

表 2-18　均值滤波函数 blur( )

| 函数名称 | cv. blur() | |
|---|---|---|
| 函数原型 | blur(src, ksize[, dst[, anchor[, borderType]]])—> dst | |
| 必填参数 | src | 传入待滤波的图像彩色图或单通道图 |
| | ksize | 模板大小,如(3,3)表示 3×3 模板 |

| 默认参数 | anchor | 锚点,默认值 Point(−1,−1)表示锚位于内核中央 |
|---|---|---|
| | borderType | 边框模式,用于图像外部的像素,默认边缘像素拷贝 |
| 返回值 | 均值滤波后的图像 | |
| 调用示例 | blur ＝ cv. blur(img,(3, 3)) | |

表 2-19　均值滤波函数 boxFilter( )

| 函数名称 | cv. boxFilter( ) | |
|---|---|---|
| 函数原型 | boxFilter(src, ddepth, ksize[, dst[, anchor[, normalize[, borderType]]]]) →dst | |
| 必填参数 | src | 传入待滤波的图像彩色图或单通道图 |
| | ddepth | 指定输出图像深度,−1 表示与 src 深度保持一致 |
| | ksize | 模板大小,如(3,3)表示 3×3 模板 |
| 默认参数 | anchor | 锚点,默认值 Point(−1,−1)表示锚位于内核中央 |
| | normalize | 指定内核是否按其区域进行规范化 |
| | borderType | 边框模式,用于图像外部的像素,默认边缘像素拷贝 |
| 返回值 | 滤波后的图像 | |
| 调用示例 | blur_b ＝ cv. boxFilter(img, −1, (3, 3)) | |

在用均值滤波消除小尺寸图像亮点时,滤波器模板尺寸越大,图像越发模糊/平滑。

**2. 加权均值滤波**

加权均值滤波是在均值滤波的基础上,改进了模板中权值的分布。在均值滤波模板中,权重是均匀分布的,而加权均值滤波在权重上是非均匀分布的。在常用的加权均值模板中,中间的权重高于周围。加权均值滤波器基本原理如下。

加权均值滤波器输出像素 $g(x, y)$,表示滤波器模板 $w$ 所包含像素的加权平均值,越靠近中心像素,其权重越大,在计算加权平均值时,像素重要性越大,则其在计算中的贡献越大。如图 2-30 所示的 $h(x,y)$ 邻域算子。

$$g(x, y) = \frac{f(x-1, y-1) + 2f(x, y-1) + f(x+1, y-1) + 2f(x-1, y)}{16}$$
$$+ \frac{4f(x, y) + 2f(x+1, y) + f(x-1, y+1) + 2f(x, y+1) + f(x+1, y+1)}{16}$$

从上述可以发现,均值滤波/加权均值滤波可以实现如下要点:

(1) 能平滑图像/模糊图像;

(2) 能去除小尺寸亮点、噪声;

(3) 可以连通一些缝隙,如字符缝隙;

(4) 使用函数 cv. blur()、cv. boxFilter()均可实现均值滤波。

均值滤波示例代码如下:

| 1 | 2 | 1 |
|---|---|---|
| 2 | 4 | 2 |
| 1 | 2 | 1 |

$h(x,y)$

图 2-30　$h(x,y)$
邻域算子

```
import cv2 as cv
import numpy as np
```

```
img = cv.imread('./test1.png', 0)
# 平均模糊
blur = cv.blur(img, (5, 5))
# 使用 cv.boxFilter()可以达到相同的效果
blur_b = cv.boxFilter(img, -1, (9, 9))
# 可视化
cv.imshow('img', np.hstack((img, blur, blur_b)))
ret, thr1 = cv.threshold(blur, 0, 255, cv.THRESH_BINARY + cv.THRESH_OTSU)
ret1, thr2 = cv.threshold(blur_b, 0, 255, cv.THRESH_BINARY + cv.THRESH_OTSU)
cv.imshow('thr', np.hstack((thr1, thr2)))
cv.waitKey(0)
cv.destroyAllWindows()


# 加深理解
small = img[10:20, 20:30, 0:1]
print(small.reshape(10, -1))
print('*' * 60)

blur_small_default = cv.blur(small, (3, 3))
print(blur_small_default)
print('*' * 60)
blur_small_change = cv.blur(small, (3, 3), borderType = cv.BORDER_CONSTANT)
print(blur_small_change)

"""
    BORDER_CONSTANT:使用 borderValue 值填充边界
    BORDER_REPLICATE:复制原图中最临近的行或者列
"""
```

运行结果如图 2-31 和图 2-32 所示,从中可以看到随着模板尺寸增大,那些小尺寸的白色亮点就会逐渐消失。

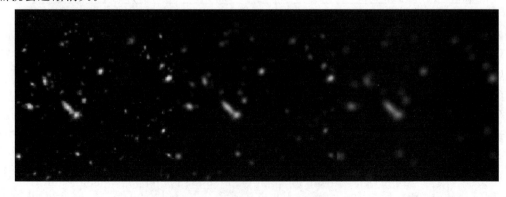

图 2-31　不同核大小的均值滤波效果

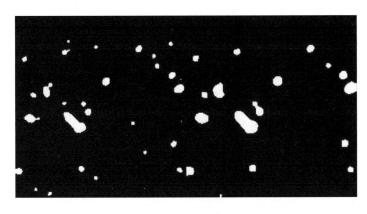

图 2-32　不同核大小的均值滤波后的二值化

**3. 中值滤波**

中值滤波是一种基于统计排序的非线性滤波方法,能有效抑制非线性噪声如椒盐噪声,平滑其他非脉冲噪声,减少物体边界细化或粗化的失真。均值滤波无法消除椒盐噪声,而中值滤波却可以轻松去除。但中值滤波容易断开图像中的缝隙,如字符缝隙,而均值滤波可以连通图像中的缝隙。

中值滤波原理:滤波输出像素点 $g(x,y)$ 表示滤波模板 domain 定义的排列集合的中值。

其基本步骤如下:

（1）滤波模板 domain 与像素点 $f(x,y)$ 重合,如图 2-33 所示,将 domain 中心与 83 所在 $g(2,2)$ 位置重合;

（2）滤波器模板 domain 为 0/1 矩阵,与 domain 中元素 1 对应的像素才参与排序;

（3）确认参与排序的像素点升序排序,如图 2-33 所示,{73,74,74,75,77, 79,79,80,83},其中值为 77;

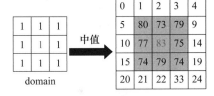

图 2-33　中值滤波原理

（4）$g(x,y)$ 排序集合的中值为 77,$g(2,2)＝77$,将 83 替换为 77。

中值滤波能有效去除椒盐噪声,椒盐噪声也称脉冲噪声,是一种随机出现的白点或者黑点;椒盐噪声的成因可能是影像讯号受到突如其来的强烈干扰。

在 OpenCV 中使用 cv2. medianBlur()来进行中值滤波,详细用法如表 2-20 所示。

表 2-20　中值滤波函数

| 函数名称 | cv. medianBlur() | |
| --- | --- | --- |
| 函数原型 | medianBlur(src, ksize[, dst])—> dst | |
| 必填参数 | src | 传入待滤波的图像彩色图或单通道图 |
| | ksize | 模板大小,传一个正奇数,而不是一个元组 |
| 默认参数 | 无 | |
| 返回值 | 中值滤波后的图像 | |
| 调用示例 | blur_b = cv. medianBlur(img, 3) | |

中值滤波是基于统计排序的非线性滤波器,能高效滤除椒盐噪声,如椒盐白噪声、椒盐黑噪声和其他脉冲噪声。但其副作用是,容易丢失图像边缘信息,容易造成图像缝隙,如 OCR 中断开单字符连通;此外,当使用较大核滤波时,容易误将真实边界当作噪声去除。

cv.medianBlur(img，5）核大小须是一个正奇数，不能传一个元组。

下面给出中值滤波示例代码。

```python
import cv2 as cv

img = cv.imread('./mouse.jpg')

# 中值滤波
blur = cv.medianBlur(img, 5)

cv.imshow('img', img)
cv.imshow('blur', blur)

cv.waitKey(0)
cv.destroyAllWindows()

# 提高理解
small = img[10:20, 20:30:, :1]
print(small.reshape(10, 10))
print('*' * 60)
small_b = cv.medianBlur(small, 3)
# 边缘填充:复制原图中最临近的行或者列
print(small_b)
```

程序运行效果如图 2-34 所示。

图 2-34  中值滤波运行结果

### 4. 高斯滤波

高斯滤波和均值滤波很相似。均值滤波是计算邻域内所有像素灰度的平均值或加权平均值，然后去替换中心点的像素值;高斯滤波是计算邻域内所有像素灰度的高斯加权平均值，然后去替换中心点的像素值。

高斯滤波和均值滤波的主要区别在于邻域权重值的分布,高斯滤波权重值符合正态分布,均值滤波权重不符合正态分布。二者权重分布如图 2-35 所示。

高斯滤波计算过程为:高斯运算结果矩阵 = 高斯权重矩阵 * 对应像素矩阵,如图 2-36 所示。

| | | |
|---|---|---|
| 0.130 153 94 | 0.103 909 86 | 0.115 042 91 |
| 0.139 329 31 | 0.132 145 59 | 0.077 405 24 |
| 0.114 491 64 | 0.093 297 61 | 0.094 223 89 |

**高斯滤波权重分布**

| | | |
|---|---|---|
| $\frac{1}{9}$ | $\frac{1}{9}$ | $\frac{1}{9}$ |
| $\frac{1}{9}$ | $\frac{1}{9}$ | $\frac{1}{9}$ |
| $\frac{1}{9}$ | $\frac{1}{9}$ | $\frac{1}{9}$ |

**均值滤波权重分布**

图 2-35 高斯滤波与均值滤波的权重分布

**像素点灰度值**

| | | |
|---|---|---|
| 80 | 73 | 69 |
| 77 | 83 | 74 |
| 74 | 79 | 74 |

×

**正态分布的高斯权重**

| | | |
|---|---|---|
| 0.130 153 94 | 0.103 909 86 | 0.115 042 91 |
| 0.139 329 31 | 0.132 145 59 | 0.077 405 24 |
| 0.114 491 64 | 0.093 297 61 | 0.094 223 89 |

=

| | | |
|---|---|---|
| 10.412 314 | 7.585 419 | 7. 937 960 |
| 10.728 356 | 10.968 084 | 5.727 988 |
| 8.472 381 | 7.370 511 | 6.972 568 |

图 2-36 高斯滤波过程

对应像素矩阵锚点为高斯运算结果矩阵求和，即将上述这 9 个值加起来，就是中心点的高斯滤波的值，如图 2-37 所示。

| | | |
|---|---|---|
| 80 | 73 | 69 |
| 77 | 76 | 74 |
| 74 | 79 | 74 |

图 2-37 中心点“83”的高斯滤波结果

在上述基础上对所有点重复这个过程，则可获得高斯滤波模糊后的图像。

关于边界点，复制已有的点到对应位置，模拟出完整的矩阵。边界点默认的处理方式是边缘拷贝，如图 2-38 所示。

**像素点80**

| | | |
|---|---|---|
| **80** | 73 | 69 |
| 77 | 76 | 74 |
| 74 | 79 | 74 |

**边界点处理** →

**边缘复制**

| | | | |
|---|---|---|---|
| **80** | **80** | 73 | … |
| **80** | **80** | 73 | 69 |
| 77 | 77 | 76 | 74 |
| … | 74 | 79 | 74 |

**使用高斯权重分布**

| | | |
|---|---|---|
| 0.130 153 94 | 0.103 909 86 | 0.115 042 91 |
| 0.139 329 31 | 0.132 145 59 | 0.077 405 24 |
| 0.114 491 64 | 0.093 297 61 | 0.094 223 89 |

**高斯计算结果**

| | | |
|---|---|---|
| **77** | 73 | 69 |
| 77 | 76 | 74 |
| 74 | 79 | 74 |

图 2-38 边界点处理

在 OpenCV 中使用函数 cv. GaussianBlur()进行高斯滤波,详细用法如表 2-21 所示。

表 2-21 高斯滤波函数

| 函数名称 | cv. GaussianBlur() | |
| --- | --- | --- |
| 函数原型 | GaussianBlur(src, ksize, sigmaX[, dst[, sigmaY[, borderType]]])—>dst | |
| 必填参数 | src | 传入待滤波的图像彩色图或单通道图 |
| | ksize | 高斯内核大小 |
| | sigmaX | 高斯核函数在 $X$ 方向上的正态分布标准偏差 |
| 默认参数 | sigmaY | 高斯核函数在 $Y$ 方向上的标准偏差,如果 sigmaY 是 0,会自动将 sigmaY 的值设置为与 sigmaX 相同的值 |
| | borderType | 边框模式,用于图像外部的像素,默认边缘像素拷贝 |
| 返回值 | 滤波后的图像 | |
| 调用示例 | g_blur = cv. GaussianBlur(img, (kw, kh), 0.1, 0.2) | |

高斯滤波使用的权重值,符合正态分布;高斯滤波只能去除高斯噪声,无法去除椒盐噪声、脉冲噪声;高斯滤波在使用较大高斯内核时,降噪能力明显加强,模糊效果却没有明显增强,这使得在使用大核时也可以较好地保存边界信息。

高斯滤波去除高斯型噪声,效果如图 2-39 所示。

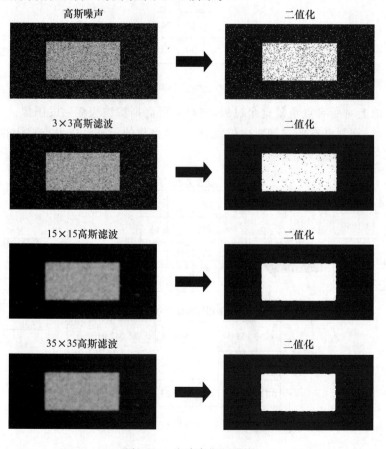

图 2-39 去除高斯型噪声

原图高斯噪声直接得到二值化图像后存在许多小黑点。

3×3 高斯滤波 →过滤小尺寸高斯噪声,中尺寸噪声未能过滤;滤波后的图像变得平滑;得到的二值化图像存在一些小黑点。

15×15 高斯滤波 →过滤绝大部分高斯噪声;滤波后的图像变得模糊;得到的二值化图像和 9×9 二值化图像相比没有明显变化。

35×35 高斯滤波 →过滤绝大部分高斯噪声;滤波后的图像和 15×15 滤波后的图像相比没有明显变化;得到的二值化图像和 15×15 二值化图像相比没有明显变化。

从中可以得出:高斯小核过滤小尺寸高斯噪声,大核过滤较大尺寸高斯噪声。随着核大小的增大,降噪能力增强,但边缘信息依然能得到较好的保留。

正态分布在自然界中很常见,如人类身高分布就符合正态分布,类似还有学生成绩、年龄分布等。图像噪声中,有很大部分符合正态分布。实验表明,高斯滤波是实际应用中表现最好的滤波算法。

# 2.6　图像变换和形态操作

## 2.6.1　图像变换

### 1. 图像平移

平移是二维的操作,是指将一个点或一整块像素区域沿着 $x$、$y$ 方向移动指定个单位,如沿点 $A(x,y)$ 移动 $(h_x, h_y)$ 个单位得到点 $B(x+h_x, y+h_y)$,可以使用如图 2-40 所示的矩阵来构建:

$$S = \begin{bmatrix} 1 & 0 & h_x \\ 0 & 1 & h_y \end{bmatrix}$$

图 2-40　图像平移描述矩阵

使用如下代码来构建平移描述矩阵:

```
# x 轴移动 100 个像素单位,y 轴移动 50 个像素单位
S = np.float32([[1,0,100],[0,1,50]])
```

在 OpenCV 中进行图像平移操作,需要事先使用 NumPy 包构建出一个平移描述矩阵,然后将该矩阵作为参数传递到函数 cv.warpAffine() 中进行几何变换,几何变换函数用法如表 2-22 所示。

表 2-22　几何变换函数

| 函数名称 | cv.warpAffine() | |
|---|---|---|
| 函数原型 | warpAffine(src, M, dsize[, dst[, flags[, borderMode[, borderValue]]]]) —> dst | |
| 必填参数 | src | 传入待几何变换的灰度图或彩色图 |
| | M | 几何变换描述矩阵,如旋转:M=cv.getRotationMatrix2D((w / 2, h / 2), 45, .6) |
| | dsize | 指定几何变换后输出图像的(宽,高) |

| 默认参数 | flags | 插值方式 | cv. INTER_NEAREST 最邻近插值,将离新像素所在位置最近的像素值赋给新像素 |
| | | | cv. INTER_LINEAR 双线性插值,$x$、$y$ 方向临近像素值乘以相应权重并相加赋给新像素 |
| | | | cv. INTER_CUBIC 双立方插值,精度更高,计算量最大,附近 16 个点加权取像素值 |
| | | | cv. INTER_LANCZOS4 附近像素及原像素加权取值 |
| | borderMode | 填充模式 | BORDER_CONSTANT = 0 以 borderValue 值填充边界 |
| | | | BORDER_REPLICATE = 1 拉伸填充 |
| | | | BORDER_WRAP = 3 溢出填充 |
| | | | BORDER_DEFAULT = 4 镜像填充  BORDER_REFLECT = 2  镜像填充 |
| | borderValue | | 边界填充值 0~255 |
| 返回值 | | | 几何变换后的图像 |
| 调用示例 | | | M = cv. getRotationMatrix2D((w / 2, h / 2), 45, .6); dst = cv. warpAffine(img, M, (cols, rows)) |

图像平移示例代码如下:

```python
import cv2 as cv
import numpy as np

img = cv.imread('./test.png')
rows, cols = img.shape[:2]
M = np.float32([[1, 0, cols // 2], [0, 1, 0]])
dst = cv.warpAffine(img, M, (cols, rows))
dst1 = cv.warpAffine(img, M, (cols, rows), flags = cv.INTER_LANCZOS4,
                     borderMode = cv.BORDER_CONSTANT, borderValue = (255, 255, 0))
dst2 = cv.warpAffine(img, M, (cols, rows), flags = cv.INTER_LANCZOS4,
                     borderMode = cv.BORDER_DEFAULT)
dst3 = cv.warpAffine(img, M, (cols, rows), flags = cv.INTER_LANCZOS4,
                     borderMode = cv.BORDER_WRAP)

cv.imwrite('./outputs/x100_y50_default.jpg', dst)
cv.imwrite('./outputs/constant.jpg', dst1)
cv.imwrite('./outputs/BORDER_DEFAULT.jpg', dst2)
cv.imwrite('./outputs/BORDER_WRAP.jpg', dst3)

cv.imshow('dst', dst)
cv.imshow('dst1', dst1)
cv.waitKey(0)
cv.destroyAllWindows()
```

程序运行结果如图 2-41 所示。

(1) 原图

(2) 左平移默认0填充

(3) 左平移自定义填充

(4) 左平移镜像填充

(5) 左平移溢出填充

图 2-41　平移填充实验结果

图 2-41(2)中设置 borderMode＝0,borderValue＝0;图 2-41(2)中设置 borderMode＝0、borderValue＝(255,255,0);图 2-41(4)中设置 borderMode＝4,进行镜像填充;图 2-41(5)中设置 borderMode＝3,进行溢出填充。

**2. 图像缩放**

图像缩放是指将一幅图像放大或缩小得到新图像。对一张图像进行缩放操作,可以按照比例缩放,亦可指定图像宽高进行缩放。放大图像实际上是对图像矩阵进行拓展,而缩小图像实际上是对图像矩阵进行压缩。放大图像会增大图像文件大小,缩小图像会减少文件大小。

OpenCV 使用函数 cv.resize()进行图像缩放,详细用法如表 2-23 所示。

表 2-23　图像缩放函数

| 函数名称 | cv.resize() | | |
|---|---|---|---|
| 函数原型 | resize(src, dsize[, dst[, fx[, fy[, interpolation]]]])—>dst | | |
| 必填参数 | src | 传入待几何变换的灰度图或彩色图 | |
| | dsize | 指定几何变换后输出图像的大小(宽,高) | |
| 默认参数 | fx | $x$ 轴缩放比例 | |
| | fy | $y$ 轴缩放比例 | |
| | interpolation | 插值方式 | cv.INTER_NEAREST　最邻近插值,将离新像素所在位置最近的像素值赋给新像素 |
| | | | cv.INTER_LINEAR　双线性插值,$x$、$y$ 方向临近像素值乘以相应权重并相加赋给新像素 |
| | | | cv.INTER_CUBIC　双立方插值,精度更高,计算量最大,附近16 个点加权取像素值 |
| | | | cv.INTER_LANCZOS4　附近像素及原像素加权取值 |

| 返回值 | 几何变换后的图像 |
|---|---|
| 调用示例 | resize = cv. resize(src, None, fx=.5, fy=.5, interpolation=cv. INTER_AREA)<br>resize =cv. resize(src, (500, 600), interpolation=cv. INTER_AREA) |

### 3. 图像旋转

旋转是二维的操作,是指将一块区域的像素,以指定的中心点坐标,按照逆时针方向旋转指定角度,得到旋转后的图像。

使用旋转时需要预先构建一个旋转描述矩阵,指定旋转中心点需要旋转的角度(单位为度)。

在 OpenCV 中进行图像旋转,需先构造出旋转描述矩阵,构造旋转描述矩阵函数的用法如表 2-24 所示。

**表 2-24　构造旋转描述矩阵函数**

| 函数名称 | cv. getRotationMatrix2D() | |
|---|---|---|
| 函数原型 | getRotationMatrix2D(center, angle, scale)—>retval | |
| 必填参数 | center | 指定旋转中心点 |
| | angle | 旋转角度(负数顺时针旋转,正数逆时针旋转) |
| | scale | 缩放因子(小于1,缩小;等于1,不缩放;大于1,放大) |
| 默认参数 | 无 | |
| 返回值 | 返回旋转描述矩阵 | |
| 调用示例 | M=cv. getRotationMatrix2D((w / 2, h / 2), 45, .6) | |

然后将构造出来的旋转描述矩阵传递到函数 cv. warpAffine()中进行几何变换,几何变换函数的用法参见图像平移中的用法。

图像旋转示例程序如下:

```
import cv2 as cv
import numpy as np

# image_path = './test.png'
image_path = './Fig4.11(a).jpg'

img = cv. imread(image_path)
rows, cols = img. shape[:2]

# 第一个参数为旋转中心,第二个为旋转角度
# 第三个为旋转后的缩放因子
# 可以通过设置旋转中心、缩放因子,以及窗口大小来防止旋转后图像超出边界的问题
M = cv.getRotationMatrix2D((cols / 2, rows / 2), -45, .6)
```

```
dst = cv.warpAffine(img, M, (cols, rows))


# 镜像填充
dst1 = cv.warpAffine(img, M, (cols, rows),
                        flags = cv.INTER_CUBIC,
                        borderMode = cv.BORDER_DEFAULT)
# 拉伸填充
dst2 = cv.warpAffine(img, M, (cols, rows),
                        flags = cv.INTER_CUBIC,
                        borderMode = cv.BORDER_REPLICATE)
# 溢出填充
dst3 = cv.warpAffine(img, M, (cols, rows),
                        flags = cv.INTER_CUBIC,
                        borderMode = cv.BORDER_WRAP)
# 指定值填充
dst4 = cv.warpAffine(img, M, (cols, rows),
                        flags = cv.INTER_CUBIC,
                        borderMode = cv.BORDER_CONSTANT,
                        borderValue = (255, 255, 255))
cv.imwrite('./outputs/src.jpg', img)
cv.imwrite('./outputs/None.jpg', dst)
cv.imwrite('./outputs/BORDER_DEFAULT.jpg', dst1)
cv.imwrite('./outputs/BORDER_REPLICATE.jpg', dst2)
cv.imwrite('./outputs/BORDER_WRAP.jpg', dst3)
cv.imwrite('./outputs/BORDER_CONSTANT.jpg', dst4)

cv.imshow('img', np.hstack((dst, dst1)))


cv.waitKey(0)
cv.destroyAllWindows()
```

图 2-42 是关于旋转边界填充处理方式的实验结果。

图 2-42(2)中设置 borderMode＝0,borderValue＝0;图 2-42(3)中设置 borderMode＝0, borderValue＝(255,255,0);图 2-42(4)中设置 borderMode＝4,进行镜像填充;图 2-42(5)中设置 borderMode＝1,进行拉伸填充。

**4. 图像仿射变换**

仿射变换是二维的线性变换(乘以矩阵)再平移(加 1 个向量),如图 2-43 所示,Img1 先经过旋转(线性变换),再进行缩放(线性变换),最后进行平移(加向量)就可得到 Img2。

Img1 到 Img2 的转变是仿射变换。仿射变换中,原图中所有的平行线在结果图像中同样平行。

进行仿射变换需要事先知道原图中 3 个不共线的点,以及目标图像中 3 点的映射位置,使用函数 getAffineTransform()来构造仿射描述矩阵 $M$,将描述矩阵传入函数 warpAffine()得到仿射变换目标图像。

(1) 原图　　　　　　　(2) 45度旋转默认0填充　　　　　(3) 45度旋转自定义填充

(4) 45度旋转镜像填充　　　　　(5) 45度旋转拉伸填充

图 2-42　边缘填充模式

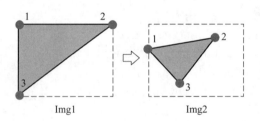

图 2-43　仿射变换

下面给出仿射变换示例代码。

```
# 原图变换顶点 从左上角开始 逆时针方向填入
pts1 = np.float32([[50, 50], [400, 50], [50, 400]])
# 目标图像变换顶点 从左上角开始 逆时针方向填入
pts2 = np.float32([[100, 100], [300, 50], [100, 400]])
# 构造仿射变换描述矩阵
M = cv.getAffineTransform(pts1, pts2)
# 进行仿射变换
dst = cv.warpAffine(img, M, (cols, rows))
```

程序运行结果如图 2-44 所示。

**5. 图像透视变换**

透视变换的本质是将图像投影到一个新的视平面,仿射变换可理解为透视变换的一种特殊形式。

仿射变换(Affine Transform)与透视变换(Perspective Transform)在图像还原、图像局部

变化处理方面有重要意义。仿射变换是三维变换,透视变换是三维变换。仿射变换需要事先知道原图中的 3 个顶点坐标,而透视变换需要事先知道原图中的 4 点坐标(任意 3 点不共线)。

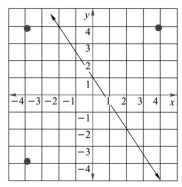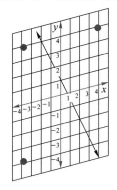

图 2-44　仿射变换结果

下面给出透视变换示例代码。

```
import cv2 as cv
import numpy as np

img = cv.imread('./sudoku.jpg')
h, w, c = img.shape
print(h, w)

pts1 = np.float32([(56, 65), (28, 387), (389, 390), (368, 52)])
pts2 = np.float32([(0, 0), (0, h), (w, h), (w, 0)])

M = cv.getPerspectiveTransform(pts1, pts2)
print(M)
dst = cv.warpPerspective(img, M, (w, h))
# dst = cv.warpPerspective(img, M, (int(w), int(h))
#                          flags = cv.INTER_CUBIC
#                          borderMode = cv.BORDER_CONSTANT
#                          borderValue = (255, 255, 255))

# 在原图中标记这些顶点
cv.circle(img, tuple(pts1[0]), 1, (0, 255, 255), cv.LINE_AA)
cv.circle(img, tuple(pts1[1]), 1, (255, 0, 255), cv.LINE_AA)
cv.circle(img, tuple(pts1[2]), 1, (255, 255, 255), cv.LINE_AA)
cv.circle(img, tuple(pts1[3]), 1, (0, 0, 0), cv.LINE_AA)

# 在目标图中标记顶点
cv.circle(dst, tuple(pts2[0]), 1, (0, 255, 255), cv.LINE_AA)
cv.circle(dst, tuple(pts2[1]), 1, (255, 0, 255), cv.LINE_AA)
```

```
cv.circle(dst, tuple(pts2[2]), 1, (255, 255, 255), cv.LINE_AA)
cv.circle(dst, tuple(pts2[3]), 1, (0, 0, 0), cv.LINE_AA)


cv.imwrite('./outputs/sudoku_src.jpg', img)
cv.imwrite('./outputs/sudoku_dst.jpg', dst)


cv.imshow('img', img)
cv.imshow('dst', dst)
cv.waitKey(0)
cv.destroyAllWindows()
```

程序运行结果如图 2-45 所示。

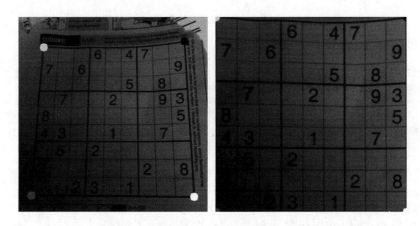

图 2-45　原图(左),透视变换后的结果(右)

透视变换用于车牌矫正。找到车牌区域 4 个顶点坐标,左上记为点 $A$,右上记为点 $B$,左下记为点 $C$,右下记为点 $D$。现在假设原图中 4 点坐标为 $A(88,92)$、$B(218,118)$、$C(84,125)$、$D(211,160)$。找 4 点坐标中 $x$ 和 $y$ 的最大最小值分别记为 $x\_min$、$x\_max$、$y\_min$、$y\_max$。

目标图 4 点映射坐标为 $A(x\_min, y\_min)$、$B(x\_max, y\_min)$、$C(x\_min, y\_max)$、$D(x\_max, y\_max)$。

下面给出矫正示例代码,供参考。

```
# 原图中车牌的 4 个顶点坐标
pts1 = np.float32([(88, 92), (218, 118), (84, 125), (211, 160)])
# 矫正后车牌的 4 个顶点坐标
pts2 = np.float32([(88, 118), (218, 118), (88, 160), (218, 160)])
# 构造透视变换描述矩阵
M = cv.getPerspectiveTransform(pts1, pts2)
#进行透视变换——图像校正
dst = cv.warpPerspective(img, M, (w, h))
```

最终矫正效果如图 2-46 所示。

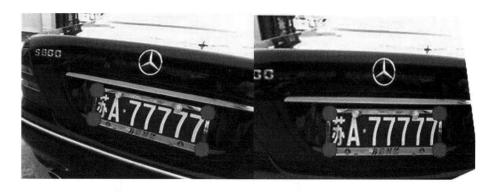

图 2-46　透视变换倾斜矫正

## 2.6.2　图像形态操作

形态学操作是基于形状的一系列图像处理操作。通过将结构元素作用于输入图像来产生输出图像。基本的形态学操作包含腐蚀与膨胀。通过形态学操作可以消除噪声，分割独立的图像元素，连接相邻的元素，寻找图像中明显的极大值区域或极小值区域。

### 1. 腐蚀

腐蚀原理：使用一个 3×3 的全一矩阵去腐蚀一张灰度图，中心锚点的值就会被替换为对应核中最小的值。如图 2-47 所示。

| | | |
|---|---|---|
| 255 | 255 | 255 |
| 255 | 255 | 255 |
| 255 | 255 | 0 |

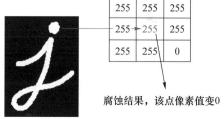

腐蚀结果，该点像素值变0

图 2-47　腐蚀原理

腐蚀的效果是减少白色区域的面积，其原理是在原图的小区域内取局部最小值。如图 2-48 和图 2-49 所示。

| | | | | |
|---|---|---|---|---|
| 100 | 127 | 127 | 127 | 127 |
| 127 | 127 | 127 | 127 | 127 |
| 127 | 127 | 127 | 127 | 127 |
| 127 | 127 | 127 | 100 | 127 |
| 127 | 127 | 127 | 127 | 127 |

3×3核腐蚀1次

| | | | | |
|---|---|---|---|---|
| 100 | 100 | 127 | 127 | 127 |
| 100 | 100 | 127 | 127 | 127 |
| 127 | 127 | 100 | 100 | 100 |
| 127 | 127 | 100 | 100 | 100 |
| 127 | 127 | 100 | 100 | 100 |

图 2-48　腐蚀原理

| | | | | |
|---|---|---|---|---|
| 100 | 127 | 127 | 127 | 127 |
| 127 | 127 | 127 | 127 | 127 |
| 127 | 127 | 127 | 127 | 127 |
| 127 | 127 | 127 | 100 | 127 |
| 127 | 127 | 127 | 127 | 127 |

灰度图部分像素值

| | | | | |
|---|---|---|---|---|
| 100 | 100 | 127 | 127 | 127 |
| 100 | 100 | 127 | 127 | 127 |
| 127 | 127 | 100 | 100 | 100 |
| 127 | 127 | 100 | 100 | 100 |
| 127 | 127 | 100 | 100 | 100 |

3×3核腐蚀1次

| | | | | |
|---|---|---|---|---|
| 100 | 100 | 100 | 127 | 127 |
| 100 | 100 | 100 | 100 | 100 |
| 100 | 100 | 100 | 100 | 100 |
| 127 | 100 | 100 | 100 | 100 |
| 127 | 100 | 100 | 100 | 100 |

3×3核连续腐蚀2次

图 2-49　多次腐蚀

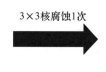

OpenCV 中使用函数 cv. erode() 来进行腐蚀操作。其用法如表 2-25 所示。

表 2-25　腐蚀函数

| 函数名称 | cv. erode() | |
|---|---|---|
| 函数原型 | erode(src, kernel[, dst[, anchor[, iterations[, borderType[, borderValue]]]]])—>dst | |
| 必填参数 | src | 指定要腐蚀的灰度图或二值化图像,彩色图像也可以,但一般不这么做 |
| | kernel | 腐蚀操作的内核,如果不指定,那么默认为一个简单的 3×3 全一矩阵,否则,要明确指定它的形状,可以使用函数 getStructuringElement() 获取结构化元素,也可以自定义腐蚀核 |
| 默认参数 | anchor | 锚点,默认为-1,表示内核中心点,省略时为默认值 |
| | iterations | 迭代次数,省略时为默认值 1 |
| | borderType | 推断边缘类型,具体参见 borderInterpolate() 函数,默认值为边缘值拷贝 |
| | borderValue | 边缘填充值,具体可参见 createMorphoogyFilter() 函数,可省略 |
| 返回值 | 返回腐蚀操作后的结果图像 | |
| 调用示例 | kernel ＝np. ones((3，3)，np. uint8)<br>erosion ＝cv. erode(img，kernel，iterations ＝1) | |

腐蚀会使白色区域的边缘像素值减小,从而使白色区域的面积减少;迭代次数越多腐蚀效果越明显;内核大小越大腐蚀效果越明显。

腐蚀可以用来去除图像中细小的白色区域,也可以用来断开连接在一起的白色区域块,腐蚀会明显减少白色区域面积。多次腐蚀效果如图 2-50 所示。

原图　　　　　3×3核腐蚀1次　　　　　3×3核腐蚀2次

图 2-50　多次腐蚀效果

**2. 膨胀**

膨胀原理:使用一个 3×3 的全一矩阵去膨胀一张灰度图,中心锚点的值会被替换为对应核中最大的值。如图 2-51 所示。

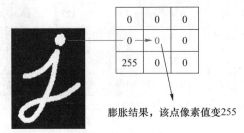

图 2-51　膨胀原理

膨胀的效果是增大白色区域的面积,其原理是在原图的小区域内取局部最大值。如图 2-52 所示。

图 2-52　多次膨胀

OpenCV 中使用函数 cv.dilate() 来进行膨胀操作,其详细用法如表 2-26 所示。

表 2-26　膨胀函数

| 函数名称 | cv.dilate() | |
| --- | --- | --- |
| 函数原型 | dilate(src, kernel[, dst[, anchor[, iterations[, borderType[, borderValue]]]]])—>dst | |
| 必填参数 | src | 指定要膨胀的灰度图或二值化图像,彩色图像也可以,但一般不这么做 |
| | kernel | 膨胀操作的内核,如果不指定,默认为一个简单的 3×3 全一矩阵,否则,我们就要明确指定它的形状,可以使用函数 getStructuringElement() 获取结构化元素,也可以指定自定义膨胀核 |
| 默认参数 | anchor | 锚点,默认为 −1,表示内核中心点,省略时为默认值 |
| | iterations | 迭代次数,省略时为默认值 1 |
| | borderType | 推断边缘类型,具体参见 borderInterpolate() 函数。默认值为边缘值拷贝 |
| | borderValue | 边缘填充值,具体可参见 createMorphoogyFilter() 函数,可省略 |
| 返回值 | 返回膨胀操作后的结果图像 | |
| 调用示例 | kernel = np.ones((3, 3), np.uint8)<br>dilate = cv.dilate(img, kernel, iterations=1) | |

膨胀会使白色区域的边缘像素值增大,从而使白色区域的面积减增大;膨胀迭代次数越多膨胀效果越明显;内核大小越大膨胀效果越明显。

膨胀可以用来去除图像中白色区域内细小的空洞,也可以用来连接断了的白色区域,膨胀会明显增加白色区域面积。多次膨胀效果如图 2-53 所示。

**3. 形态学操作**

除了上述基本操作之外,形态学操作还包含开运算、闭运算、形态学梯度、礼帽和黑帽。这

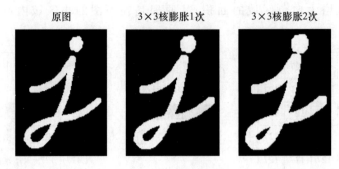

图 2-53　多次膨胀效果

些操作使用函数 cv. morphologyEx()完成。该函数的用法如表 2-27 所示。

表 2-27　形态学函数

| 函数名称 | cv. morphologyEx() | |
|---|---|---|
| 函数原型 | morphologyEx(src, op, kernel[, dst[, anchor[, iterations[, borderType[, borderValue]]]]]) —>dst | |
| 必填参数 | src | 指定要形态学操作的灰度图或二值化图像 |
| | op | cv. MORPH_OPEN:开运算 |
| | | cv. MORPH_CLOSE:闭运算 |
| | | cv. MORPH_GRADIENT:形态学梯度 |
| | | cv. MORPH_TOPHAT:礼帽 |
| | | cv. MORPH_BLACKHAT:黑帽 |
| | kernel | 内核或结构化内核大小,使用 getStructuringElement()获得结构化内核 |
| 默认参数 | anchor | 锚点,默认为−1,表示内核中心点,省略时为默认值 |
| | iterations | 迭代次数,省略时为默认值 1 |
| | borderType | 推断边缘类型,具体参见 borderInterpolate()函数,默认值为边缘值拷贝 |
| | borderValue | 边缘填充值,具体可参见 createMorphoogyFilter()函数,可省略 |
| 返回值 | 返回腐蚀操作后的结果图像 | |
| 调用示例 | rect = cv. morphologyEx(thresh, cv. MORPH_OPEN, rectKernel)开运算 | |

函数 cv. morphologEx()需要传递结构化内核,可通过函数 cv. getStructuringElement() 来获得。该函数用法如表 2-28 所示。

表 2-28　getStructuringElement( )

| 函数名称 | cv. getStructuringElement() | |
|---|---|---|
| 函数原型 | getStructuringElement(shape, ksize[, anchor])—>retval | |
| 必填参数 | shape | 指定结构化形状:cv. MORPH_RECT　矩形结构化核<br>　　　　　　 cv. MORPH_ELLIPSE 椭圆结构化核<br>　　　　　　 cv. MORPH_CROSS 交叉结构化核 |
| | ksize | 指定结构化核大小 |
| 默认参数 | anchor | 锚点,默认为−1,表示内核中心点,省略时为默认值 |

| 返回值 | 返回结构化元素数组 |
| --- | --- |
| 调用示例 | ♯ Rectangular Kernel<br>rectKernel = cv. getStructuringElement(cv. MORPH_RECT, (ks, ks))<br>♯ Elliptical Kernel<br>ellKernel = cv. getStructuringElement(cv. MORPH_ELLIPSE, (ks, ks))<br>♯ Cross-shaped Kernel<br>crossKernel = cv. getStructuringElement(cv. MORPH_CROSS, (ks, ks)) |

# 2.7　图像检测

目前轮廓检测方法有两类:一类是利用传统的边缘检测算子检测目标轮廓;另一类是从人类视觉系统中提取可以使用的数学模型完成目标轮廓检测。这里我们学习第一种。

基于边缘检测的轮廓检测方法是一种低层视觉行为,它主要定义了亮度、颜色等特征的低层突变,通过标识图像中亮度变化明显的点来完成边缘检测,因此很难形成相对完整和封闭的目标轮廓。边缘检测通常将图像与微分算子卷积,比如借助于 Sobel 算子、Canny 算子等,此方法没有考虑视觉中层和高层信息,因此仅使用这类方法很难得出完整的目标轮廓,这种过程往往复杂且精度难以保证,甚至在含有大量噪声或者纹理的情况下,无法提取轮廓。

图像轮廓是指具有相同颜色或灰度值的连续点连接在一起形成的曲线,轮廓查找在形状分析和物体识别应用方面十分重要。

为了更加精准地查找轮廓,须使用二值化后的图像,在查找轮廓之前,一般会对二值化图像进行 Canny 边缘检查。

注意查找轮廓会修改原始图像数据,因此应该使用原图的副本。

注意要查找的物体应该是白色的,背景应该是黑色的。

**1. 轮廓检测主要过程**

求取图像(灰度或彩色)中物体轮廓的过程主要有四个步骤。

(1)首先对输入图像做预处理,通用的方法是采用较小的二维高斯模板做平滑滤波处理,去除图像噪声。采用小尺度的模板是为了保证后续轮廓定位的准确性,因为大尺度平滑往往会导致平滑过度,从而模糊边缘,大大影响后续的边缘检测。

(2)对平滑后的图像做边缘检测处理,得到初步的边缘响应图像,其中通常会涉及亮度、颜色等可以区分物体与背景的可用梯度特征信息。

(3)对边缘响应做进一步处理,得到更好的边缘响应图像。这个过程通常会涉及判据,即对轮廓点和非轮廓点做出不同处理达到区分轮廓点和非轮廓点的效果,从而得到可以作为轮廓的边缘图像。

(4)若是此步骤之前得到的轮廓响应非常好时,此步骤往往是不用再考虑的。然而在实际应用过程中,上一步骤得到的结果往往是不尽人意的。因此,此过程往往起着至关重要的作用,用于最后对轮廓进行精确定位处理。

图像轮廓查找函数的用法如表 2-29 所示。

表 2-29　轮廓查找函数

| 函数名称 | | cv. findContours() | |
|---|---|---|---|
| 函数原型 | | findContours(image, mode, method[, contours[, hierarchy[, offset]]])−>contours, hierarchy | |
| 必填参数 | image | 传入二值化图像或边缘检测算子计算结果图像 | |
| | mode | 轮廓检查模式,有 4 个可选的值 | cv. RETR_EXTERNAL,只提取最外面的轮廓 |
| | | | cv. RETR_LIST,提取所有轮廓并将其放入列表 |
| | | | cv. RETR_CCOMP,提取所有轮廓并将其组织成一个两层结构,其中第一层(顶层)轮廓是外部轮廓,第二层轮廓是"洞"的轮廓 |
| | | | cv. RETR_TREE,提取所有轮廓并组织成轮廓嵌套的完整层级结构 |
| | method | 轮廓的近似方法,有四个可选择值 | cv2.CHAIN_APPROX_NONE,获取每个轮廓的每个像素,相邻的 2 个点的像素位置差不超过 1 |
| | | | cv2.CHAIN_APPROX_SIMPLE,压缩水平方向、垂直方向、对角线方向的元素,只保留该方向的重点坐标(如果一个矩形轮廓只需 4 个点来保存轮廓信息) |
| | | | cv2. CHAIN_APPROX_TC89_L1 和 cv2. CHAIN_APPROX_TC89_KCOS 使用 Teh-Chinl 链逼近算法中的一种。 |
| 默认参数 | | — | |
| 返回值 | | 旧版 API 返回 3 个值,新版返回 2 个值。contours 存储着查找的轮廓;hierarchy 存储着查找的轮廓层次关系 | |
| 调用示例 | | contours, hierarchy = cv. findContours(thresh, cv. RETR_TREE, cv. CHAIN_APPROX_SIMPLE)[−2:] | |

图像轮廓绘制函数的用法如表 2-30 所述。

表 2-30　轮廓绘制函数

| 函数名称 | | cv. drawContours() |
|---|---|---|
| 函数原型 | | drawContours(image, contours, contourIdx, color[, thickness[, lineType[, hierarchy[, maxLevel[, offset]]]]])−>image |
| 必填参数 | image | 绘制轮廓的目标图像,该函数会修改 image 值,经过该函数处理后,返回值 return_image 与原 image 相同。如果需要保存原图信息,请使用副本 |
| | contours | 所有的轮廓,是一个 Python 列表 |
| | contourIdx | 轮廓的索引,为 −1 时表示绘制 contours 里的所有元素 |
| | color | 绘制轮廓时使用的颜色 |
| 默认参数 | thickness | 绘制轮廓的线条宽度,为 −1 时表示填充轮廓内部 |
| | lineType | 线条的类型 |
| | hierarchy | 层次结构信息,与函数 findcontours() 的 hierarchy 有关 |
| | maxLevel | 绘制轮廓的最高级别。若为 0,则绘制指定轮廓;若为 1,则绘制该轮廓和所有嵌套轮廓(Nested Contours);若为 2,则绘制该轮廓、嵌套轮廓/子轮廓和嵌套-嵌套轮廓(All the Nested-to-Nested Contours)/子轮廓;等等。该参数只有在层级结构中才会用到 |
| | offset | 按照偏移量移动所有的轮廓(点坐标) |
| 返回值 | | 绘制了轮廓的目标图像 |
| 调用示例 | | drawing1 = cv. drawContours(src. copy(), contours, −1, (0, 255, 0), thickness=2, lineType=cv. LINE_AA) |

图像轮廓查找常用步骤如下：

（1）读入图像，小尺寸核图像去噪（均值、中值、高斯）；

（2）图像灰度化，图像二值化（简单全局阈值、自适应阈值、OTSU 大津法阈值）；

（3）图像背景较为复杂还需使用（Canny、Sobel）等算子提取边缘信息；

（4）使用函数 cv.findContours()进行轮廓查找。

```
contours, hierarchy = cv.findContours(thresh, cv.RETR_TREE, cv.CHAIN_APPROX_SIMPLE)[-2:]
# 从倒数第二个开始向后取，版本兼容写法（旧版返回 3 个值，新版返回 2 个值）。
```

图像轮廓绘制的步骤如下：

（1）进行图像轮廓查找，得到轮廓列表（contours）、（轮廓层次结构 hierarchy）；

（2）使用函数 cv.drawContours()进行轮廓绘制。

通过如下代码将检测出来的所有轮廓绘制到原图中，效果如图 2-54 所示。

```
drawing1 = cv.drawContours(src.copy(), contours, -1, (0, 255, 0), thickness = 2, lineType = 8)
```

图 2-54　轮廓绘制

还可以单独绘制某一个轮廓，例如，假设_cnt 为其中面积最大的轮廓，通过如下代码绘制，效果如图 2-55 所示。

```
drawing1 = cv.drawContours(src.copy(),[_cnt], -1, (0, 255, 0), thickness = 2, lineType = 8)
```

图 2-55　绘制某个轮廓

将轮廓绘制到掩模中，具体代码如下，效果如图 2-56 所示。

```
# 生成一张和原图一样大小的灰色掩模
drawing = np.ones((thresh.shape[0], thresh.shape[1], 3), np.uint8) * 127
# 绘制所有轮廓到掩模中（使用轮廓填充）
cv.drawContours(drawing, contours, -1, (0, 0, 0), thickness = -1, lineType = 8)
```

图 2-56　绘制轮廓到掩模中

### 2. 图像轮廓近似方法

图像轮廓是指具有相同灰度值的边界,它会储存形状边界上所有点的坐标,但是需要将所有的边界坐标点都储存起来吗?

参数 method 将要保存的边界点传递给函数 findContours()。如果该参数被设置为 cv2. CHAIN_APPROX_NONE,那么所有边界点的坐标都会被保存;如果该参数被设置为 cv2. CHAIN_APPROX_SIMPLE,那么只保留边界点的端点,比如,边界是一条直线时只保留直线的 2 个端点,边界是一个矩形时只保留矩形的 4 个顶点。

如果将这些边界点画出来,即可得到如图 2-57 所示的情况。cv2. CHAIN_APPROX_NONE 使用线画出,cv2. CHAIN_APPROX_SIMPLE 使用点画出。

图 2-57　轮廓近似方法

(1) 轮廓弧长和面积。

轮廓的面积可以使用函数 cv2. contourArea()得到,也可以使用空间零阶矩 m00 得到面积,代码如下:

```
area = cv2.contourArea(cnt)
area = M['m00']
```

轮廓的周长也称为弧长,可以使用函数 cv2. arcLength()计算得到。这个函数的第二个参数可以用来指定形状是闭合的还是断开的。

```
# 计算闭合图像的弧长
perimeter = cv2.arcLength(cnt, True)
```

(2) 多边形拟合。

为了便于理解,假设我们要在图像中查找一个矩形轮廓,但由于种种原因,得不到一个完整的矩形,它可能是一个坏的形状,如图 2-58 所示。

图 2-58　缺陷矩形

对于这样的形状我们可以使用多边形拟合来得到拟合后的轮廓描述。

多边形拟合函数的用法如表 2-31 所示。

表 2-31　多边形拟合函数

| 函数名称 | cv. approxPolyDP() | |
| --- | --- | --- |
| 函数原型 | approxPolyDP(curve, epsilon, closed[, approxCurve])—>approxCurve | |
| 必填参数 | curve | 传入轮廓 |
| | epsilon | 指定原始轮廓到近似轮廓的最大距离 |
| | closed | 如果为 True，那么近似曲线是闭合的，否则是断开的 |
| 默认参数 | approxCurve | 拟合后的近似结果 |
| 返回值 | 返回拟合后的近似结果 approxCurve | |
| 调用示例 | arcLength = cv. arcLength(contours[0], True) approxCurve = cv. approxPolyDP(contours[0], 0.005 * arcLength, True) | |

如下代码显示了如何进行多边形拟合，可以通过不断调整 epsilon 的值来观看最终的拟合结果，效果如图 2-59 所示。

```
ret, thresh = cv.threshold(gray, 127,255, cv.THRESH_BINARY)
contours, hierarchy = cv.findContours(thresh, cv.RETR_TREE, \
        cv.CHAIN_APPROX_SIMPLE)
arcLength = cv.arcLength(contours[0], True)
approxCurve = cv.approxPolyDP(contours[0], 0.005 * arcLength, True)
```

图 2-59　多边形拟合

**3. 边界矩形**

有两类边界矩形：直边界矩形和旋转边界矩形。

直边界矩形（就是没有旋转的矩形）使用函数 cv2. boundingRect() 可以得到，因为直边界矩形不考虑矩形旋转，所以直边界矩形计算出来的面积不是最小的。

旋转边界矩形计算出来的面积最小，因为它考虑了矩形的旋转，使用函数 cv2. minAreaRect() 可以获得，函数返回一个 Box2D 结构，其中包含旋转矩形左上角坐标$(x, y)$，矩形的宽高$(w, h)$，以及旋转角度。但是绘制一个矩形需要 4 个角点，可以通过函数 cv2. boxPoints() 将 Box2D 结果转换成$(x, y, w, h)$。

如下代码展示了常用的边界矩形的计算方法，最终效果如图 2-60 所示。

```
# 直边界矩形
x, y, w, h = cv2.boundingRect(contours[0])
img = cv2.rectangle(img,(x,y),(x + w,y + h),(0,255,0),2, cv.LINE_AA)
```

```
# 旋转矩形
rect = cv.minAreaRect(contours[0])
box = cv.boxPoints(rect)
box = np.int0(box)
img = cv.drawContours(img, [box], 0, (0, 0, 255), 2, cv.LINE_AA)
```

### 4. 轮廓层次结构

轮廓查找函数 cv2.findContours()中有一个轮廓提取模式的参数,函数返回结果包含两个数组,第一个是轮廓,第二个是层次结构。

一个轮廓可能会在另外一个轮廓的内部,也可能会和其他轮廓并列。当一个轮廓在另一个轮廓内部时,称外部轮廓为父轮廓,内部轮廓为子轮廓。

按照这种轮廓分层关系,就可以确定一个轮廓和其他轮廓之间是怎样连接的,比如它是不是某个轮廓的子轮廓或父轮廓,它是不是某个轮廓的下一个轮廓或上一个轮廓。这种分层关系就是轮廓之间的层次关系。以图 2-61 为例,在这幅图像当中,先给这几个形状编号 0~5。2 和 2a 分别代表最外边矩形的外轮廓和内轮廓。0,1,2 在最外边,它们属于同一级,为 0 级;2a 为 2 的子轮廓,为 1 级;3 是 2a 的子轮廓,为 2 级;3a 是 2a 的子子轮廓,为 3 级;4,5 是 3a 的轮廓,为 4 级。

图 2-60  边界矩形

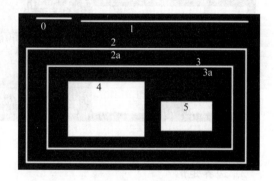

图 2-61  轮廓层次结构

hierarchy 轮廓层次结构是一个包含 4 个元素的数组,这 4 个元素是一些层次的索引信息 [Next,Previous,First_Child,Parent]。

Next 表示同一级层次结构中的下一个轮廓索引,以图 2-61 为例,轮廓 0 的 Next 是 1,1 的 Next 是 2,2 的 Next 是 -1,表示没有。

Previous 表示同一级层次结构中的上一轮廓,轮廓 2 的 Previous 是 1,1 的 Previous 是 0,0 的 Previous 是 -1,表示没有。

First_Child 表示它的第一个子轮廓,轮廓 2 的 First_Child 为 2a,轮廓 3a 有 2 个子轮廓,3a 的 First_Child 是 4(按照从上到下,从左到右的顺序)。

Parent 表示父轮廓,与 First_Child 刚好相反。

在函数 cv2.findContours()中有 4 种轮廓索引模式:cv2.RETR_LIST、cv2.RETR_

EXTERNAL 、cv2. RETR_TREE、cv2. RETR_CCOMP。

cv2. RETR_LIST 表示提取所有轮廓,但不建立层级关系。所有轮廓都属于同一级。轮廓层次结构中的 First_Child 和 Parent 均为−1,而 Next 和 Previous 则有对应的值,对于不需要建立层次关系的场景,建议使用这种模式。

cv2. RETR_EXTERNAL 表示只返回最外层轮廓,所有的子轮廓都将会被忽略,以图 2-61 为例,只会返回轮廓 0,1,2。对于只需要最外层轮廓的场景,可以使用该模式。

cv2. RETR_CCOMP 表示返回所有轮廓并将轮廓分为两级组织结构。关于这种模式的解释如图 2-62 所示。

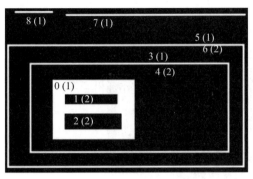

图 2-62　cv2. RETR_CCOMP

其中括号内的数字代表层次,没加括号的数字代表轮廓标号。对于 0 号轮廓,层级为 1 级,而 3,5,7,8 和 0 号属于同一层次,0 号的 Next 是 3,没有 Previous,First_Child 为 1 号轮廓,没有父轮廓。

cv2. RETR_TREE 表示返回所有轮廓并建立轮廓间的层次结构,关于这种模式的解释如图 2-63 所示。

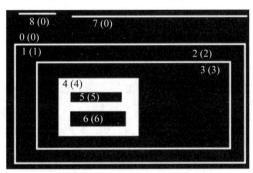

图 2-63　cv2. RETR_TREE

其中括号内的数字代表层次,没加括号的数字代表轮廓标号。轮廓 0 的层级为 0,同一级中 Next 为 7 没有 Previous,子轮廓是 1 没有父轮廓 Parent,所以数组是[7,−1,1,−1]。

## 2.8　车牌识别案例

**学习目标:**

学习 OpenCV 基础图像处理、颜色空间处理、轮廓分析、HOG 特征、支持向量机等应用。

**案例描述：**

使用图像灰度化、二值化、颜色空间转换、轮廓查找、HOG 特征、支持向量机等实现一个简单的图形形状和颜色识别。

**案例要点：**

轮廓的分割提取、HOG 特征提取、支持向量机 SVM 的使用。

**案例实施：**

（1）实现车牌区域定位。对于如图 2-64 所示的含车牌图像，将车牌定位出来，需要得到只包含车牌的区域，如图 2-65 所示。

图 2-64　车牌测试图

图 2-65　车牌框

（2）在对车牌定位的过程中，常用的方法有基于形状、基于颜色、基于纹理、基于文字特征等方法。这里学习基于形状特征定位车牌的方法。车牌的形状是矩形，可利用车牌的长宽比例及其占据图像的比例来定位车牌位置。使用形态学算法将图 2-65 进行一些处理后得到如图 2-66 所示的效果。

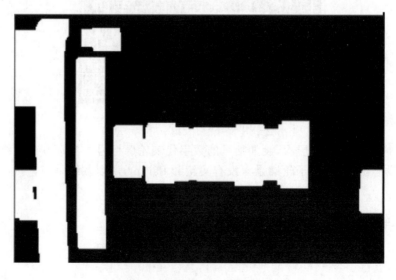

图 2-66　形态学预处理结果

可以看到，经过一个简单的长宽比例过滤即可得到车牌区域的坐标 $(x, y, w, h)$，如图 2-67 所示，然后通过简单的切片即可从原图中提取车牌。

（3）车牌查找编码实现，创建一个名为 findPlate.py 的文件，代码如下：

图 2-67　车牌定位

```python
import cv2 as cv
import os
import numpy as np

"""
从一张带有车牌中的图片中抠出车牌
"""


"""
形态学初步处理
"""
def preprocess(img):
    # 高斯平滑
    gaussian = cv.GaussianBlur(img, (3, 3), 0, 0, cv.BORDER_DEFAULT)
    median = cv.medianBlur(gaussian, 5)

    gray = cv.cvtColor(median, cv.COLOR_BGR2GRAY)
    # Soble 算子 X 方向梯度
    sobel = cv.Sobel(gray, cv.CV_8UC1, 1, 0, cv.BORDER_DEFAULT)
    # 二值化
    ret, binary = cv.threshold(sobel, 170, 255, cv.THRESH_BINARY)
    # 膨胀腐蚀的核函数
    element1 = cv.getStructuringElement(cv.MORPH_RECT, (9, 3))
    elementcv = cv.getStructuringElement(cv.MORPH_RECT, (9, 5))
    # 膨胀一次，让轮廓突出
    dilation = cv.dilate(binary, elementcv, iterations=1)
    # 腐蚀一次，去掉细节
    erosion = cv.erode(dilation, element1, iterations=1)
    # 再次膨胀，让轮廓明显一些
    dilationcv = cv.dilate(erosion, elementcv, iterations=3)
```

```python
        cv.imwrite('dd.jpg', dilationcv)
        return dilationcv
    # 保存疑似车牌的矩形区域
    def findPlateNumberRegion(gray):
        region = []
        # 查找轮廓
        contours, hierarchy = cv.findContours(gray, cv.RETR_TREE, cv.CHAIN_APPROX_SIMPLE)[-2:]

        # 筛选面积小的
        for i in range(len(contours)):
            cnt = contours[i]
            # 计算该轮廓的面积
            area = cv.contourArea(cnt)

            # 面积小的都筛选掉
            if (area < 2000):
                continue

            # 找到最小的矩形,该矩形可能有方向
            rect = cv.minAreaRect(cnt)

            # box 是 4 个点的坐标
            box = cv.boxPoints(rect)
            box = np.int0(box)

            # 计算高和宽
            height = abs(box[0][1] - box[2][1])
            width = abs(box[0][0] - box[2][0])
            # 车牌正常情况下长高比在 7 - 5 之间
            ratio = float(width) / float(height)
            if (ratio > 5 or ratio < 2):
                continue
            region.append(box)
        return region


def detect(img):
    dilationcv = preprocess(img)
    reg = findPlateNumberRegion(dilationcv)
    for box in reg:
        ys = [box[0, 1], box[1, 1], box[2, 1], box[3, 1]]
        xs = [box[0, 0], box[1, 0], box[2, 0], box[3, 0]]
        ys_sorted_index = np.argsort(ys)
        xs_sorted_index = np.argsort(xs)
```

```
            x1 = box[xs_sorted_index[0], 0]
            x2 = box[xs_sorted_index[3], 0]

            y1 = box[ys_sorted_index[0], 1]
            y2 = box[ys_sorted_index[3], 1]
            img_orgcv = img.copy()
            img_plate = img_orgcv[y1:y2, x1:x2]
            cv.imshow('number plate', img_plate)
            cv.waitKey(0)


def main():
    imagePath = './download'
    for img_path in os.listdir(imagePath):
        img_path = os.path.join(imagePath, img_path)
        img = cv.imread(img_path)
        detect(img)


def test():
    imagePath = './download'
    for img_path in os.listdir(imagePath):
        img_path = os.path.join(imagePath, img_path)
        img = cv.imread(img_path)
        cv.imshow('preprocess', preprocess(img))
        cv.waitKey(0)


if __name__ == '__main__':
    main()
    #test()
```

（4）定位到车牌区域后，需要对车牌区域进行更精细的处理，如裁剪车牌边框，去除车牌柳丁等。处理完后通过车牌字符之间的轮廓层级关系进行轮廓提取，从而将车牌字符分割出来。字符分割效果如图 2-68 所示。

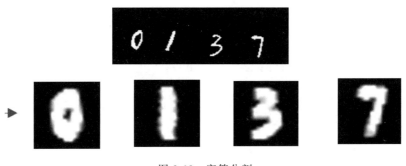

图 2-68　字符分割

执行代码如下：

```
#！/usr/bin/env python3
# - * - coding:UTF8 - * -

import cv2 as cv
import os
import findPlate
import numpy as np

def cutMatUp(img, val):
    h,w = img.shape[:2]
    iCount = 0
    for i in range(h):
        count = 0
        for j in range(w):
            if img[i][j] == val:
                count += 1
            if count >= w * 0.15:
                return img[iCount:h, 0:w]
        else:
            iCount += 1

def cutMatDown(img, val):
    h, w = img.shape[:2]
    iCount = 0
    for i in reversed(range(h)):
        count = 0
        for j in range(w):
            if img[i][j] == val:
                count += 1
            if count >= w * 0.2:
                return img[:h - iCount, :w]
        else:
            iCount += 1

def cutMapLeft(img, val):
    h, w = img.shape[:2]
    iCount = 0
    for i in range(w):
        count = 0
        for j in range(h):
            if img[j][i] == val:
                count += 1
            if count >= h * 0.2:
```

```python
                return img[0:h, iCount:w]
            else:
                iCount += 1


def cutMatRight(img, val):
    h, w = img.shape[:2]
    iCount = 0
    for i in reversed(range(w)):
        count = 0
        for j in range(h):
            if img[j][i] == val:
                count += 1
            if count >= h * 0.2:
                return img[0:h, 0:w - iCount]
        else:
            iCount += 1


def clearLiuDing(gray):
    h, w = gray.shape[:2]
    count = 0
    jump = []
    for i in range(h):
        jumpCount = 0
        for j inrange(0, w - 1):
            if gray[i][j] != gray[i][j + 1]:
                jumpCount += 1
            if gray[i][j] == 255:
                count += 1
        jump.append(jumpCount)
    iCount = 0
    for i in range(h):
        if jump[i] >= 16 and jump[i] <= 45:
            iCount += 1
    if (count * 1.0 / (h * w) < 0.15 or count * 1.0 / (h * w) > 0.50):
        return False
    for i in range(h):
        if jump[i] <= 7:
            for j in range(w):
                gray[i][j] = 0
    return True
def splitContour(img):
    contours, hierarchy = cv.findContours(img, cv.RETR_TREE, cv.CHAIN_APPROX_SIMPLE)[-2:]
    i = 0
```

```python
        for i in range(len(hierarchy[0])):
            if (hierarchy[0][i][0] != -1 and hierarchy[0][i][3] == -1) or (hierarchy[0][i][0] ==
-1 and hierarchy[0][i][1] != -1 and hierarchy[0][i][3] == -1):
                x, y, w, h = cv.boundingRect(contours[i])
                if w < 5 or h < 20:
                    continue
                temp = img[y:y + h, x:x + w]
                temp = cv.resize(temp, (20, 20))

                cv.imshow('temp', temp)
                cv.waitKey(0)


def test():
    imagePath = './download'
    for img_path in os.listdir(imagePath):
        img_path = os.path.join(imagePath, img_path)
        img = cv.imread(img_path)
        img_plate = findPlate.detect(img)
        gray = cv.cvtColor(img_plate, cv.COLOR_BGR2GRAY)
        ret, binary = cv.threshold(gray, 0, 255, cv.THRESH_BINARY + cv.THRESH_OTSU)
        # cv.imshow('binary', binary)
        upImg = cutMatUp(binary, 0)
        downImg = cutMatDown(upImg, 0)
        leftImg = cutMapLeft(downImg, 0)
        rightImg = cutMatRight(leftImg, 0)
        h, w = rightImg.shape[:2]
        temp = rightImg[int(0.020 * h):int(h * 0.97), int(0.020 * w): int(0.98 * w)]
        clearLiuDing(temp)
        upImg = cutMatUp(temp, 255)
        downImg = cutMatDown(upImg, 255)
        leftImg = cutMapLeft(downImg, 255)
        rightImg = cutMatRight(leftImg, 255)
        # cv.imshow('up', rightImg)
        resize = cv.resize(rightImg, (144, 34), interpolation = cv.INTER_AREA)
        cv.imshow('test', resize)
        splitContour(resize)
        cv.waitKey(0)


def main():
    test()


if __name__ == '__main__':
    main()
```

（5）通过上面的步骤，我们已经做到了将车牌字符一个一个地抠出来，接下来就是字符的识别，这里介绍基于 HOG 特征和支持向量机 SVM 的字符分类方法。方向梯度直方图（Histogram of Oriented Gradient，HOG）特征是一种在计算机视觉和图像处理中用来进行物体检测的特征描述子。它通过计算和统计图像局部区域的梯度方向直方图来构建特征。如果把一幅图的 HOG 特征可视化出来，大概情况如图 2-69 所示。

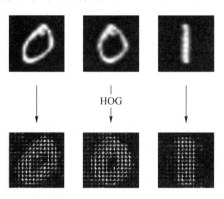

图 2-69　HOG 特征

支持向量机（Support Vector Machines，SVM）是一种在特征空间上的间隔最大的线性分类器，能进行多分类，这里使用 SVM 分类器对字符的 HOG 特征进行分类。代码如下：

```
import cv2 as cv
import numpy as np
import os
import splitPlate


bin_n = 16  # Number of bins

# 来自 openCV 的 sample,用于 SVM 训练
def preprocess_hog(digits):
    samples = []
    for img in digits:
        gx = cv.Sobel(img, cv.CV_32F, 1, 0)
        gy = cv.Sobel(img, cv.CV_32F, 0, 1)
        mag, ang = cv.cartToPolar(gx, gy)
        bins = np.int32(bin_n * ang/(2 * np.pi))   # quantizing binvalues in (0...16)
        bin_cells = bins[:10,:10], bins[10:,:10], bins[:10,10:], bins[10:,10:]
        mag_cells = mag[:10,:10], mag[10:,:10], mag[:10,10:], mag[10:,10:]
        hists = [np.bincount(b.ravel(), m.ravel(), bin_n) for b, m in zip(bin_cells, mag_cells)]
        hist = np.hstack(hists)     # hist is a 64 bit vector
        samples.append(hist)
    return np.float32(samples)
def HOG(img):
    gx = cv.Sobel(img, cv.CV_32F, 1, 0)
```

```
        gy = cv.Sobel(img, cv.CV_32F, 0, 1)
        mag, ang = cv.cartToPolar(gx, gy)
        bins = np.int32(bin_n * ang/(2 * np.pi))    # quantizing binvalues in (0...16)
        bin_cells = bins[:10,:10], bins[10:,:10], bins[:10,10:], bins[10:,10:]
        mag_cells = mag[:10,:10], mag[10:,:10], mag[:10,10:], mag[10:,10:]
        hists = [np.bincount(b.ravel(), m.ravel(), bin_n) for b, m in zip(bin_cells, mag_cells)]
        hist = np.hstack(hists)       # hist is a 64 bit vector
        return hist


class StatModel(object):
    def load(self, fn):
        self.model = self.model.load(fn)
    def save(self, fn):
        self.model.save(fn)
class SVM(StatModel):
    def __init__(self, C = .5, gamma = .5):
        self.model = cv.ml.SVM_create()
        self.model.setGamma(gamma)
        self.model.setC(C)
        self.model.setKernel(cv.ml.SVM_LINEAR)
        self.model.setType(cv.ml.SVM_C_SVC)
# 训练 SVM
    def train(self, samples, responses):
        self.model.train(samples, cv.ml.ROW_SAMPLE, responses)
# 字符识别
    def predict(self, samples):
        r = self.model.predict(samples)
        return r[1].ravel()


def train_svm():
    model = SVM()
    if os.path.exists("svm.dat"):
        model.load("svm.dat")
    else:
            chars_train = []
            chars_label = []
            for root,dirs, files in os.walk("./train/chars2"):
                    if len(os.path.basename(root)) > 1:
                        continue
                    root_int = ord(os.path.basename(root))
                    for filename in files:
                        filepath = os.path.join(root,filename)
```

```
                            gray = cv.imread(filepath, 0)
                            # ret, binary = cv.threshold(gray, 0, 255, cv.THRESH_BINARY + cv.THRESH_OTSU)

                            # lable = chr(root_int)
                            # h,w = binary.shape[:2]
                            # if lable == '1':
                            #     right = binary[:, 3:w - 3]
                            # elif lable == 'L':
                            #     right = binary[:, 2:w - 2]
                            # elif lable == 'T':
                            #     right = binary[:, 2:w - 2]
                            # else:
                            #     left = splitPlate.cutMapLeft(binary, 255)
                            #     right = splitPlate.cutMatRight(left, 255)
                            # resize = cv.resize(right, (20, 20), interpolation = cv.INTER_AREA)
                            # cv.imwrite(filepath, resize)



                            chars_train.append(gray)
                            chars_label.append(root_int)
        train_data = preprocess_hog(chars_train)
        train_label = np.array(chars_label)
        train_label = train_label[:,np.newaxis]
        print(train_label.shape)
        model.train(train_data, train_label)
        model.save('svm.dat')
    return model


def test():
    font = cv.FONT_HERSHEY_SIMPLEX
    model = train_svm()
    import splitPlate
    samples,img_path = splitPlate.test()
    i = 0
    for s in samples:
        res = []
        for k in sorted(s.keys(), key = int)[1:]:
            hog = HOG(s[k])
            hog = np.float32(hog)
            hog = hog.reshape(1, 64)
            res.append(chr(model.predict(hog)))
```

```
        plate = ''.join(res)
        print(plate)
        img = cv.imread(img_path[i])
        cv.putText(img, plate, (20, 200), font, .8, (255, 0, 255), 1)
        cv.imshow('plate', img)
        cv.waitKey(0)
        i += 1

if __name__ == '__main__':
    test()
```

（6）车牌识别效果如图 2-70 所示。

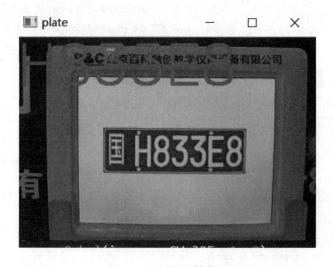

图 2-70　车牌识别效果

## 本章小结

本章主要介绍图像处理的基础知识、图像表示、图像读取及存储、视频捕获及保存、图像计算、图像二值化操作、图像平滑，以及图像的滤波去噪操作；同时，通过图像的空间变换，以及形态学基本操作腐蚀、膨胀、开闭运算等，完成图像的分割、连接。最后，通过图形识别、车牌识别项目案例，帮助读者深度掌握图像处理的基础知识、操作及应用。

## 习 题 2

**1. 概念题**

（1）图像的表示方法有哪些？图像的表示与颜色空间之间有什么关系？

（2）如何实现图像的存储和显示？

（3）图像的平滑方法有哪些？它们之间的区别是什么？

（4）图像检测的基本流程包含哪些？轮廓检测的方法有哪些？

**2．操作题**

编写程序实现在目标图片中呈现不同形状的颜色块，并分别输出它们的颜色、形状、个数。

# 第3章 特征选择与降维

本章主要介绍机器学习过程中的特征选择基础知识,包含特征选择的基本过程、特征选择方法,如过滤法(Filter)、包裹法(Wrapper)、嵌入法(Embedding)等,以及特征选择的评价方法选择、停止准则及验证过程;同时,还讲解了特征降维的常用方法,如核化线性降维、主成分分析(PCA)等。通过本章的学习,读者能够深入了解机器学习特征选择与降维的关键技术知识。

**本章学习目标:**

(1)了解特征选择的原因及什么是特征选择;
(2)了解特征选择的种类;
(3)熟悉降维技术;
(4)掌握常见的几种降维方式;
(5)熟悉机器 PCA(主成分分析)原理并应用。

## 3.1 特征选择简介

在本节,我们将简要介绍特征选择的作用,并介绍其一般框架和步骤。通常,我们进行特征选择主要出于以下几个目的。

(1)避免维数灾难问题。在现实中经常遇到维数灾难问题,即用于描述一个对象的特征集合非常大,例如一张图片包含百万像素,一篇文章包含成千上万个词汇。通过特征选择,可以减少特征个数,使得后续在低维空间中构建模型时,可以大幅度减轻维数灾难问题,提高学习算法的效率。

(2)降低噪音,提取有效信息。庞大的特征集合中可能只有少量的元素相关,而另一些大量的特征则可能是无关或冗余的。所谓无关特征,即与当前学习目标没有直接联系的特征,而冗余特征则不会给目标对象增加任何新信息,可以从其他特征推演出来。例如:在一篇描述足球比赛的文章中,一些关键词足以让我们了解其主题,但是诸如"的""是的"等字词并不能反映这篇文章的有效信息;而描述一个运动员足球踢得好,"好"这个字相比于"精准""迅速"等词则是冗余特征。去除不相关或冗余的特征往往可以降低学习任务的难度,使算法获取更重要的特征。

（3）降低过拟合风险。输入变量会增加模型本身的额外自由度，这些额外的自由度对于模型记住某些细节信息会有所帮助，但对于创建一个稳定性良好、泛化性能强的模型可能却没有好处，也就是说增加额外的不相关变量容易增大过拟合的风险，在新数据上可能表现不佳。而更少的输入维数通常意味着相应的更少的参数或更简单的结构，这在一定程度上能帮助算法改善所学模型的通用性，降低过拟合的风险。

显然，无论出于哪种目的，特征选择总是为学习算法而服务的，两者之间关系密切。图 3-1 概括了机器学习算法中采用特征选择技术的一般框架。在获得某个学习任务的训练数据之后，对于每一个数据对象，我们会获取其描述对象的特征集合，然后对其特征进行选择，再进行算法模型的训练。相对于学习算法，特征选择阶段既可以是用独立的模块直接作用于算法，又可以根据学习算法对数据的反馈来不断调整（如图 3-1 中的虚线所示）。

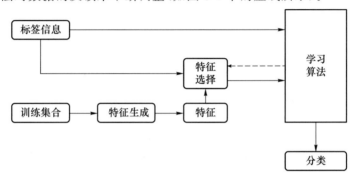

图 3-1　特征选择的一般框架

特征选择是机器学习任务中非常重要的一个环节。根据目标任务的不同，特征可分为相关特征、无关特征、冗余特征。特征选择的过程则是从数据集合中选择相关特征、冗余特征，形成子数据集合的过程。相关特征是指有助于完成目标任务，与任务相关的特征。无关特征是指与完成目标任务无关的特征。冗余特征则是融合其他信息，能从其他特征推理出的特征。

为什么需要特征选择？在现实世界中，数据的复杂性、多变性使得机器学习任务要想达到最好的性能，需要从现实世界数据中获取更多的信息，而这无限的数据需求使得机器学习经常面临着多重难题，重要的问题如下：

a. 如何有效地将原始数据转变为能够很好描述这些数据的特征；

b. 如何从这些维度巨大的特征中，选择有效的特征，使得模型最终性能更好。

第一个问题是数据表示、将数据描述成特征的问题，当前最新的技术有知识图谱、图表示学习、知识推理等。此问题通常涉及把不同规格的数据转换为同一规格，以及数据的标准化、归一化、特征二值化、缺失值计算等。本节不予讨论此问题，本节着重讨论第二个问题。

第二个问题从广义角度来看是特征工程问题，从狭义角度来看是特征选择问题。之所以要考虑特征选择，是因为机器学习经常面临维度爆炸、过拟合等问题。过拟合通常表现为模型在训练集上效果很好而在测试集上表现不好，即模型的泛化能力较差。其重要原因是特征的选择问题：① 特征是否发散有效，既能确保重要特征不遗漏，又保证特征全面而不局限；② 特征是否与目标相关。特征的重要性取决于目标任务，选择次序以目标相关性高的特征为先，接着依次选择。

特征选择的过程就是从初始的特征集合中选取具有重要信息的最优特征子集的过程，特征选择过程一般包含搜索、评价、验证。搜索是筛选一些无关的数据，生成特征子集的过程，或者在特征子集的基础上,生成或组合出新的特征,再进行选取的过程。此过程涉及搜索开始的原始集合、搜索的策略等,原始集合可以为空集或全集。如为空集,则搜索过程中应在指定条件或标准下,不断选取、加入特征;如为全集,则搜索过程中应在指定条件或标准下,不断删除无关或非重要的特征。

搜索策略是为寻找最优解空间而采取的搜索方法,分别有穷举式搜索(暴力搜索)、启发式搜索、随机搜索、按序搜索等。穷举式搜索随着特征维度的增加,其开销呈指数级增加,可以通过减枝等方法减少开销。随机搜索则可通过渐近式方法,如免疫算法、粒子算法、遗传算法等,寻找全局最优解或者局部最优解,或者通过计算特征的相关性,以及排序选择特征、正则项选择特征、深度学习选择特征的方法来获得最优解。

评价可以在搜索过程中进行,也可以在搜索完成的结果中进行,从而评价特征子集的好坏。其步骤可分为两步:①子集搜索;②子集评价。

常用的特征选择方法有过滤法、包裹法、嵌入法。由于在实践中存在着过拟合的问题,因此在特征选择优化过程中,一般考虑如下方法:

(1)收集更多数据;

(2)通过正则化引入对复杂度的惩罚;

(3)正则化选择特征;

(4)对数据采取降维方法。

从上述内容不难看出,特征选择的本质是特征子集的重构、评价和验证的过程,也可以说是组合优化问题。即对一个给定数据,重构特征子集,然后通过特定的评价标准对子集的优劣进行评价,实现减去原始特征集合中的冗余特征和不相关特征,并重新组织新特征的目的。

## 3.2 特征选择方法

上节已经提及,在特征选择过程中,根据特征选择的形式,特征选择常用方法有过滤法、包裹法、嵌入法 3 种,它们的具体用法如下所述。

### 3.2.1 过滤法

过滤法主要是从自变量和目标变量的相关性出发,对各个特征进行计算、评分、排序,通过设定的阈值进行特征选择。虽然有相关性考量,但由于特征选择的前置性,已经过滤完成,即使后续的模型训练存在问题,也无法完成对特征子集的调整。

典型的过滤方法有 Relief 法,通过相关统计量对特征的重要性进行度量。此外,还可以调用 sklearn 包中的 feature_selection 库,利用方差选择法、互信息法等完成相关性特征选择。

**1. 方差选择法**

方差选择法通过计算各个特征的方差,设定阈值标准,选择方差超过阈值的特征。如使用 feature_selection 库的 VarianceThreshold 类来选择特征如下:

```
from sklearn import datasets
var = VarianceThreshold(threshold = 1.0)
data = var.fit_transform([[0,2,0,3],[0,1,4,3],[0,1,1,3]])
print(data)
```

运行结果如下：

```
array([[0],
       [4],
       [1]])
```

上述 VarianceThreshold 中通过设定的阈值 threshold 作为参数过滤特征，即可得到第三列的值。默认情况下保留所有非零方差的特征，即删除所有样本中具有相同值的特征。分析上述矩阵中每一列的数据，第一列全是 0，第二列方差小于 1，第四列也是相同的值。如果不设置 threshold，则运行结果如下：

```
array([[2,0],
       [1,4],
       [1,1]])
```

**2. 互信息法**

互信息法是信息度量的一种方法，用来度量两个变量或对象之间的关系，评价定性自变量对定性因变量的相关性。在过滤问题上通过度量特征对主题或特征进行区分。互信息的计算公式如下：

$$I(X,Y) = \sum_{x \in X} \sum_{y \in Y} p(x,y) \log \frac{p(x,y)}{p(x)p(y)}$$

在实践中，直接应用互信息过滤特征有一定困难，存在归一化、不同数据集上的结果无法比较、连续变量的计算须先离散化等问题，因而衍生出了最大信息系数法，通过离散化方式，调用 minepy 库的 MICtools 工具。

本小节以基于互信息的特征选择为例，通过简单的示例数据了解过滤法的实现。此次我们采用数据集 Paribas，该数据为法国巴黎银行个人用户理赔的匿名数据，可从 https://www.kaggle.com/c/bnp-paribas-cardif-claims-management/data 下载，部分数据如图 3-2 所示。Paribas 中每个数据样本的特征向量包含 133 维特征，既有数值型特征，又有文本型特征。其中，target 代表数据样本的类别标签。

| | ID | target | v1 | v2 | v3 | v4 | v5 | v6 | v7 | v8 | ⋯ |
|---|---|---|---|---|---|---|---|---|---|---|---|
| 0 | 3 | 1 | 1.335 739 | 8.727 474 | C | 3.921 026 | 7.915 266 | 2.599 278 | 3.176 895 | 0.012 941 | ⋯ |
| 1 | 4 | 1 | NaN | NaN | C | NaN | 9.191 265 | NaN | NaN | 2.301 630 | ⋯ |
| 2 | 5 | 1 | 0.943 877 | 5.310 079 | C | 4.410 969 | 5.326 159 | 3.979 592 | 3.928 571 | 0.019 645 | ⋯ |
| 3 | 6 | 1 | 0.797 415 | 8.304 757 | C | 4.225 930 | 11.627 438 | 2.097 700 | 1.987 549 | 0.171 947 | ⋯ |
| 4 | 8 | 1 | NaN | NaN | C | NaN | NaN | NaN | NaN | NaN | ⋯ |

图 3-2　数据集 Paribas 数据样例

基于上述数据，利用互信息进行特征选择的实现过程如下。

（1）安装 sklearn 包等，引入特征选择相关库函数。

```
# 引入基础依赖包
import pandas as pd
import matplotlib.pyplot as plt
from sklearn.model_selection import train_test_split
```

```
from sklearn.feature_selection import mutual_info_classif
from sklearn.feature_selection import SelectKBest
```

（2）导入数据以及预处理。

```
# 导入 20000 条样本示例数据
df = pd.read_csv('paribas-train.csv', nrows = 20000)
# 过滤非数字类特征
numerics = ['int16','int32','int64','float16','float32','float64']
numerical_features = list(df.select_dtypes(include = numerics).columns)
data = df[numerical_features]
# 划分特征数据和类别标签，并对数据进行训练集和测试集划分
X = data.drop(['target','ID'], axis = 1) #特征向量集合
y = data['target'] #类别标签序列
X_train, X_test, y_train, y_test = train_test_split(X, y, test_size = 0.3, random_state = 101)
```

对数据进行预处理后，每一个样本仅保留 114 维数值类特征。

（3）基于互信息度量对特征进行排序。

```
#计算训练集中每个特征与类别标签之间的互信息
mutual_info = mutual_info_classif(X_train.fillna(0), y_train)
mi_series = pd.Series(mutual_info)
mi_series.index = X_train.columns
#根据互信息值对特征进行排序，并绘制柱形图
mi_series.sort_values(ascending = False).plot.bar(figsize = (20,8))
```

图 3-3 中从左到右按照互信息值从大到小列出了所有特征，由此可见，有些特性对互信息有很大的贡献，而有些特征甚至没有任何贡献。所以，为了从这个列表中选择重要的特征，我们可以设置一个阈值，比如，选择特征的前 10% 或前 20 个等作为最后选取的特征子集。

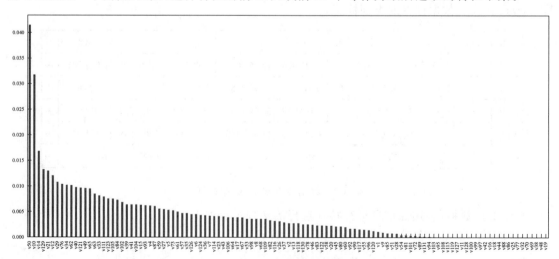

图 3-3　按照互信息的特征排序

（4）选择排名最高的特性。

为此，我们可以使用 SelectKbest 或 SelectPercentile 的组合，实现如下：

```
k_best_features = SelectKBest(mutual_info_classif, k = 10).fit(X_train.fillna(0), y_train)
print('Selected top 10 features: {}'.format(X_train.columns[k_best_features.get_support()]))
```

最终选出来的特征如下：

```
Selected top 10 features: Index(['v10','v12','v14','v21','v34','v39','v50','v82','v104','v129'],
dtype = 'object')
```

除此之外，还有 Pearson 相关系数法、距离相关系数法、卡方验证法等方法，Pearson 相关系数法是衡量特征和响应变量之间关系的方法，考察的是变量之间的线性相关性，但其缺陷是如果变量关系是非线性关系，很难考察。它可以通过调用 Python 的 scipy. stats 包完成度量变量关系的工作。而距离相关系数法则是克服了 Pearson 相关系数法的缺陷，即距离相关系数为 0，两个变量相互独立。另外，卡方检验法是检验类别型变量对类别型变量的相关性，考察的是自变量对因变量的相关性，可通过调用 Python 的 sklearn 包中 feature_selection 库的 SelectKBest 类进行特征选择。

## 3.2.2　包裹法

包裹法假定最优特征子集应当依赖于算法中的归纳偏置（即算法本身的一些启发式假设）。基于此，包裹式特征选择直接把最终将要使用的模型性能作为特征子集的评价标准，也就是说，包裹式特征选择的目的是为给定的模型选择最有利于其性能的特征子集。

给定预定义的学习器，以分类器为例，一个典型包装器方法将执行以下步骤：

（1）搜索特征的子集；

（2）通过分类器的性能来评价所选择的特征子集；

（3）重复步骤（1）和步骤（2），直至达到某一条件。

如图 3-4 所示，在包裹法中，特征搜索组件将生成一个特征子集，特征评估组件将使用分类器对性能进行评估，评价结果将反馈给特征搜索组件，用于下一次迭代的特征搜索。最后，选择评价结果最好的特征子集作为最终用于学习分类器的特征集合。由此可见，包裹式特征选择方法是为学习器量身定做的。已有研究表明，在模型性能效果上，包裹式特征选择通常比过滤式特征选择更好，但由于需要多次训练模型来帮助筛选特征，因此计算开销较大。尽管包

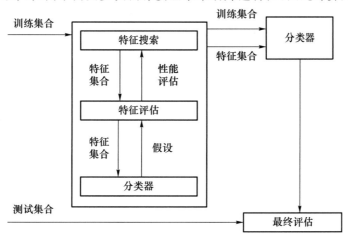

图 3-4　包裹法的框架

裹式特征选择是根据模型学习的效果来选择特征子集的,但所选择出来的特征可能并不具有可解释性。

给定 $m$ 个特征,包裹式特征选择方法其特征搜索空间的大小为 $O(2^m)$,除非 $m$ 特别小,否则随着 $m$ 增大,搜索复杂度成指数级增长,穷尽搜索是不切实际的。这样的搜索问题是 NP 难问题,可以使用广泛的搜索策略来解决,包括爬山法、最佳优先搜索法、分枝限界法和遗传算法等。爬山法使用贪心方法确定子集扩展的方向,当没有子集超过当前集合时终止。最佳优先搜索法根据一个评价函数,在目前产生的特征子集中选择具有最小评价函数值的特征进行扩展,该方法具有全局优化观念,而爬山法仅具有局部优化观念。

LVM(Las Vegas Wrapper)是一个典型的包裹式特征选择方法。它在拉斯维加斯方法的框架下使用随机策略来进行子集搜索,并以最终分类器的误差为特征子集评价标准。所谓拉斯维加斯方法,是一个典型的随机化方法,它允许算法在执行的过程中随机选择下一步,并且不断进行尝试,直到生成满足要求的随机值为止。在这过程中也许会一直无法产生这样的随机值,因此这种方法的时间效率通常会比较低,并且最终可能一直无法得到问题的解。

包裹法根据目标函数模型进行多轮训练,每轮训练后选择若干特征,或者排除若干特征,然后在新的特征集上遍历所有未选择的特征进行下一轮训练。

下面介绍包裹法中常用的递归特征消除法。

递归消除特征法使用一个基模型来进行多轮训练,每轮训练后,消除若干权值系数的特征,再基于新的特征集进行下一轮训练。使用 feature_selection 库的 RFE 类来选择特征的代码如下:

```
from sklearn.feature_selection import RFE
from sklearn.linear_model import LogisticRegression
# 递归特征消除法,返回特征选择后的数据
# 参数 estimator 为基模型
# 参数 n_features_to_select 为选择的特征个数
RFE(estimator = LogisticRegression(), n_features_to_select = 2).fit_transform(iris.data, Iris.target)
```

以 Paribas 数据为示例了解包裹法的实现。由于包裹法依赖于具体的机器学习算法结果,这里我们基于上述数据,利用互信息进行特征选择的实现过程如下。

(1) 安装 sklearn 以及 mlxtend 包,引入特征选择相关库函数。

```
# 引入基础依赖包
from sklearn.model_selection import train_test_split
from sklearn.ensemble import RandomForestRegressor, RandomForestClassifier
from sklearn.metrics import roc_auc_score
from mlxtend.feature_selection import SequentialFeatureSelector as SFS
```

(2) 导入数据以及预处理。

```
# 导入 20000 条样本示例数据
df = pd.read_csv('paribas - train.csv', nrows = 20000)
# 过滤非数字类特征
numerics = ['int16','int32','int64','float16','float32','float64']
```

```
numerical_features = list(df.select_dtypes(include = numerics).columns)
data = df[numerical_features]
# 划分特征数据和类别标签,并对数据进行训练集和测试集划分
X = data.drop(['target','ID'], axis = 1) #特征向量集合
y = data['target'] #类别标签序列
X_train, X_test, y_train, y_test = train_test_split(
data.drop(labels = ['target','ID'], axis = 1),
data['target'],
test_size = 0.3,
random_state = 0)
# 为了减少特征空间,缩短模型训练的时间,剔除一些相关度高的特征
# 此步骤也可省略
def correlation(dataset, threshold):
col_corr = set()    # Set of all the names of correlated columns
corr_matrix = dataset.corr()
for i in range(len(corr_matrix.columns)):
    for j in range(i):
        if abs(corr_matrix.iloc[i, j]) > threshold:
            colname = corr_matrix.columns[i]
            col_corr.add(colname)
return col_corr
corr_features = correlation(X_train, 0.8)
X_train.drop(labels = corr_features, axis = 1, inplace = True)
X_test.drop(labels = corr_features, axis = 1, inplace = True)
```

（3）根据随机森林算法的评估反馈前向搜索特征子集。

基于前向搜索的包裹法不断基于随机森林算法的评估反馈即 ROC_AUC 评分来调整所选择的特征子集,直至找不到令 ROC_AUC 评分更好的特征子集为止。这里我们借用 mlxtend 中 SequentialFeatureSelector 方法实现该过程,具体实现代码如下:

```
# 前向搜索特征
# 根据最优 ROC_AUC 评分标准选择 10 个特征
sfs1 = SFS(RandomForestClassifier(n_jobs = 4),
        k_features = 10, #选取特征的个数
        forward = True,
        floating = False,
        verbose = 2,
        scoring = 'roc_auc', #评价指标
        cv = 3)

sfs1 = sfs1.fit(np.array(X_train.fillna(0)), y_train)
selected_feat = X_train.columns[list(sfs1.k_feature_idx_)]
print(selected_feat)
```

在该数据集中,我们所选择的特征子集如下:

```
Index(['v10', 'v14', 'v23', 'v34', 'v38', 'v45', 'v50', 'v61', 'v72', 'v129'],dtype = 'object')
```

（4）根据最终所选的特征子集验证算法性能。

我们可以基于所选的特征子集，看一看随机森林算法的性能，实现代码如下：

```
def run_randomForests(X_train, X_test, y_train, y_test):
rf = RandomForestClassifier(n_estimators = 200, random_state = 39, max_depth = 4)
rf.fit(X_train, y_train)
print('Train set')
pred = rf.predict_proba(X_train)
print('Random Forests roc - auc: {}'.format(roc_auc_score(y_train, pred[:,1])))
print('Test set')
pred = rf.predict_proba(X_test)print('Random Forests roc - auc: {}'.format(roc_auc_score(y_test,
pred[:,1])))
run_randomForests(X_train[selected_feat].fillna(0),
               X_test[selected_feat].fillna(0),
               y_train, y_test)
```

该算法在训练集和测试集的性能指标分别如下：

```
Train set
Random Forests roc - auc: 0.7209127288873236
Test set
Random Forests roc - auc: 0.7148814901970846
```

### 3.2.3 嵌入法

嵌入法，先把输入图像转换为 $N$ 维向量，再使用某些机器学习的算法和模型进行训练，得到各个特征的权值系数，根据系数从大到小选择特征。类似于过滤法，通过训练来确定特征的优劣。例如，使用 SqueezeNet、Inception V3、VGGNet 16、VGGNet 19 等。

嵌入式特征选择方法在学习器训练过程中自动地进行特征选择，是一种将特征选择与学习器训练完全融合的特征选择方法，即将特征选择融入学习器的优化过程中。该方法先使用某些机器学习算法和模型进行训练，得到各个特征的权重系数以判断特征的优劣，然后再进行过滤。这种方式同时继承了过滤法和包裹法的优势，既同包裹法一样与分类器有交互，又同过滤法一样不需要迭代地评估特征集，因此计算效率高。

嵌入法大致可以分为三类。第一种是剪枝，首先利用所有的特征来训练一个模型，然后试图通过将相应的系数降为 0 来消除一些特征。第二种是将带有内置机制的模型用于特征选择，如 ID3 和 C4.5。第三种是利用带有目标函数的正则化模型，它能通过最小化拟合误差使得特征系数足够小甚至精确为零。正则化模型由于其良好的性能，在越来越多的模型中受到关注。下面将简述几种有代表性的方法。

不失一般性，在本小节中，我们只考虑简单的线性分类器，并定义特征权重系数为 $\omega \in \mathbb{R}^d$，它通过与特征向量 $x_k$ 的线性组合来计算样本分类的概率 $y_k$，例如，后文介绍的支持向量机"SVM"和逻辑回归。在正则化方法中，$\omega$ 的每一维 $\omega_k$ 对应特征 $f_k$ 的权重，仅 $\omega$ 中不为零的项其所对应特征将用于分类器的模型学习。因此，通过学习 $\omega$ 的值，分类器的模型学习和特

征选择是可以同时实现的。具体而言,我们定义线性分类器的目标函数如下:

$$\min_{\boldsymbol{\omega}} \sum_k \mathscr{L}(\boldsymbol{\omega}, \boldsymbol{x}_k) + \alpha \cdot \mathscr{T}(\boldsymbol{\omega})$$

其中,$\mathscr{L}(\cdot)$为分类器的目标函数,$T(\boldsymbol{\omega})$为正则项,$\alpha \geqslant 0$为权衡两者的正则项系数。$\mathscr{L}(\cdot)$可以有多种选择,常用平方损失函数、折页损失函数以及对数损失函数。

平方损失函数:

$$\mathscr{L}(\boldsymbol{\omega}, \boldsymbol{x}_k) = (y_k - \boldsymbol{\omega}^{\mathrm{T}} \boldsymbol{x}_k)^2$$

折页损失函数:

$$\mathscr{L}(\boldsymbol{\omega}, \boldsymbol{x}_k) = \max(0, 1 - y_k \boldsymbol{\omega}^{\mathrm{T}} \boldsymbol{x}_k)$$

对数损失函数:

$$\mathscr{L}(\boldsymbol{\omega}, \boldsymbol{x}_k) = \log(1 + \exp(-y_k(\boldsymbol{\omega}^{\mathrm{T}} \boldsymbol{x}_k + \boldsymbol{b})))$$

正则项$\mathscr{T}(\boldsymbol{\omega})$同样可以取不同的形式,从而达到不同特征约束的效果。

Lasso 正则:即对权重系数$\boldsymbol{\omega}$的$L_1$范数进行约束,定义为

$$\mathscr{T}(\boldsymbol{\omega}) = \|\boldsymbol{\omega}\|_1 = \sum_{i=1}^{m} |\boldsymbol{\omega}_i|$$

$L_1$正则化的一个重要性质是,它可以使得$\boldsymbol{\omega}$产生零系数的值,从而达到特征选择的效果。例如,图 3-5 所示为$L_1$正则化(左)与$L_2$正则化(右)约束下解空间的区别,直线表示损失函数的等高线,而虚线方框区域为解的约束区域,分别对应为$|\boldsymbol{\omega}_1| + |\boldsymbol{\omega}_2| \leqslant t, \boldsymbol{\omega}_1^2 + \boldsymbol{\omega}_2^2 \leqslant t^2$。直线和虚线方框的切点就是目标函数的最优解。如果是圆,则很容易切到圆周的任意一点,但是很难切到坐标轴上,因此没有稀疏解;如果是菱形或者多边形,则很容易切到坐标轴上,因此很容易产生稀疏的结果。这也说明了为什么$L_1$范数容易产生零解(稀疏解)。

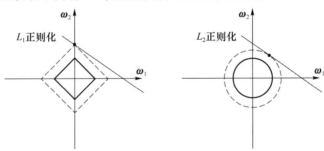

图 3-5　$L_1$正则化(左)与$L_2$正则化(右)约束下解空间的区别

$\boldsymbol{\omega}$中为零的项所对应的特征将在分类器学习过程中被剔除。因此,它可以用来进行特征选择。

自适应 Lasso:Lasso 特征选择也有一个缺陷,那就是它对所有系数变量都施加相同的惩罚,对于加大值的变量,可能会出现过度压缩非零系数的情况,增大了估计结果的偏差,使得其估计量是有偏的。为了提高 Lasso 方法的准确性,Zou H 提出了自适应的 Lasso 方法,其把 Lasso 中的惩罚项修正为

$$\mathscr{T}(\boldsymbol{\omega}) = \sum_{i=1}^{m} \frac{1}{b_i} |\boldsymbol{\omega}_i|$$

相比于原始的 Lasso,自适应 Lasso 对每一维$\boldsymbol{\omega}_i$增加了一个权重调整项$b_i$,它的作用是使越重要的变量的惩罚值变得越小,这样就可以使重要的变量更容易被挑选出来,而不重要的变量更容易被剔除。这样就很好地弥补了 Lasso 的缺陷,同时满足 Oracle 性质。

此外,还有 Bridge 正则化,其定义为

$$T(\boldsymbol{\omega}) = \sum_{i=1}^{m} |\boldsymbol{\omega}_i|^{\gamma}, 0 \leqslant \gamma \leqslant 1$$

当 $\gamma = 1$ 时,Lasso 正则是 Bridge 正则的一种特殊情况。

接下来,我们以 $L_1$ 正则化的随机森林算法为例,通过简单的示例数据了解嵌入法的实现。本次使用的数据集为 Titanic,该数据是 1912 年沉没于大西洋的巨型邮轮泰坦尼克号中乘客的基本信息,可从 https://www.kaggle.com/c/titanic/data 下载,部分数据样例如图 3-6 所示。Titanic 中 PassengerID 代表乘客 ID 号,Survived 为乘客幸存与否,每个数据样本的特征向量包含 10 维特征,包括 Pclass(舱位等级)、Name(姓名)等。

| Passenger | Survived | Pclass | Name | Sex | Age | SibSp | Parch | Ticket | Fare | Cabin | Embarked |
|---|---|---|---|---|---|---|---|---|---|---|---|
| 1 | 0 | 3 | Braund, Mr | male | 22 | 1 | 0 | A/5 21171 | 7.25 | | S |
| 2 | 1 | 1 | Cumings, N | female | 38 | 1 | 0 | PC 17599 | 71.2833 | C85 | C |
| 3 | 1 | 3 | Heikkinen, | female | 26 | 0 | 0 | STON/O2. | 7.925 | | S |
| 4 | 1 | 1 | Futrelle, M | female | 35 | 1 | 0 | 113803 | 53.1 | C123 | S |
| 5 | 0 | 3 | Allen, Mr. \ | male | 35 | 0 | 0 | 373450 | 8.05 | | S |
| 6 | 0 | 3 | Moran, Mr | male | | 0 | 0 | 330877 | 8.4583 | | Q |
| 7 | 0 | 1 | McCarthy, | male | 54 | 0 | 0 | 17463 | 51.8625 | E46 | S |
| 8 | 0 | 3 | Palsson, M | male | 2 | 3 | 1 | 349909 | 21.075 | | S |
| 9 | 1 | 3 | Johnson, N | female | 27 | 0 | 2 | 347742 | 11.1333 | | S |
| 10 | 1 | 2 | Nasser, Mr | female | 14 | 1 | 0 | 237736 | 30.0708 | | C |
| 11 | 1 | 3 | Sandstrom | female | 4 | 1 | 1 | PP 9549 | 16.7 | G6 | S |

图 3-6　数据集 Titanic 样例

(1) 安装 sklearn 等包,引入特征选择相关库函数。

```python
# 引入依赖包
import pandas as pd
from sklearn.model_selection import train_test_split
from sklearn.preprocessing import StandardScaler
from sklearn.linear_model import LogisticRegression
from sklearn.feature_selection import SelectFromModel
from sklearn.metrics import roc_auc_score
```

(2) 导入数据以及预处理。

```python
# 导入全部示例数据
    titanic = pd.read_csv('Datasets/Titanic/titanic.csv')
    print(titanic.isnull().sum())
    titanic.drop(labels = ['Age', 'Cabin'], axis = 1, inplace = True)
    titanic = titanic.dropna()
    print(titanic.isnull().sum())
    print(titanic.head())
    # 对部分文字类型特征数值化
    data = data = titanic[['Pclass', 'Sex', 'SibSp', 'Parch', 'Fare', 'Embarked']].copy() # 剔除
对于 Survived 分类缺少区分度的特征,如 Name 等。
    sex = {'male': 0, 'female': 1}
    data['Sex'] = data['Sex'].map(sex)
    ports = {'S': 0, 'C': 1, 'Q': 2}
    data['Embarked'] = data['Embarked'].map(ports)
```

```
# 划分特征数据和类别标签,并对数据进行训练集和测试集划分
X = data.copy()
y = titanic['Survived']
X_train, X_test, y_train, y_test = train_test_split(X, y, test_size = 0.3, random_state = 42)
```

（3）根据逻辑斯谛回归算法的评估反馈前向搜索特征子集。

```
scaler = StandardScaler()
scaler.fit(X_train)

sel_ = SelectFromModel(
    LogisticRegression (C = 0.5,
                        penalty = 'l1', # 这里选 L1 正则对特征进行约束
                        solver = 'liblinear',
                        random_state = 10))
sel_.fit(scaler.transform(X_train), y_train)

features = X_train.columns[sel_.get_support()]
print(features) # 查看被筛选出来的特征

# 从数据集中删除系数为零的特征
  X_train_lasso = pd.DataFrame(sel_.transform(X_train))
  X_test_lasso = pd.DataFrame(sel_.transform(X_test))
  X_train_lasso.columns = X_train.columns[(sel_.get_support())]
  X_test_lasso.columns = X_train.columns[(sel_.get_support())]
```

我们通过 get_support()可以看到每一维特征是否被筛选的情况,比如在这个例子中,分类权重向量在模型学习中经过$L_1$正则化约束后,系数为零那项所对应的特征会被删除,最终留下以下特征作为最终的特征的子集:

```
Index(['Pclass', 'Sex', 'SibSp', 'Fare', 'Embarked'], dtype = 'object')
```

（4）根据最终所选的特征子集验证算法性能。

```
# 创建一个函数来评价逻辑斯谛回归算法基于所选特征子集在训练集和测试集上的性能
def run_logistic(X_train, X_test, y_train, y_test):
    scaler = StandardScaler().fit(X_train)

    logit = LogisticRegression(random_state = 44, max_iter = 500)
    logit.fit(scaler.transform(X_train), y_train)

    print('Train set')
    pred = logit.predict_proba(scaler.transform(X_train))
    print('Logistic Regression roc - auc: {}'.format(
        roc_auc_score(y_train, pred[:, 1])))
```

```
        print('Test set')
        pred = logit.predict_proba(scaler.transform(X_test))
        print('Logistic Regression roc - auc：{}'.format(
            roc_auc_score(y_test，pred[：，1])))


run_logistic(X_train_lasso，
            X_test_lasso，
            y_train，
            y_test)
```

该算法在训练集和测试集的性能指标分别如下：

```
Train set
Logistic Regression roc-auc：0.8358038830715533
Test set
Logistic Regression roc-auc：0.8517065868263471
```

## 3.3  降维技术

从前几节我们可以看出,特征选择通过定义评估函数来进行,从而起到减少数据维度的作用。而降维技术是另一种使数据维度减小的方法,但与特征选择技术有着本质不同。特征选择单纯地从提取到的所有特征中选择部分特征作为训练集特征,特征值在选择前和选择后并不改变,只是选择后的特征维数比选择前小;而降维是从一个维度空间映射到另一个维度空间,也就是说通过降维后,不但特征的维度减少,而且特征的值也可能变化。降维是对数据高维度特征的一种预处理方法,是保留高维度数据最重要的一些特征,去除噪声和不重要的特征,从而实现提升数据处理速度的目的。在实际的应用中,降维在一定的信息损失范围内,可以为我们节省大量的时间和成本。降维也成为应用非常广泛的数据预处理方法。除了方便显示外,对数据降维还有如下原因：

(1) 使得数据集更易于使用;

(2) 降低算法的计算开销;

(3) 去除噪声;

(4) 使得结果容易理解。

也就是说,降维的本质是学习一个映射函数 $f:x \rightarrow y$。其中,$x$ 是原始数据样本点的特征表示,比如向量表达形式,$y$ 是数据点映射后的低维向量表达,通常 $y$ 的维度小于 $x$ 的维度。目前大多数降维算法用于处理向量表示的数据,也有一些降维算法用于处理高阶张量表示的数据。同特征选择类似,降维技术同样有助于减少冗余信息以及噪声信息,提高训练速度。除此之外,降维技术还能用于数据可视化,把高维数据降到 2 维(3 维),将特征在 2 维空间(3 维空间)表示出来,直观地发现数据内部的本质结构特征。

按照 $f$ 的定义形式,可以将数据降维技术分为线性降维方法和非线性降维方法(见图 3-7)。

下面,我们将介绍其中几种经典的线性降维方法,并对非线性降维方法中基于流形学习的方法和基于神经网络的方法进行介绍。

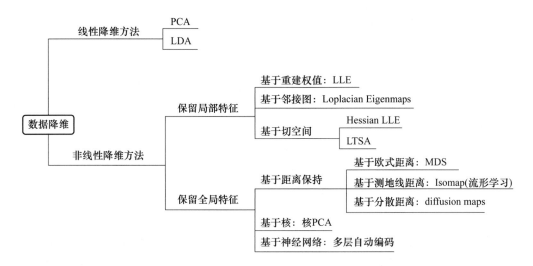

图 3-7　数据降维技术分类

## 1. 线性降维方法

线性降维方法中具有代表性的一类是矩阵分解方法,它通过将数据矩阵缩减为多个低秩子矩阵实现降维,例如,特征分解、奇异值分解(Singular Value Decomposition,SVD)、主成分分析(PCA)等。特征分解(Eigen Decomposition)是使用最广的矩阵分解之一,又称谱分解(Spectral Decomposition),是将矩阵分解为由其特征值和特征向量表示的矩阵之积的方法。这里需要注意的是,只有对可对角化方阵才可以施以特征分解。对于矩阵 $A \in \mathbb{R}^{d \times d}$,其特征分解可以表示为

$$A = Q \Lambda Q^{\mathrm{T}}$$

其中,$Q$ 的每一列为 $A$ 的特征向量,$\Lambda$ 是对角矩阵,其对角线上的元素为对应的特征值。若 $A$ 不是满秩矩阵,那么存在小于 $d$ 个非零特征值,或小于 $d$ 个的线性无关的特征向量。也就是说,$Q$ 的维度可能比 $A$ 小,以更低维的矩阵组成原数据矩阵。

SVD 也是对矩阵进行分解,但是和特征分解不同,SVD 并不要求要分解的矩阵为方阵。假设我们的矩阵 $A$ 是一个 $m \times n$ 的矩阵,那么我们定义矩阵 $A$ 的 SVD 为

$$A = U \Sigma V^{\mathrm{T}}$$

其中,$U$ 是一个 $m \times m$ 的矩阵,$\Sigma$ 是一个 $m \times n$ 的矩阵,除了主对角线上的元素以外全为 0,主对角线上的每个元素都称为奇异值,$V$ 是一个 $n \times n$ 的矩阵。$U$ 和 $V$ 都是酉矩阵,即满足 $U^{\mathrm{T}}U = I, V^{\mathrm{T}}V = I$。

PCA(Principal Component Analysis)即主成分分析方法,是一种使用最为广泛的数据降维算法。PCA 的主要思想是通过某种线性投影,将高维的数据映射到低维的空间中表示,并且期望在所投影的维度上数据的方差最大(最大方差理论),以此使用较少的数据维度,同时保留较多的原数据点的特性。我们将在下一节详述该方法原理以及其应用。

另一类线性降维方法则是使用线性投影函数实现高维空间向低维空间的转变。LDA(Linear Discriminant Analysis)的核心思想是将高维空间中的数据点映射到低维空间中,使得同类点之间的距离尽可能接近,不同类点之间的距离尽可能远。多维尺度变换(MDS,Multi-Dimensional Scaling)旨在通过投影让高维空间中的距离关系与低维空间中的距离关系尽可能保持不变。经典多维尺度变换的距离标准通常采用欧式距离,也有采用非欧式距离的。

### 2. 基于流形学习的非线性降维方法

矩阵分解通过线性投影的方式实现降维,而另一种基于流形数据进行建模的方法即流形学习(Manifold Learning)是以非线性方式进行降维的主流技术。流形学习假设高维数据分布在一个特定的低维空间结构(流形)上,然后试图在低维空间上保持原有高维空间中数据的结构特征,并求出相应的嵌入映射,以实现维数约简或者数据可视化。图3-8所示为利用流行假设将瑞士卷(Swiss Roll)数据投影到低维空间的效果。如图中第一行所示,Swiss Roll分为两类,在三维空间看起来很难区分,但通过流行假设映射到二维空间就能很轻易地区分开。流形假设并不总能成立,如图中第二行所示,决策线为$x=5$,但二维空间的决策线比在三维空间的要复杂。因此,在训练模型之前先降维能够加快训练速度,但是效果却不一定得到保障,这取决于数据的形式。

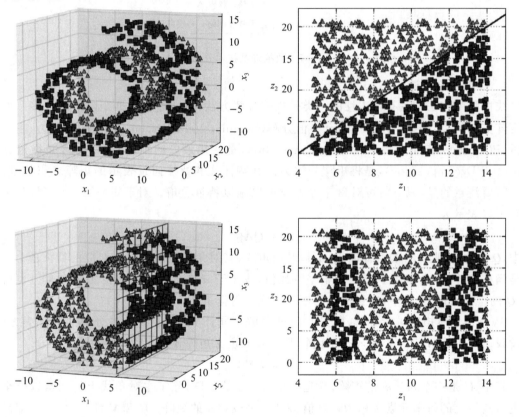

图 3-8　数据投影到低维空间

Isomap、LE、LLE都是流形学习中的经典方法。Isomap考虑高维空间中每个点和它最邻近$k$个点的测地距离(即两点在流形数据上的最短曲线距离),基于测地距离作为数据差异度量,利用多维尺度变换算法(MDS)进行降维,以保持每个节点和其局部邻近节点之间的距离关系。LE希望保持流形中的近邻关系,即在高维空间中相近的点映射到低维空间中时依旧相近,通过求解图的拉普拉斯算子的广义特征值来获得低维嵌入。而LLE利用局部线性假设,在高维空间中计算每个点和它邻近节点的线性依赖关系,即每个点能被邻近点线性重构表示,并试图在低维空间中继续保持这种线性关系,重构权值不变,低维嵌入最终转化为特征分解问题。除了以上经典流形学习,t-SNE也是一种将高维数据降维到二维或者三维空间的方法,以便进行可视化操作,它是2008年由Maaten提出的,是基于2002年Hinton提出的随机近邻嵌入(Stochastic Neighbor Embedding，SNE)方法的改进。

**3. 基于表示学习的方法**

自编码器是一种用于高效编码的无监督学习人工神经网络,其目标是通过使用比输入变量更少维数的隐藏变量预测输入,并通过训练该网络,使其输出尽可能与输入相似,从而尽可能多地将信息编码到低维隐藏变量中。

在结构上,自编码器的最简单形式是一个前馈非递归神经网络,它与多层感知器(MLP)非常相似,具有输入层、输出层以及连接它们的一个或多个隐藏层。然而自编码器和 MLP 之间的差异在于,在自编码器中,输出层具有与输入层相同数量的节点,并且不是训练预测给定的目标值,而是将它们自己作为目标值投入训练。因此自编码器属于无监督学习模型。

自编码器总是由两个部分组成:编码器和解码器。在最简单的情况下,一个自编码器只有一个隐藏层,该隐藏层接收输入并将其映射到输出上(见图 3-9)。自编码器也是通过最小化损失函数(例如 MSE)来训练的。

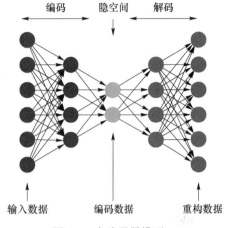

图 3-9　自编码器模型

如上所述,自编码器主要致力于减少特征空间,以提取数据的基本特征,而传统的深度学习则扩大了特征空间,捕捉数据中的非线性和微妙的相互作用。

下面就常用的降维技术进行简介。

(1) 主成分分析

主成分分析(Principal Component Analysis,PCA)通过线性变换,将原始数据变换为一组各维度线性无关的表示,可用于提取数据的主要特征分量,常用于高维数据的降维。

在 PCA 中,数据从原来的坐标系转换到新的坐标系,由数据本身决定。转换坐标系时,以方差最大的方向作为坐标轴方向,因为数据的最大方差给出了数据最重要的信息。第一个新坐标轴选择的是原始数据中方差最大的方向,第二个新坐标轴选择的是与第一个新坐标轴正交且方差次大的方向,重复该过程,重复次数为原始数据的特征维数。在此过程中,大部分方差都包含在最前面的几个新坐标轴中,因此,可以忽略余下的坐标轴,从而实现对数据的降维处理。

其降维的基本过程包含以下几个步骤。

① 对样本数据进行去中心化。用数据集中每个样本的不同特征减去所有样本对应特征的平均值。

```
def kcenter(data):
rows,cols = data.shape
mean_Value = np.mean(data, axis = 0)
mean_Value = np.tile(mean_Value,(rows,1))
new_data = data − mean_Value
return new_data, mean_Value
```

② 样本的协方差矩阵计算。在样本协方差矩阵中,每列表示一个特征,每行表示一个采样样本,每行都减去对应列的列平均值,然后通过公式

$$L_{\text{cov}} = \frac{1}{N-1} L^{\text{T}} L$$

（式中 $L$ 表示样本矩阵，$L_{\text{cov}}$ 表示协方差矩阵，$N$ 表示样本总数）得到协方差矩阵 $L_{\text{cov}}$。

```python
def Kcov(data):
mean_Value = np.mean(data,0)  # 求列平均值，返回 1 * cols 矩阵
mean_Value = np.tile(mean_Value, (rows,1))
    # 返回行的均值矩阵
K = data-mean_Value
Kcov = (1/(rows-1)) * K.T * K
return Kcov
```

③ 特征值与特征向量计算。通过对协方差矩阵进行特征值分解，获得特征值和特征向量。

```python
def GetEig (cov, p):
#  计算特征值和特征向量
D, V = np.linalg.eig(cov)
# 获取 k 维特征
eigenv = np.argsort(D)
K_Value = eigenv [-1:-(k+1):-1]
K_Vector = V[:,K_Value]
return K_Value, K_Vector
```

④ 矩阵转换。可以通过取上述最大 $k$ 个特征值，组成转换矩阵 $K$，然后通过公式 $Y' = Y * K$，得到降维后的矩阵 $Y'$。

```python
# 得到降维后的低维度数据
def getminData (Data, K_Vector):
return Data * K_Vector
# 转换后的结果数据
def Re_data(minData, K_Vector, mean_Val):
reData = minData * K_Vector.T + mean_Val
return reData
```

⑤ 调用上述算法构建过程。完成 PCA 应用。

```python
import numpy as np
import cv2 as cv


def PCA_Algorithm(data, p):
data = np.float32(np.mat(data))
# 数据中心化
data,mean_Val = kcenter (data)
# 计算协方差矩阵
cov = np.cov(data, rowvar = 0)
# 得到最大的 k 个特征值和特征向量
```

```
D, V = GetEig (cov, p)
# 降维数据
minData = getminData (data, V)
# 重构数据
reconDataMat = Re_data (minData, V, mean_Val)
return reData
def main():
    k = 0.999;
    im_Path = '../picture.jpg'
    img = cv.imread(im_Path)
    img = cv.cvtColor(img,cv.COLOR_BGR2GRAY)
    rows,cols = img.shape
    print(img)
    minImg = PCA_Algorithm (img, k)
    minImg = minImg.astype(np.uint8)
    print(minImg)
    cv.imshow('minImage',minImg)
    cv.waitKey(0)
    cv.destroyAllWindows()
    if __name__ =='__main__':
main()
```

（2）因子分析

在因子分析中（Factor Analysis，FA），假设在观察数据的生成中有一些观察不到的隐变量，假设观察数据是这些隐变量和某些噪声的线性组合，那么隐变量可能比观察数据的数目少，也就是说找到隐变量就可以实现数据的降维。

（3）独立成分分析

独立成分分析（Independet Component Analysis，ICA）假设数据是从 $N$ 个数据源生成的，这一点和因子分析有些类似。假设数据为多个数据源的混合观察结果，这些数据源之间在统计上是相互独立的，而在 PCA 中只假设数据是不相关的。同因子分析一样，如果数据源的数目少于观察数据的数目，那么可以实现降维。

# 3.4　鸢尾花降维案例

**学习目标：**

掌握不同特征选择法之间的计算方式和差异。通过对特征过滤后的数据特征进行散点图可视化分析，进一步理解特征选择的作用。

**案例描述：**

本案例使用鸢尾花数据集来做特征选择和特征降维实验。该数据集记录了三种不同类别的鸢尾花的四个特征,分别为花萼长度、花萼宽度、花瓣长度、花瓣宽度。使用 PCA, LDA 进行特征降维可视化分析,最后通过机器学习模型支持向量机(SVM)进行鸢尾花分类。

**案例要点:**

使用常用的特征选择算法对鸢尾花数据集进行特征选择,并将过滤后得到的剩余特征进行可视化分析,通过散点图的方式来观察不同特征过滤方法在鸢尾花数据集上的表现,通过实验来对比特征选择前后和特征降维前后机器学习模型分类的准确率。

**案例实施:**

(1)导入必要的库。

```
from numpy import hstack, vstack, array, median
from numpy. random import choice
import sklearn. datasets as datasets
import matplotlib. pyplot as plt
import numpy as np
```

(2)数据集特征加工,增加一列表示花的颜色(0-白、1-黄、2-红),花的颜色是随机的,并不影响花的分类。

```
# 导入鸢尾花数据集
iris = datasets. load_iris()
# 特征矩阵加工
# 使用 vstack 增加一行含缺失值的样本(0, 0, 0, 0)
# 使用 hstack 增加一列表示花的颜色(0 - 白、1 - 黄、2 - 红),花的颜色是随机的
iris. data = hstack((vstack((iris. data, array([0, 0, 0, 0]). reshape(1, - 1))), choice([0, 1, 2],
size = iris. data. shape[0] + 1). reshape( - 1, 1)))
# 目标值向量加工
# 增加一个目标值,对应含缺失值的样本,值为众数
iris. target = hstack((array(iris. target), [median(iris. target)]))
```

(3)使用 Matplotlib 库绘制鸢尾花数据集的散点图。

```
# IrisSetosa(山鸢尾)、Iris Versicolour(杂色鸢尾),以及 Iris Virginica(弗吉尼亚鸢尾)
IrisSetosa = iris. data[iris. target == 0]
IrisVersicolour = iris. data[iris. target == 1]
IrisVirginica = iris. data[iris. target == 2]
```

如图 3-10 所示,从左图(花萼长宽散点分布)可以看到数据聚集在一起不容易区分,这表明花萼长宽这两个特征的方差较小,不是好的特征;而右图(花瓣长宽散点分布)散点分布则较为分散,容易区分,这表明花瓣长宽这两个特征方差较大,是好的特征。

(4)使用方差过滤掉低方差特征。

```
print(" * " * 10, '特征选择 方差过滤', '*' * 10)
# 特征选择 方差过滤
```

```
from sklearn. feature_selection import VarianceThreshold    # 使用 feature_selection 库的
VarianceThreshold 类来选择特征

# X = [[0, 2, 0, 3], [0, 1, 4, 3], [0, 1, 1, 3]]
# print(np. array(X))
# print('各特征方差:', np. var(np. array(X), axis = 0))
# selector = VarianceThreshold(1)
# X = selector. fit_transform(X)
# print(X)


print(iris. feature_names)
print("鸢尾花数据集各特征方差:", np. var(iris. data, axis = 0))


# 方差选择法,返回值为特征选择后的数据
# 参数 threshold 为方差的阈值
# 方差选择法 先要计算各个特征的方差,然后根据阈值,选择方差大于阈值的特征
selector = VarianceThreshold(.6)
iris_data_filter = selector. fit_transform(iris. data)
# 获取所选特征的掩码
selector_mask = selector. get_support()
print(selector_mask)
```

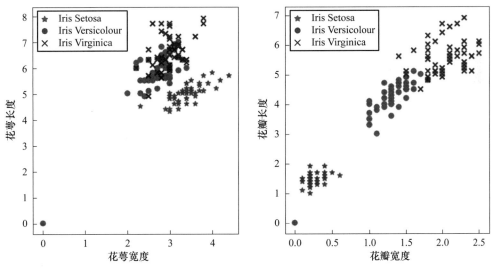

图 3-10    鸢尾花特征散点图

可以看到方差低于 0.6 的特征被过滤掉了,保留了花萼长度和花瓣宽度,把这两个特征绘制到二维散点图中,如图 3-11 所示,可以很方便区分 Iris Setosa 和其他两种类别 Iris Versicolour、Iris Virginica,但后两者存在些许交集。

下面利用多种方法对鸢尾花数据集进行特征选择,然后绘制过滤后的特征散点图,利用卡方检测进行特征选择。

```
# 选择 K 个最好的特征,返回选择特征后的数据
# 经典的卡方检验检验的是定性自变量对定性因变量的相关性。
# 第一个参数为用于计算评估特征是否好的函数,该函数输入特征矩阵和目标向量,输出二元组(评
分,P 值)的数组,数组第 i 项为第 i 个特征的评分和 P 值
# 使用 chi2(x^2)计算样本特征,选择最好的 2 个特征
# 参数 k 为选择的特征个数
selector = SelectKBest(chi2, k = 2)
iris_data_selectKBest = selector.fit_transform(iris.data, iris.target)
# 获取所选特征的掩码
selector_mask = selector.get_support()
print(iris.feature_names)
print(selector_mask)
```

其过滤后特征散点分布如图 3-12 所示。

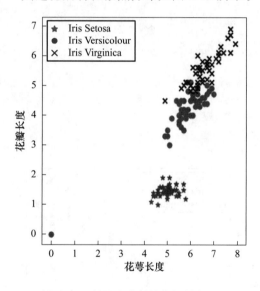

图 3-11　方差过滤后的特征散点图

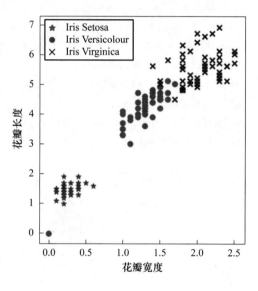

图 3-12　卡方检验特征选择

利用递归特征消除法进行特征选择。

```
# 递归特征消除法,返回特征选择后的数据
# 参数 estimator 为基模型
# 参数 n_features_to_select 为选择的特征个数
selector = RFE(estimator = LogisticRegression(), n_features_to_select = 2)
iris_data_rfe = selector.fit_transform(iris.data, iris.target)
# 获取所选特征的掩码
selector_mask = selector.get_support()
print(iris.feature_names)
print(selector_mask)
```

其过滤后特征散点分布如图 3-13 所示。

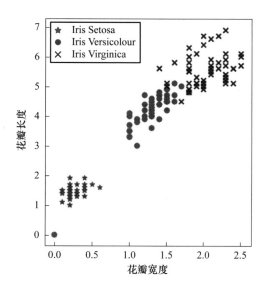

图 3-13　递归特征消除法特征选择

利用惩罚项特征选择法进行特征选择,其过滤后的特征散点分布与图 3-3、图 3-4 是一致的。

```
selector = SelectFromModel(LogisticRegression(penalty = "l2", C = 0.1))
iris_data_c = selector.fit_transform(iris.data, iris.target)
selector_mask = selector.get_support()
print(iris.feature_names)
print(selector_mask)
```

利用树模型特征选择法进行特征选择,其过滤后的特征散点分布与图 3-3、图 3-4 是一致的。

```
selector = SelectFromModel(GradientBoostingClassifier())
iris_data_GBDT = selector.fit_transform(iris.data, iris.target)
selector_mask = selector.get_support()
print(iris.feature_names)
print(selector_mask)
```

综合上述 5 种特征选择方法的实验结果来看,在鸢尾花数据集花萼长度、花萼宽度、花瓣长度、花瓣宽度,以及添加的花瓣颜色这 5 个特征中,对分类结果影响较大的特征即有效特征,为花瓣长度及花瓣宽度。为了验证,下面将对花瓣长度和宽度进行降维,然后用降维后的数据训练机器学习模型,看看使用这 2 个特征对鸢尾花进行分类的精度会不会有所提升。

利用主成分分析法(PAC)对鸢尾花数据集花瓣长度和宽度进行特征降维。

```
#  特征降维
#  主成分分析法(PCA)
from sklearn.decomposition import PCA
#主成分分析法,返回降维后的数据
```

```
#参数 n_components 为主成分数目
pca = PCA(n_components = 2)
iris_data_pca = pca.fit_transform(iris_data_GBDT)
plot_subfigure(iris_data_pca, iris.target, "PCA")
```

　　函数 plot_subfigure()是一个功能包装方法,实现了图像分类和分类结果的可视化。下面是该函数的实现细节。

```
from sklearn.svm import SVC
from sklearn.multiclass import OneVsRestClassifier
def plot_hyperplane(clf, min_x, max_x, linestyle, label):
    # get the separating hyperplane
    w = clf.coef_[0]
    a = -w[0] / w[1]
    xx = np.linspace(min_x - 5, max_x + 5)  # make sure the line is long enough
    yy = a * xx - (clf.intercept_[0]) / w[1]
    plt.plot(xx, yy, linestyle, label = label)


def plot_subfigure(X, Y, title):
    plt.figure(figsize = (6, 6))
    min_x = np.min(X[:, 0])
    max_x = np.max(X[:, 0])

    min_y = np.min(X[:, 1])
    max_y = np.max(X[:, 1])

    classif = OneVsRestClassifier(SVC(kernel = 'linear'))
    classif.fit(X, Y)

    plt.title(title)

    plt.scatter(X[:, 0], X[:, 1], s = 10, edgecolors = (0, 0, 0), c = 'gray')
    plt.scatter(X[Y == 0][:, 0], X[Y == 0][:, 1], color = 'green', marker = '*', linewidths = 2,
label = 'Iris Setosa')

    plt.scatter(X[Y == 1][:, 0], X[Y == 1][:, 1], color = 'red', linewidths = 2, label = 'Iris
Versicolour')

    plt.scatter(X[Y == 2][:, 0], X[Y == 2][:, 1], color = 'blue', marker = 'x', linewidths = 2,
label = 'Iris Virginica')

    plot_hyperplane(classif.estimators_[0], min_x, max_x, 'k--',
                    'Boundary\nfor Iris Setosa')
```

```
plot_hyperplane(classif.estimators_[1], min_x, max_x,'k--.',
                'Boundary\nfor Iris Versicolour')
plot_hyperplane(classif.estimators_[2], min_x, max_x,'k-.',
                'Boundary\nfor Iris Virginica')
plt.xticks(())
plt.yticks(())

plt.xlim(min_x - .5 * max_x, max_x + .5 * max_x)
plt.ylim(min_y - .5 * max_y, max_y + .5 * max_y)
plt.xlabel('First principal component')
plt.ylabel('Second principal component')
plt.legend(loc = "upper left")
```

将 PCA 降维后的特征绘制到二维散点图中,并将分类结果添加到散点图中,最后效果如图 3-14 所示。

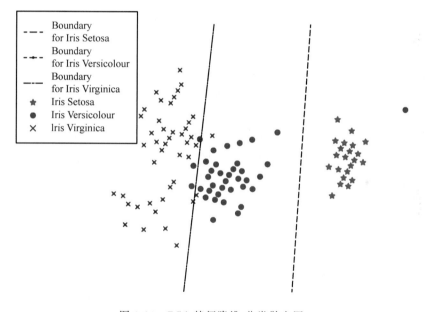

图 3-14　PCA 特征降维 分类散点图

如果将特征降维算法由 PCA 换成 LDA(线性判别分析法),实现过程如下:

```
# 特征降维
# 线性判别分析法(LDA)
# from sklearn.lda import LDA
from sklearn.discriminant_analysis import LinearDiscriminantAnalysis as LDA
# 线性判别分析法,返回降维后的数据
# 参数 n_components 为降维后的维数
lda = LDA(n_components = 2)
iris_data_lda = lda.fit_transform(iris.data, iris.target)
```

最终的分类效果如图 3-15 所示。

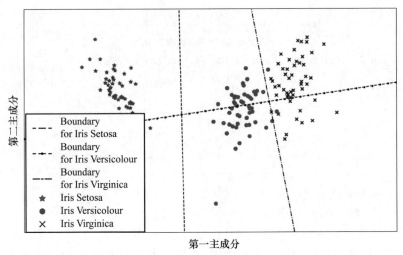

图 3-15　LDA 特征降维 分类散点图

# 本章小结

一般情况下,不会直接使用原始数据直接去进行训练,因为原始数据虽然特征明显,信息丰富,但噪声明显,即使训练后的效果对于训练集来说非常好,但对于测试集来说效果可能较差,从而产生过拟合的问题。

过拟合问题的解决,通常需要使用上述的降维(常用 PCA)或特征选择。对于特征选择,就是从众多个特征中选择部分特征作为训练集的特征,抛弃剩余部分的特征,从而实现维度的减少。降维与特征选择相比最主要的区别就是降维会发生特征数据值的变化,它是一个从高维到低维的映射。特征选择和降维都可解决过拟合问题。

# 习 题 3

**1. 概念题**

(1) 特征选择方法有哪些? 它们之间的区别是什么?

(2) 如何实现图像的降维表示?

(3) 常用的降维技术有哪些?

**2. 操作题**

编写程序实现以个人商业信贷数据降维,实验的个人商业信贷数据可从 https://github.com/WillKoehrsen/feature-selector/tree/master/data 下载,该数据集总数据量为 10 000 条数据样本,包含 122 列变量特征。

(1) 展示各维度特征之间的相关度;

(2) 剔除不重要的特征。

# 第4章 典型机器学习算法

本章主要介绍经典机器学习中的回归、分类和聚类问题，介绍常用的回归算法，如最小二乘法（Ordinary Least Square）、线性回归（Linear Regression）、逻辑回归（Logistic Regression），常用分类算法如支持向量机（Support Vector Machine，SVM）、最近邻居/$K$-近邻算法（$K$-Nearest Neighbors，KNN）、决策树算法（Decision Tree），常用聚类算法如 $K$-平均算法（$K$-Means）。通过本章的学习，读者能够深入了解机器的学习经典算法。

**本章学习目标：**

（1）理解分类的基本原理及常用经典算法；

（2）理解回归的基本原理及常用经典算法；

（3）理解聚类的基本原理及常用经典算法；

（4）熟练掌握 Scikit-learn、Statsmodels、Gensim、Keras 等工具包的使用；

（5）了解 Caffe、CNTK、TensorFlow 和 PyTorch 等当前流行的开源人工智能项目；

（6）熟悉图像数据处理的常用算法；

（7）实现手写字体图像与字体识别及应用。

## 4.1 回　归

### 4.1.1 回归简介

回归是统计学中的术语，表示变量之间的某种数量依存关系，并由此引出回归方程、回归系数。回归分析是一种预测性的建模技术，它研究的是因变量（目标）和自变量（预测器）之间的关系。这种技术通常用于预测分析、时间序列模型以及发现变量之间的因果关系。回归分析按照涉及的变量的多少，可分为一元回归分析和多元回归分析；按照因变量的多少，可分为简单回归分析和多重回归分析；按照自变量和因变量之间的关系类型，可分为线性回归分析和非线性回归分析。如果在回归分析中，只包含一个自变量和一个因变量，且二者的关系可用一条直线来近似表示，那么这种回归分析就称为一元线性回归分析。如果回归分析中包括两个或两个以上的自变量，且自变量之间存在线性相关，则称为多重线性回归分析。

目前,回归分析已在工程、物理学、生物学、金融、社会科学等各个领域都有应用,是数据科学家常用的基本工具。回归分析的典型应用场景如下。

(1) **房价预测**。房屋价格与单位房价、房屋面积等因素密切相关。根据已知的房屋成交价格和房屋面积进行线性回归,继而可以对已知房屋面积而未知房屋成交价格的实例进行成交价格的预测。

(2) **股票涨跌预测**。根据给出的当前时间前 100 天的股票历史交易数据,预测当天上证指数的涨跌情况。

(3) **交通事故预测**。构造交通事故与速度、路况、天气等因素之间的函数,以便为警方提供各种信息,降低交通事故率。

(4) **火灾预测**。构造火灾造成的财产损失与消防部门的介入程度、响应时间或财产价值等变量之间的函数。若发现响应时间为关键因素,则表示可能需要建造更多的消防站;若发现介入程度为关键因素,则表示可能需要增加设备和消防队员的数量。

(5) **微博流行度预测**。社交网络上不同微博之间内容热度的高低、用户影响力的大小、用户兴趣、网络结构等因素的不同会体现在微博发布后短期内的传播数量和传播趋势上,可根据这些早期传播特征来预测未来的流行度。

### 4.1.2　常用回归算法

机器学习里最常用的回归算法主要有线性回归、逻辑回归、多项式回归、逐步回归、岭回归、套索回归、弹性网络回归等 7 种。

**1. 线性回归**

线性回归(Linear Regression)是最为人熟知的建模技术,是人们学习如何预测模型时的首选之一。线性回归假定输入变量($\boldsymbol{X}$)和单个输出变量($\boldsymbol{Y}$)之间呈线性关系。它旨在找到预测值$\hat{y}$的线性方程:

$$\hat{y} = \boldsymbol{\omega}^{\mathrm{T}} \boldsymbol{X} + b$$

其中,$\boldsymbol{X} = (x_1, x_2, \cdots, x_n)$为 $n$ 个输入变量,$\boldsymbol{\omega} = (\omega_1, \omega_2, \cdots, \omega_n)$为线性系数,$b$ 是偏置项。目标是找到系数 $\boldsymbol{\omega}$ 的最佳估计,使得预测值$\hat{y}$的误差最小。使用最小二乘法估计线性系数 $\boldsymbol{\omega}$,即使预测值 $\hat{y}$ 与观测值 $y$ 之间的差的平方和最小。因此,这里尽量最小化损失函数:

$$\text{loss} = \sum_{i=1}^{p} y_i - \hat{y}_i$$

其中,需要对所有训练样本的误差求和。根据输入变量 $\boldsymbol{X}$ 的数量和类型,可划分出多种线性回归类型:简单线性回归(一个输入变量,一个输出变量),多元线性回归(多个输入变量,一个输出变量),多变量线性回归(多个输入变量,多个输出变量)。

**2. 逻辑回归**

逻辑回归(Logistic Regression)用来确定一个事件的概率。通常来说,事件可被表示为类别因变量,如 0/1、True/False、Yes/No。事件的概率用 Logit 函数(Sigmoid 函数)表示:

$$P(\hat{y} = 1 | \boldsymbol{X} = x) = \frac{1}{1 + \mathrm{e}^{-(\boldsymbol{\omega}^{\mathrm{T}} \boldsymbol{X} + b)}}$$

现在的目标是估计权重 $\boldsymbol{\omega} = (\omega_1, \omega_2, \cdots, \omega_n)$ 和偏置项 $b$。在逻辑回归中,使用最大似然估计量或随机梯度下降来估计系数。损失函数通常被定义为交叉熵项:

$$loss = \sum_{i=1}^{p} y_i \log(\hat{y}_i) + (1 - y_i) \log(\hat{y}_i)$$

**3. 多项式回归**

多项式回归(Polynomial Regression)是回归分析的一种形式,其中自变量 $x$ 和因变量 $y$ 之间的关系被建模为关于 $x$ 的 $n$ 次多项式。多项式回归拟合 $x$ 的值与 $y$ 的相应条件产生的均值之间的非线性关系,表示为 $E(y|x)$,并且已被用于描述非线性现象,例如,组织的生长速率、湖中碳同位素的分布以及沉积物和流行病的发展。虽然多项式回归是拟合数据的非线性模型,但用于统计估计问题时,它是线性的。在某种意义上,回归函数 $E(y|x)$ 在从数据估计到的未知参数中是线性的。因此,多项式回归被认为是多元线性回归的特例。通常,可以将 $y$ 的期望值建模为 $n$ 次多项式,得到一般多项式回归模型:

$$y = \beta_0 + \beta_1 x + \beta_2 x^2 + \beta_3 x^3 + \cdots + \beta_n x^n + \varepsilon$$

其中,$\varepsilon$ 是未观察到的随机误差,其以标量 $x$ 为条件,均值为零。在该模型中,$x$ 每增加一个单位,$y$ 的条件期望增加 $\beta_1$ 个单位。

**4. 逐步回归**

逐步回归(Stepwise Regression)适用于处理多个独立变量。在这种技术中,独立变量的选择是借助于自动过程来完成的,不涉及人工干预。基于特定标准,通过增加/删除协变量来逐步拟合回归模型。常见的逐步回归方法如下:

(1)标准的逐步回归做两件事,在每一步中增加或移除自变量;

(2)前向选择从模型中最重要的自变量开始,然后在每一步中增加变量;

(3)反向消除从模型的所有自变量开始,然后在每一步中移除最小显著变量。

**5. 岭回归**

岭回归(Ridge Regression)是一种用于存在多重共线性(自变量高度相关)数据的技术。在多重共线性中,即使最小二乘估计(OLS)是无偏差的,但方差很大,也使得观测值偏移并远离真实值。岭回归通过给回归估计中增加额外的偏差度,能够有效减少方差。岭回归通过收缩参数 $\lambda$ 解决多重共线性问题。公式如下:

$$\hat{\beta} = \arg\min_{\beta \in R^P} \|y - X\beta\|_2^2 + \lambda \|\beta\|_2^2$$

其中,第一项是最小二乘项,第二项是 $\beta^2$ 的 $\lambda$ 倍,$\beta$ 是相关系数。为了收缩参数,把它添加到最小二乘项中以便得到一个非常低的方差。

**6. 套索回归**

类似于岭回归,套索回归(Lasso Regression)的惩罚函数是使用系数的绝对值之和,而不是平方。它能够减少变异性并提高线性回归模型的准确性。公式如下:

$$\hat{\beta} = \arg\min_{\beta \in R^P} \|y - X\beta\|_2^2 + \lambda \|\beta\|_1$$

这导致惩罚项(或等价于约束估计的绝对值之和)会使得一些回归系数估计恰好为零。施加的惩罚越大,估计就越接近零。

**7. 弹性网络回归**

弹性网络回归(Elastic Net Regression)是岭回归和套索回归的混合技术,它同时使用 $L_1$ 和 $L_2$ 正则化。当有多个相关的特征时,弹性网络是有用的。套索回归很可能随机选择其中一个,而弹性回归很可能都会选择。公式如下:

$$\hat{\beta} = \arg \min_{\beta \in R^P} \| y - X\beta \|_2^2 + \lambda_1 \| \beta \|_1 + \lambda_2 \| \beta \|^2$$

套索回归和岭回归混合的优点是,它允许弹性网络回归继承循环状态下岭回归的一些稳定性。

在多种类型的回归模型中,基于自变量和因变量的类型、数据维数和数据的其他本质特征,选择最合适的技术是很重要的。上述常见的回归算法各自有着不同的优缺点和应用场景,具体如表 4-1 所示。

表 4-1　常见回归算法比较

| 算　法 | 优　点 | 缺　点 |
|---|---|---|
| 线性回归 | 建模快速简单,适用于建模关系简单且数据量不大的情况,有直观的理解和解释 | 对异常值非常敏感 |
| 逻辑回归 | 预测结果介于 0～1 的概率,适用于连续性和类别性自变量,容易使用和解释 | 特征空间很大时,逻辑回归的性能不是很好,容易欠拟合,准确度不太高,不能很好地处理大量多类特征或变量 |
| 多项式回归 | 能够模拟非线性可分的数据,完全控制要素变量的建模 | 需要一些数据的先验知识才能选择最佳指数,如果指数选择不当,那么容易过拟合 |
| 逐步回归 | 简单易行,保留影响最显著的重要变量,预测精确度较高,可修正多重共线性 | 变量过多时,预测精度降低,个别变量收集成本较高 |
| 岭回归 | 更符合实际、更可靠的回归方法,对病态数据的耐受性强 | 对系数估计时,会损失部分信息、降低精度。岭回归的 $R$ 平方值会稍低于普通的回归方法 |
| 套索回归 | $L_1$ 范数具有稀疏性,计算上更有效率,套索回归系数收缩到零,利于特征选择 | 自变量高度相关,套索回归只选择一个,容易造成信息损失 |
| 弹性网络回归 | 具有旋转稳定性,支持群体效应,自变量数目没有限制 | 容易产生高偏差 |

## 4.1.3　回归评价标准

在回归学习任务中,通常使用如下指标对回归模型进行评估。

**1. 均方误差**

均方误差(Mean Squared Error,MSE)是衡量观测值与真实值之间的偏差,计算公式如下:

$$\mathrm{MSE} = \frac{1}{N} \sum_{i=1}^{N} (y_i - \hat{y}_i)^2$$

其中,$N$ 为样本数,$y_i$ 为第 $i$ 个样本的真实值,$\hat{y}_i$ 为第 $i$ 个样本的预测值。MSE 值越小表示模型性能越好。

**2. 平均绝对误差**

平均绝对误差(Mean Absolute Error,MAE)是绝对误差的平均值,计算公式如下:

$$\mathrm{MAE} = \frac{1}{N} \sum_{i=1}^{N} | y_i - \hat{y}_i |$$

其中,$N$ 为样本数,$y_i$ 为第 $i$ 个样本的真实值,$\hat{y}_i$ 为第 $i$ 个样本的预测值。MAE 值越小表示模型性能越好。

**3. 均方根误差**

均方根误差(Root Mean Squared Error,RMSE)用于衡量一组数自身的离散程度,计算公式如下:

$$RMSE = \sqrt{\frac{1}{N}\sum_{i=1}^{N}(y_i - \hat{y}_i)^2}$$

其中,$N$ 为样本数,$y_i$ 为第 $i$ 个样本的真实值,$\hat{y}_i$ 为第 $i$ 个样本的预测值。MSE 和 RMSE 二者是呈正相关的,MSE 值大,RMSE 值也大。RMSE 值越小表示模型性能越好。

**4. $R^2$**

$R^2$ 用于度量因变量的变异中可由自变量解释的部分所占的比例。$R^2$ 的公式为

$$R^2 = 1 - \frac{\sum\limits_{i=1}^{N}(y_i - \hat{y}_i)^2}{\sum\limits_{i=1}^{N}(y_i - \bar{y})^2}$$

其一般取值范围是 0~1。$R^2$ 越接近于 1,表明回归平方和占总平方和的比例越大,回归线与各观测点越接近,用 $x$ 的变化来解释 $y$ 值变差的部分就越多,回归的拟合程度就越好。

在上述回归算法的评价指标中,MSE 和 MAE 适用于误差相对明显时,即大的误差也有比较高的权重时,而 RMSE 则是针对误差不明显的时候。$R^2$ 的综合评价效果更好。

### 4.1.4　房屋价格回归分析

本节使用 Scikit-learn 中的回归函数来预测美国波士顿的房价。这里,假设房价的主要影响因素是房屋的面积、房间数量、人口状况、房产税率、房屋年龄等,那么构造的房价预测函数就应该是

$$h(x) = \theta_0 + \theta_1 x_1 + \theta_2 x_2 + \cdots + \theta_n x_n$$

其中,$x_1,x_2\cdots,x_n$ 是训练数据中的房屋面积、房屋数量、……、房屋年龄。回归模型求出 $\theta_0,\theta_1,\theta_2,\cdots,\theta_n$ 后,可对该地区的某一房屋价格进行预测。主要实现步骤如下。

**1. 加载住房数据集**

调用 Scikit-learn 中的函数 load_boston()加载波士顿的住房数据集。实现代码如下:

```
from sklearn.datasets import load_boston
data = load_boston()
```

**2. 设置训练集和测试集**

调用 Scikit-learn 中的函数 train_test_split()拆分波士顿的住房数据集,设置训练集和测试集。实现代码如下:

```
from sklearn.model_selection import train_test_split
X_train, X_test, y_train, y_test = train_test_split(data.data, data.target)
```

**3. 训练房价预测器**

分别调用 Scikit-learn 中的函数 LinearRegression()、函数 GradientBoostingRegressor()来预测波士顿的住房价格。实现代码如下:

```
# 调用 LinearRegression()预测房价
from sklearn.linear_model import LinearRegression
clf = LinearRegression()
clf.fit(X_train, y_train)
predicted = clf.predict(X_test)


# 调用 GradientBoostingRegressor()预测房价
from sklearn.ensemble import GradientBoostingRegressor
clf = GradientBoostingRegressor()
clf.fit(X_train, y_train)
predicted = clf.predict(X_test)
```

## 4.2 聚 类

### 4.2.1 聚类简介

聚类是把相似的对象通过静态分类的方法分成不同的组别或者更多的子集,使得在同一个子集中的成员对象具有相似的属性。聚类分析(Cluster Analysis)是一种无监督学习的方法,通过相似度计算将数据类别或者信息更相似的对象聚类到同一模式或空间下。聚类分析在机器学习、数据挖掘、模式识别、图像分析以及生物信息等领域受到广泛应用。

聚类分析是针对目标群体进行多指标的群体划分。典型应用场景如下:

(1) 信息检索。在搜索引擎中,很多网民的查询意图比较类似,对这些查询进行聚类,可以使用类内部的词进行关键词推荐。

(2) 图片分割。将图像空间中的像素用对应的特征空间点表示,根据它们在特征空间的聚集对特征空间进行分割,然后将它们映射回原图像空间,得到像素(颜色)相似的分割结果。

(3) 电商用户聚类。根据用户的点击/加购/购买商品等行为序列,聚类用户属性、购买偏好、购买行为等画像,为用户提供精准的商品推荐。

(4) 保险投保者分组。通过一个高的平均消费来鉴定汽车保险单持有者的分组,同时根据住宅类型、价值、地理位置来鉴定一个城市的房产分组。

(5) 生物种群结构认知。对动植物分类和对基因进行聚类,获取对种群固有结构的认识。

### 4.2.2 典型的聚类方法

聚类方法有很多种,本节介绍基于划分的聚类方法、基于层次的聚类方法、基于密度的聚类方法、基于网络的聚类方法、基于模型的聚类方法和基于模糊的聚类方法这 6 种。

**1. 基于划分的聚类方法**

基于划分的聚类方法使得类内的点足够近,类间的点足够远。具体流程是:①给定 $N$ 个元组或者记录的数据集,随机地选择 $K$ 个对象,每个对象初始地代表了一个簇的中心;②对剩余的每个对象,根据其与各簇中心的距离,将其赋给最近的簇;③重新计算每个簇的平均值,更新簇中心;④不断重复步骤②③,直到目标函数收敛。这类方法大部分是基于距离的,采用启发式策略,渐近地提高聚类质量,逼近局部最优解。经典的算法有 $K$-Means 算法、$K$-Medoids 算法、CLARANS 算法等。

**2. 基于层次的聚类方法**

基于层次的聚类方法可分为合并的层次聚类和分裂的层次聚类。前者是一种自底向上的层次聚类算法,从最底层开始,每一次通过合并最相似的聚类来形成上一层次中的聚类,当全部数据点都合并到一个聚类时停止,或者达到某个终止条件时结束,大部分层次聚类都是采用这种方法处理的。后者是采用自顶向下的方法,从一个包含全部数据点的聚类开始,把根节点分裂为一些子聚类,每个子聚类再递归地继续往下分裂,直到出现只包含一个数据点的单节点聚类,即每个聚类中仅包含一个数据点。层次聚类方法是基于距离或密度或连通性的一类技术。代表算法有 BIRCH 算法、CURE 算法、Chameleon 算法、DBSCAN 算法等。

**3. 基于密度的聚类方法**

基于密度的聚类方法是当邻近区域的密度超过某个阈值时,则继续聚类。这类方法克服了基于距离的算法只能发现"类圆形"聚类的缺点。具体流程是:①从任一对象点 $Q$ 开始;②寻找并合并核心 $Q$ 对象直接密度可达阈值的对象;③如果 $Q$ 是一个核心点,那么找到了一个聚类;如果 $Q$ 是一个边界点,那么寻找下一个对象点;④不断重复步骤②③,直到所有点都被处理。这类方法的指导思想是:只要一个区域中点的密度超过某个阈值,就把它加到与之相近的聚类中去。代表算法有 DBSCAN 算法、OPTICS 算法、DEN-CLUE 算法等。

**4. 基于网格的聚类方法**

基于网格的聚类方法是首先将数据空间划分为网格单元,将数据对象集映射到网格单元中,并计算每个单元的密度。根据预设的阈值判断每个网格单元是否为高密度单元,由邻近的稠密单元组形成同一类。具体流程是:①划分网格;②使用网格单元内数据的统计信息对数据进行压缩表达;③基于这些统计信息判断高密度网格单元;④最后将相连的高密度网格单元识别为簇。这类方法通常与目标数据库中记录的个数无关的,只与把数据空间分为多少个单元有关。代表算法有 STING 算法、CLIQUE 算法、Wave-Cluster 算法等。

**5. 基于模型的聚类方法**

基于模型的聚类方法是给每一个聚类假定一个模型,然后去寻找能够很好地满足这个模型的数据集。这样一个模型可能是数据点在空间中的密度分布函数或者其他。具体流程是:①网络初始化,对输出层的每个节点权重赋初值;②在输入样本中随机选取输入向量,找到与输入向量距离最小的权重向量;③定义获胜单元,在获胜单元的邻近区域调整权重使其向输入向量靠拢;④提供新样本,进行训练;⑤收缩邻域半径,减小学习率,重复,直到小于允许值时,输出聚类结果。这类方法的一个潜在的假定是目标数据集是由一系列的概率分布所决定的。代表算法有 GMM 算法、SOM 算法等。

**6. 基于模糊的聚类方法**

基于模糊的聚类方法按照模糊集合中的最大隶属原则就能够确定每个样本点归为哪个类。具体流程是:①标准化数据矩阵;②建立模糊相似矩阵,初始化隶属矩阵;③算法开始迭代,直到目标函数收敛到极小值;④根据迭代结果,由最后的隶属矩阵确定数据所属的类,显示最后的聚类结果。该类方法是传统硬聚类方法的一种改进。比较典型的方法有基于目标函数的模糊聚类方法、基于相似性关系和模糊关系的聚类方法、基于模糊等价关系的传递闭包聚类方法、基于模糊图论的最小支撑树聚类方法、基于数据集的凸分解聚类方法、基于动态规划的聚类方法和基于难以辨别关系的聚类方法等。

上述常见的聚类算法各自有着不同的优缺点和应用场景，具体如表 4-2 所示。

表 4-2　常见聚类算法比较

| 算　法 | 优　点 | 缺　点 |
|---|---|---|
| 基于划分的聚类方法 | 对于大型数据集也可以做到简单高效，时间复杂度和空间复杂度低 | 数据集大时容易局部最优，须预先设定 $K$ 值，对最先的 $K$ 个点选取很敏感，对噪声和离群值非常敏感；只能用于数值类型数据，不能用于非凸数据 |
| 基于层次的聚类方法 | 可解释性好，可用于非球形聚类 | 时间复杂度高 |
| 基于密度的聚类方法 | 对噪声不敏感，能发现任意形状的聚类 | 聚类的结果与参数有很大的关系；数据的稀疏程度不同时，相同判定标准可能产生不同聚类结果 |
| 基于网络的聚类方法 | 聚类只依赖数据空间中每维上单元的个数，计算效率高 | 参数敏感，无法处理不规则分布的数据、维数灾难等 |
| 基于模型的聚类方法 | 对类的划分以概率形式表现，每一类的特征也可以用参数来表达 | 执行效率不高，特别是在分布数量很多并且数据量很少的时候 |
| 基于模糊的聚类方法 | 服从正态分布的数据聚类效果好，对孤立点是敏感的 | 算法的性能太依赖初始聚类中心 |

### 4.2.3　聚类评价标准

聚类的评价方式大致可分成两类：一类是外部聚类效果，另一类是内部聚类效果。外部聚类分析是指对聚类后的结果进行类别号的分析；内部聚类分析是聚类后通过一些模型生成这个聚类的参数的数学评价指标。

**1. 外部评价标准**

外部评价标准是给定一个基准，根据这个基准对聚类结果进行评价。代表性的评价指标有纯度、兰德指数、标准互信息等。

（1）纯度

纯度（Purity）是衡量正确聚类的文档数占总文档的比例。计算公式如下：

$$\text{Purity}(\Omega,C) = \frac{1}{N} \sum_k \max_j | w_k \bigcap c_j |$$

其中，$N$ 表示总的样本格式，$\Omega=\{w_1,w_2,\cdots,w_K\}$ 表示聚类簇（Cluster）划分，$C=\{c_1,c_2,\cdots,c_J\}$ 表示真实类别（Class）划分。

上述过程即给每个聚类簇分配一个类别，且这个类别的样本在该簇中出现的次数最多，然后计算所有（$K$ 个）聚类簇的这个次数之和再归一化，即为最终值。Purity 越接近 1 表示聚类结果越好。

（2）兰德指数

兰德指数（Rand Index）是指给定实际类别信息 $C$，假设 $K$ 是聚类结果，$a$ 表示在 $C$ 与 $K$ 中都是同类别的元素对数，$b$ 表示在 $C$ 与 $K$ 中都是不同类别的元素对数，则兰德指数为

$$\mathrm{RI} = \frac{a+b}{C_2^{n_{\text{samples}}}}$$

其中，$C_2^{n_{\text{samples}}}$ 表示在数据集中可以组成的对数，RI 的取值为 $[0,1]$，值越大意味着聚类结果与真实情况越吻合。RI 越大表示聚类效果准确性越高，同时每个类内的纯度越高。

（3）标准互信息

互信息（Mutual Information）用于衡量两个数据分布的吻合程度。假设 $U$ 与 $V$ 是对 $N$ 个样本标签的分配情况，则两种分布的熵（熵表示的是不确定程度）分别为

$$H(U) = \sum_{i=1}^{|U|} P(i) \log(P(i)), H(V) = \sum_{j=1}^{|V|} P'(j) \log(P'(j))$$

其中，$P(i) = \dfrac{|U_i|}{N}, P'(j) = \dfrac{|V_j|}{N}$。$U$ 与 $V$ 之间的互信息（MI）定义为

$$\mathrm{MI}(U,V) = \sum_{i=1}^{|U|} \sum_{j=1}^{|V|} P(i,j) \log\left(\frac{P(i,j)}{P(i)\,P'(j)}\right)$$

其中，$P(i,j) = \dfrac{|U_i \bigcap V_j|}{N}$。标准化后的互信息（Normalized Mutual Information）为

$$\mathrm{NMI}(U,V) = \frac{\mathrm{MI}(U,V)}{\sqrt{H(U)H(V)}}$$

利用基于互信息的方法来衡量聚类效果需要实际类别信息，MI 与 NMI 的取值为 $[0,1]$，它们的值越大意味着聚类结果与真实况越吻合。

**2. 内部评价标准**

聚类簇的内部衡量指标包括紧凑度和分离度。

（1）紧凑度

紧凑度（Compactness）用于衡量一个簇样本点之间是否足够紧凑。CP 计算每一个类各点到聚类中心的平均距离，公式如下：

$$\overline{\mathrm{CP}}_i = \frac{1}{\Omega_i} \sum_{x_i \in \Omega_i} \| x_i - w_i \|, \quad \overline{\mathrm{CP}} = \frac{1}{K} \sum_{k=1}^{K} \overline{\mathrm{CP}}_k$$

其中，CP 越低意味着类内聚类距离越近。

（2）分离度

分离度（Separation）用于衡量该样本到其他簇的距离是否足够远。SP 计算各聚类中心两两之间平均距离，公式如下：

$$\overline{\mathrm{SP}} = \frac{2}{k^2 - k} \sum_{i=1}^{k} \sum_{j=i+1}^{k} \| w_i - w_j \|_2$$

其中，SP 越高表示类间聚类距离越远。

## 4.2.4　用户社区聚类分析

在各种基于图的网络中，节点之间存在一些潜在的社区结构（Community Structure）。社区结构由一组相似的顶点互相连接而成，同一社区内部之间连接稠密，不同社区之间连接较为稀疏，如将社交网络中喜好汽车的用户划分为一个社区，将不同球队的球员划分为一个社区等。社区挖掘（Community Detection）是一个有应用价值的过程，可用于推荐系统、关键人物识别、虚假信息检测、金融反欺诈预测等。本小节以美国大学橄榄球联盟的比赛数据集

football 为例,使用 GN 算法将该网络划分为 12 个社区,并可视化。具体代码如下:

```
# 加载数据集
filepath = r'./data/football.gml'

# 获取社区划分
G = nx.read_gml(filepath)
G_copy = copy.deepcopy(G)
gn_com = GN.partition(G_copy)
print(gn_com)

# 构造可视化所需要的图
G_graph = nx.Graph()
for each in com:
    G_graph.update(nx.subgraph(G, each))
color = [com_dict[node] for node in G_graph.nodes()]

# 可视化
pos = nx.spring_layout(G_graph, seed = 4, k = 0.33)
nx.draw(G, pos, with_labels = False, node_size = 1, width = 0.1, alpha = 0.2)
nx.draw(G_graph, pos, with_labels = True, node_color = color, node_size = 70, width = 0.5, font_size = 5, font_color = '#000000')
plt.show()
```

# 4.3 支持向量机

## 4.3.1 支持向量机简介

支持向量机(Support Vector Machines,SVM)是一种对数据进行二元分类的监督学习算法,通常 SVM 用于二元分类问题,对于多元分类,通常将其分解为多个二元分类问题再进行分类。其应用场景有字符识别、面部识别、行人检测、文本分类等。

如图 4-1 所示的典型二分类问题,D 比 B、C 的分割效果要好。SVM 的目标就是找到这样的一个超平面,使得不同类别的数据能够落在超平面的两侧。

SVM 的学习策略是间隔最大化,其可转化为求解凸二次规划问题的最优算法,即通过正确划分训练数据集,找到几何间距最大的分离超平面。如图 4-1 中 D 所示,正负样本分得越开越好,代表正负样本之间的几何间隔越大越好。这是因为距离超平面越近的样本,分类的置信度越低。SVM 的优化目标正是最大化最接近超平面的点到超平面的距离。

实践中由于数据的复杂性,针对数据的线性可分性,SVM 算法演化出的处理方法主要有三类,分别为基于数据线性可分的线性分类器、基于数据线性不可分的线性分类器、基于数据线性不可分的非线性分类器。下面两小节就线性可分涉及的硬间隔、线性不可分涉及的软间隔、非线性分类器涉及的核函数进行介绍。

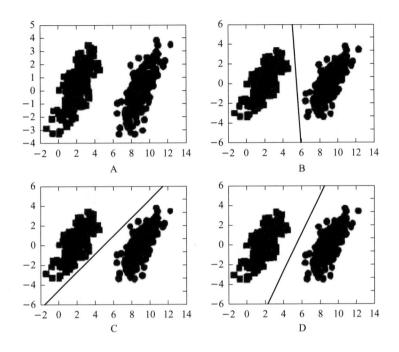

图 4-1　A 给出了一个线性可分数据集，B、C、D 各自给出了一条可以将两类数据分开的直线

### 4.3.2　线性支持向量机

根据数据集复杂程度和可分性，线性支持向量机可分为线性可分支持向量机和线性不可分支持向量机两种。在数据集分隔中，间隔是一个重要的概念，间隔是指训练集中样本点到超平面的最短距离。

**1. 线性可分支持向量机与硬隔离**

SVM 是二分类模型，在训练数据集线性可分时，线性可分 SVM 可以把它们分隔成不同的类别。

线性可分 SVM 利用硬间隔（间隔最大化），从将数据分为两类的分离超平面的无数个解中，找到唯一的最优解分离超平面。硬间隔可以通过定义间隔、量化函数间隔和几何间隔、求解最大化间隔的方式实现。

（1）函数间隔

假设训练数据集 $T(x_i, y_j)$ 线性可分，$x_i \in \mathbb{R}^n$，$i, j = 1, 2, 3, \cdots, N$，$x_i$ 表示第 $i$ 个特征向量，$y_i$ 为类标记，$y_i \in \{-1, +1\}$。二维的分类超平面设为 $f(x) = \boldsymbol{\omega}^{\mathrm{T}} x + b = 0$。把样本 $x$ 代入 $f(x)$ 中，如果得到的结果小于 0，那么将该样本标记为 $-1$ 的类别标签 $y_i$；大于 0 则标记为 $+1$ 的类别标签 $y_i$。

在上述基础上，定义超平面关于样本点 $(x_i, y_i)$ 的函数间隔为

$$\gamma_i' = |\boldsymbol{\omega}^{\mathrm{T}} x_i + b| = y_i(\boldsymbol{\omega}^{\mathrm{T}} x_i + b)$$

其中，$\gamma_i'$ 表示一个样本点 $x_i$ 到这个超平面的函数间隔，乘以 $y_i$ 使得 $\gamma_i'$ 保持非负性，即满足条件：

$$\begin{cases} \boldsymbol{\omega}^{\mathrm{T}}\boldsymbol{x}+\boldsymbol{b} \geqslant 1 & y_i=1 \\ \boldsymbol{\omega}^{\mathrm{T}}\boldsymbol{x}+\boldsymbol{b} \leqslant -1 & y_i=-1 \end{cases}$$

（2）几何间隔

对任意不在分类超平面上的点 $\boldsymbol{x}_i$，可以通过它到分类超平面的垂直投影 $\boldsymbol{x}_0$，计算出它到分类超平面上的几何间隔：

$$\gamma' = \frac{|\boldsymbol{\omega}^{\mathrm{T}}\boldsymbol{x}_i+\boldsymbol{b}|}{\|\boldsymbol{\omega}\|} = \frac{y_i(\boldsymbol{\omega}^{\mathrm{T}}\boldsymbol{x}_i+\boldsymbol{b})}{\|\boldsymbol{\omega}\|}$$

其中，$\|\boldsymbol{\omega}\|$ 是向量 $\boldsymbol{\omega}$ 的范数，可得到函数间隔和几何间隔的数值关系，即在样本集线性可分的情况下，对于某一个成功分类的超平面来说，每个样本点到这个超平面的几何间隔就是函数间隔除以向量 $\boldsymbol{\omega}$ 的范数。如图 4-2 所示。

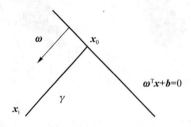

图 4-2　几何间隔

（3）最大分类间隔

在函数间隔中，函数间隔会随 $\boldsymbol{\omega}$ 的变化而改变，函数间隔的取值并不影响最优化问题的解。设 $y_i(\boldsymbol{\omega}^{\mathrm{T}}\boldsymbol{x}_i+\boldsymbol{b})=1$，把优化问题转化为 $\max(\gamma')=\dfrac{2}{\|\boldsymbol{\omega}\|}$。约束满足条件是每个样本点满足 $y_i(\boldsymbol{\omega}_i^{\mathrm{T}}\boldsymbol{x}_{i+}+\boldsymbol{b}) \geqslant 1$，$i=1,2,\cdots,n$。通过条件相减可得到 $\boldsymbol{\omega}^{\mathrm{T}}(\boldsymbol{x}_{i+}-\boldsymbol{x}_{i-})=2$，进而得到 $\boldsymbol{x}_{i+}-\boldsymbol{x}_{i-}=\dfrac{1}{\|\boldsymbol{\omega}\|}+\dfrac{1}{\|\boldsymbol{\omega}\|}=\dfrac{2}{\|\boldsymbol{\omega}\|}$，即等价于最大化 $\dfrac{1}{\|\boldsymbol{\omega}\|}$。同样，这个问题可以转化为一个等价的凸二次规划问题，即满足约束 $y_i(\boldsymbol{\omega}_i^{\mathrm{T}}\boldsymbol{x}_{i+}+\boldsymbol{b}) \geqslant 1$，实现目标函数 $\min\limits_{\boldsymbol{\omega},\boldsymbol{b}}\dfrac{1}{2}\|\boldsymbol{\omega}\|^2$。通过对其使用拉格朗日乘子法 $L(\boldsymbol{\omega},\boldsymbol{b},\boldsymbol{a})=\dfrac{1}{2}\|\boldsymbol{\omega}\|^2-\sum\limits_{i}^{N}a_iy_i(\boldsymbol{\omega}\cdot\boldsymbol{x}_i+\boldsymbol{b})+\sum\limits_{i}^{N}a_i$，求解它的对偶问题 $\max\limits_{\boldsymbol{a}}\min\limits_{\boldsymbol{\omega},\boldsymbol{b}}L(\boldsymbol{\omega},\boldsymbol{b},\boldsymbol{a})$，可以得到一个最大分类几何间隔的分类超平面（如图 4-3 中中间的线所示），另外两条线到中间线的距离都等于 $1/\|\boldsymbol{\omega}\|$，而灰色的样本就是支持向量 Support Vector。

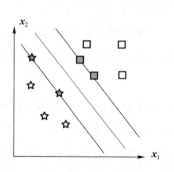

图 4-3　SVM 分类示意

通过最大分类几何间隔,该分类器对样本分类时有了最大的置信度,即对置信度最小的样本有了最大的置信度向量 $\boldsymbol{\omega}$。

**2. 线性不可分支持向量机与软隔离**

线性不可分 SVM 主要处理数据集比较复杂,无法进行线性分隔的情况。在此情况下,数据集中一些样本点,不满足上述最大化隔离的条件,上述线性可分 SVM 无法很好地在特征空间完成数据集分隔任务,因此提出软隔离的方法。软隔离的目的是在最大边际与被分错的样本数量之间找到最佳平衡,即让训练决策边界可以容忍一点训练误差。实现思想是通过在上述最大化隔离目标函数中引进松弛变量 loss,允许一些样本不满足上述约束条件 $y_i(\boldsymbol{\omega}^{\mathrm{T}}\boldsymbol{x}_i+\boldsymbol{b})\geqslant 1$,即目标函数变为

$$\min_{\boldsymbol{\omega},b} \frac{1}{2}\|\boldsymbol{\omega}\|^2 + \delta\sum_{i=1}^{n}\xi_i$$

需要满足约束条件 $y_i(\boldsymbol{\omega}^{\mathrm{T}}\boldsymbol{x}_i+\boldsymbol{b})\geqslant 1-\xi_i,\xi_i\geqslant 0,i=1,2,\cdots,n$。

其中,$\delta$ 是惩罚因子,表示松弛变量的权重系数,$\delta$ 越大表示模型分错的样本数越少,模型的准确率越高。

同样,引入拉格朗日函数和对偶函数,将其转换为求解极大极小优化问题 $\max\limits_{a,u}\min\limits_{\boldsymbol{\omega},\boldsymbol{b},\xi} L(\boldsymbol{\omega},\boldsymbol{b},\xi,a,u)$。

**3. 线性支持向量机的学习算法**

(1)输入数据

假设训练数据集 $T(\boldsymbol{x}_i,\boldsymbol{y}_i)$ 线性可分,$\boldsymbol{x}_i\in\mathbb{R}^n$,$i,j=1,2,3,\cdots,N$,$\boldsymbol{x}_i$ 表示第 $i$ 个特征向量,$y_i$ 为类标记,$y_i\in\{-1,+1\}$。

(2)求解问题

$$\min_{a} \frac{1}{2}\sum_{i=1}^{N}\sum_{j=1}^{N}a_i a_j y_i \boldsymbol{y}_j(\boldsymbol{x}_i\boldsymbol{x}_j) - \sum_{i=1}^{N}a_i, \quad \sum_{i=1}^{N}a_i y_i=0, 0\leqslant a_i\leqslant\delta, i=1,2,\cdots,N$$

获得最优解:$\boldsymbol{a}^*=(a_1^*,a_2^*,\cdots,a_n^*)^{\mathrm{T}}$。

(3)求 $\boldsymbol{\omega}^*$ 和 $\boldsymbol{b}^*$

$$\boldsymbol{\omega}^* = \sum_{i=1}^{N}a_i^* y_i\boldsymbol{x}_i$$

在满足 $a\geqslant 0$,且至少有 $a_j>0$ 时,有

$$\boldsymbol{b}^* = y_i - \sum_{i=1}^{N}a_i^* y_i(\boldsymbol{x}\times\boldsymbol{x}_i)$$

(4)求解分离超平面和分类决策函数

$$\sum_{i=1}^{N}a_i^* y_i(\boldsymbol{x}\times\boldsymbol{x}_i) + \boldsymbol{b}^* = 0$$

$$f(x) = \mathrm{sign}(\sum_{i=1}^{N}a_i^* y_i(\boldsymbol{x}\times\boldsymbol{x}_i) + \boldsymbol{b}^*)$$

注意:目标函数和分类决策函数在对偶问题中只是实例之间的内积。

## 4.3.3 核函数

对于上述线性可分数据可以使用软间隔 SVM 或硬间隔 SVM 来划分,对于复杂的线性可

分和线性不可分数据,可通过将特征向量映射到更高维的空间中,使得原本的线性不可分数据在高维空间中变得线性可分。为了实现低维输入空间中输入特征到高维特征空间的映射,需要使用核函数。核函数是低维空间中一个函数,它等于非线性变换 $\varphi(x)$ 在高维空间中内积。非线性变换 $\varphi(x)$ 表示从输入空间到高维特征空间的映射,即核函数 $K(x,x')=<\varphi(x)\cdot\varphi(x')>$。那么,核函数可定义为:设 $X$ 为输入空间,$H$ 为特征空间(特征空间是完备内积空间或希尔伯特空间),如果存在一个映射 $X\times X$,使得对所有 $x_i(x_i\in X)$,函数 $k(x_i,x_j)$ 满足条件 $K(x,x')=<\varphi(x)\cdot\varphi(x')>$,即 $K(x,x')$ 函数为输入空间中任意两个向量映射到特征空间后的内积,那么,称 $K(x,x')$ 为核函数,$\varphi(x)$ 为映射函数。

如图 4-4 所示,A 是一堆线性不可分数据,B 通过 SVM 核函数将特征向量拓展到高维空间中使得数据可分。平面就是 SVM 要找的分割平面。C 是 B 的鸟瞰图。

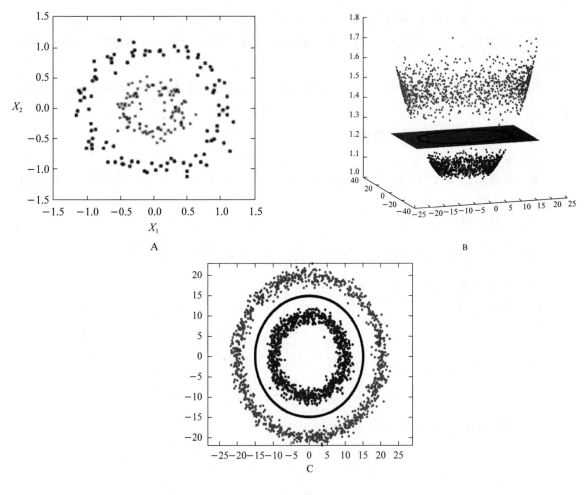

图 4-4　高维拓展

用核函数解决非线性可分数据的核心思想是,将原始数据样本通过核函数映射到更高的维度空间中,直到样本在高维度空间中是线性可分的。然后再使用常见的线性分类器分割样本数据。由于拓展到了高维空间,引入核函数就是为了降低向量内积的计算量。

常见的核函数如表 4-3 所示。

表 4-3　常见 SVM 核函数

| 函数名称 | 函数公式 | 参　数 |
|---|---|---|
| 线性核函数 | $\varphi(\boldsymbol{x}_i,\boldsymbol{x}_j)=\boldsymbol{x}_i^T\boldsymbol{x}_j$ | — |
| 多项式核函数 | $\varphi(\boldsymbol{x}_i,\boldsymbol{x}_j)=(\boldsymbol{x}_i^T\boldsymbol{x}_j)^t$ | $t$ 为多项式次数 |
| 高斯核函数（RBF 核） | $\varphi(\boldsymbol{x}_i,\boldsymbol{x}_j)=\exp\left(-\dfrac{\lVert \boldsymbol{x}_i-\boldsymbol{x}_j\rVert^2}{2\,\delta^2}\right)$ | $\delta$ 是高斯滤波器宽度（决定着平滑程度），值越大,高斯滤波器的频带就越宽,平滑程度就越好 |
| 拉普拉斯核函数 | $\varphi(\boldsymbol{x}_i,\boldsymbol{x}_j)=\exp\left(-\dfrac{\lVert \boldsymbol{x}_i-\boldsymbol{x}_j\rVert}{\delta}\right)$ | $\delta>0$ |
| Sigmoid 核函数 | $\varphi(\boldsymbol{x}_i,\boldsymbol{x}_j)=\tanh(\gamma\boldsymbol{x}_i^T\boldsymbol{x}_j+\sigma)$ | $\tanh$ 为双曲正切函数,$\sigma>0,\gamma>0$ |

如表 4-3 所示,高斯核函数所对应的分类决策函数为

$$f(x)=\text{sign}\left(\sum_{i=1}^N a_i^*\,y_i\exp\left(-\frac{\lVert \boldsymbol{x}_i-\boldsymbol{x}_j\rVert^2}{2\,\delta^2}\right)+\boldsymbol{b}^*\right)$$

多项式核函数用法示例代码如下:

```
#导入多项式函数包
from sklearn.svm import SVC
from sklearn.pipeline import Pipeline
import matplotlib.pyplot as plt
from sklearn import datasets
from sklearn.preprocessing import StandardScaler
import numpy as np
from matplotlib.colors import ListedColormap
#构建非线性数据
X, y = datasets.make_moons(noise = 0.1)
def plot_dec_boundary(model, axis):
    #meshgrid函数
    X0, X1 = np.meshgrid(

        np.linspace(axis[0], axis[1], int((axis[1] - axis[0]) * 100)).reshape(-1, 1),
        np.linspace(axis[2], axis[3], int((axis[3] - axis[2]) * 100)).reshape(-1, 1),
    )
    # ravel()方法,生成矩阵
    X_matrix = np.c_[X0.ravel(), X1.ravel()]


    #预测平面上点的分类
    y_predict = model.predict(X_matrix)
    y_pre_matrix = y_predict.reshape(X0.shape)
    #设置颜色
    cmap_light = ListedColormap(['#FFAAAA','#AAFFAA','#AAAAFF'])
    # cmap_bold = ListedColormap(['#FF0000','#00FF00','#0000FF'])
```

```
        ＃绘制填充颜色
        plt.contourf(X0, X1, y_pre_matrix, linewidth = 5, cmap = cmap_light)
def PolyKernelSVM(degree, C = 1)：
        return Pipeline([
            ("std_scaler", StandardScaler()),
            ("kernelSVC", SVC(kernel = "poly", degree = degree, C = C))
        ])


poly_svc = PolyKernelSVM(degree = 3)
poly_svc.fit(X, y)


plot_dec_boundary(poly_svc, axis = [-2.0, 2.5, -1.0, 2.0])
plt.scatter(X[y == 0, 0], X[y == 0, 1])
plt.scatter(X[y == 1, 0], X[y == 1, 1])
plt.show()
```

运行结果如图 4-5 所示。

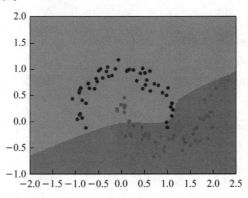

图 4-5　多项式核函数分类结果

高斯核函数用法示例代码如下：

```
def gaussian(x, l)：
gamma = 1.0
＃ x-l 表示一个数
return np.exp(-gamma * (x - l) ** 2)
＃将每一个 x 值通过高斯核函数和 z,y 转换为 2 个值,生成新的样本数据
z, y = -1, 1
X_new = np.empty((len(x), 2))
for i, data in enumerate(x)：
X_new[i, 0] = gaussian(data, z)
X_new[i, 1] = gaussian(data, y)


＃绘制新的样本点
plt.scatter(X_new[y == 0, 0], X_new[y == 0, 1])
plt.scatter(X_new[y == 1, 0], X_new[y == 1, 1])
plt.show()
```

### 4.3.4 手写数字字体识别

手写数字识别因其有限的类别(0~9 共 10 个数字)成为相对简单的常见的图像识别任务。计算机通过手写体图片来识别出图片中的字,与印刷字体不同的是,不同人的手写体风格迥异,大小不一,造成了计算机识别手写体的困难。

本小节采用 MNIST 数据集完成 SVM 任务,MNIST 是一个包含数字 0~9 的手写体图片数据集,图片已归一化为以手写数字为中心的 28×28 规格的图片。MNIST 由训练集与测试集两个部分组成。MNIST 训练集包含 60 000 个手写体图片及对应标签,测试集包含 10 000 个手写体图片及对应标签。图 4-6 所示的 4 张图片的标签分别是 5,0,4,1。

图 4-6 手写体图片

MNIST 下载官网为 http://yann.lecun.com/exdb/mnist/。

手写数字字体识别步骤如下:

(1) 建立工程并导入 sklearn 库;

(2) 加载 MNIST 手写数据集,显示数据集,分割数据集;

(3) SVM 分类模型;

(4) 测试评价测试集。

① 建立工程并导入 sklearn 库。

```
import numpy as np

# 导入 sklearn 中数据集 svm 分类器
from sklearn import datasets, model_selection, svm, metrics
import timeit
from sklearn.datasets import fetch_openml
```

② 加载 MNIST 手写数据集,显示数据集,分割数据集。

```
    mnist = fetch_openml('mnist_784', version=1,)   # 从网络上加载 MNIST 数据集
    print(type(mnist))
    print(mnist.keys())
# 可视化一张图像
    img = mnist.data[0].reshape((28, 28))
    plt.figure("Image")
    plt.imshow(img, cmap='gray')
    plt.axis('on')
    plt.title('image')
plt.show()

mnist_data = mnist.data / 255   # 图像归一化
mnist_label = mnist.target
print(mnist_data.shape)
print(mnist_label.shape)
```

MNIST 训练数据集中的第一张图像如图 4-7 所示。

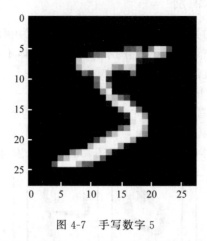

图 4-7 手写数字 5

拆分数据集分为训练数据、训练标签、测试数据集、测试标签。

```
train_size = 500
test_size = 100
data_train, data_test, label_train, label_test = model_selection.train_test_split(mnist_data,
    mnist_label, test_size = test_size, train_size = train_size)
```

③ 创建 SVM 模型并训练 SVM。

```
cf = svm.SVC()
print(timeit.timeit(lambda: clf.fit(data_train, label_train), number = num) / num)   # 测量训练耗时
pre = cf.predict(data_test)
accu_score = metrics.accuracy_score(label_test, pre)              # 计算在测试集上的正确率
print(accu_score)
cf = svm.LinearSVC()                                              # 用线性 SVM 模型来替代 SVC
print(timeit.timeit(lambda: cf.fit(data_train, label_train), number = num) / num)   # 测量训练耗时
pre = cf.predict(data_test)
accu_score = metrics.accuracy_score(label_test, pre)              # 计算在测试集上的正确率
print(accu_score)
```

上述训练采用的数据为 500 张图片,SVC 分类器在测试集上的精度较 LinearSVC 准确率更高,但也更耗时。另外,可以增加训练数据量,然后再完成在测试集上的精度测试,修改代码如下:

```
train_size = 20000
test_size = 2000
```

# 4.4　机器学习基础

## 4.4.1　机器学习简介

人工智能的历史源远流长。1956 年夏,麦卡锡、明斯基等科学家在美国达特茅斯学院开

会研讨"如何用机器模拟人的智能",首次提出"人工智能(Artificial Intelligence,AI)"这一概念,标志着人工智能学科的诞生。人工智能是研究开发能够模拟、延伸和扩展人类智能的理论、方法、技术及应用系统的一门新的技术科学,其研究目的是促使智能机器会听(语音识别、机器翻译等)、会看(图像识别、文字识别等)、会说(语音合成、人机对话等)、会思考(人机对弈、定理证明等)、会学习(机器学习、知识表示等)、会行动(机器人、自动驾驶汽车等)。其发展历程大致可划分为以下 6 个阶段。

(1) 起步发展期:1956 年—20 世纪 60 年代初。人工智能概念被提出后,相继取得了一批令人瞩目的研究成果,如机器定理证明、跳棋程序等,掀起了人工智能发展的第一个高潮。

(2) 反思发展期:20 世纪 60 年代—20 世纪 70 年代初。人工智能发展初期的突破性进展大大提升了人们对人工智能的期望,人们开始尝试更具挑战性的任务,并提出了一些不切实际的研发目标。然而,接二连三的失败和预期目标的落空,使人工智能的发展进入低谷。

(3) 应用发展期:20 世纪 70 年代初—20 世纪 80 年代中。20 世纪 70 年代出现的专家系统模拟人类专家的知识和经验解决特定领域的问题,实现了人工智能从理论研究走向实际应用、从一般的推理探讨转向运用专门知识解决问题的重大突破。专家系统在医疗、化学、地质等领域取得成功,推动人工智能进入应用发展的新高潮。

(4) 低迷发展期:20 世纪 80 年代中—20 世纪 90 年代中。随着人工智能的应用规模不断扩大,专家系统存在的应用领域狭窄、常识性知识缺乏、知识获取困难、推理方法单一、分布式功能不足、与现有数据库难以兼容等问题逐渐暴露出来。

(5) 稳步发展期:20 世纪 90 年代中—2010 年。网络技术特别是互联网技术的发展,加速了人工智能的创新研究,促使人工智能技术进一步走向实用化。1997 年国际商业机器公司(简称 IBM)深蓝超级计算机战胜了国际象棋世界冠军卡斯帕罗夫。2008 年 IBM 提出"智慧地球"的概念。以上都是这一时期的标志性事件。

(6) 蓬勃发展期:2011 年至今。随着大数据、云计算、互联网、物联网等信息技术的发展,泛在感知数据和图形处理器等计算平台推动以深度神经网络为代表的人工智能技术飞速发展,大幅跨越了科学与应用之间的"技术鸿沟",诸如图像分类、语音识别、知识问答、人机对弈、无人驾驶等人工智能技术实现了从"不能用、不好用"到"可以用"的技术突破,迎来爆发式增长的新高潮。

经过 60 多年的发展,人工智能在算法、算力(计算能力)和算料(数据)等"三算"方面取得了重要突破。机器学习(Machine Learning)是人工智能中很重要的一部分,大多数人工智能问题是由机器学习的方式实现的。机器学习被设计成用程序和算法自动学习并进行自我优化,同时,需要一定数量的训练数据集来构建过往经验知识。机器学习是一门多学科交织的研究型学科,已经广泛应用于数据挖掘、计算机视觉、自然语言处理、语音和手写识别、生物特征识别、医学诊断、信用卡欺诈检测、证券市场分析、搜索引擎、DNA 测序、无人驾驶、机器人等领域。

### 4.4.2　常见的机器学习算法

机器学习根据训练方法和学习原理的不同大致可以分为七大类:有监督式学习、无监督式学习、半监督式学习、深度学习、强化学习、迁移学习和集成学习。

**1. 有监督式学习**

有监督式学习(Supervised Learning)是从标签化训练数据集中推断出函数的机器学习

任务。训练数据由一组训练实例组成。在监督学习中,每一个例子都由输入项(通常是向量)和预期输出组成。函数的输出可以是一个连续的值(称为回归分析),也可以是一个分类标签(称作分类)。有监督学习方法又分为生成方法(Generative Approach)和判别方法(Discriminative Approach),所学到的模型分别称为生成模型(Generative Model)和判别模型(Discriminative Model)。其中,判别方法由数据直接学习决策函数或者将条件概率分布作为预测的模型,即给定 $x$ 产生出 $y$ 的生成关系。典型方法包括朴素贝叶斯、隐马尔可夫等模型。生成方法是由数据学习联合概率密度分布,然后求出条件概率分布作为预测的模型。代表性的算法有 $K$ 最近邻、感知机、决策树、逻辑斯谛回归、支持向量机等。

**2. 无监督式学习**

无监督式学习(Unsupervised Learning)是从无标记的训练数据中推断结论,并根据每个新数据中是否存在这种共性来识别数据中的共性并做出反应。代表性的算法有 $K$ 均值聚类、Apriori、主成分分析、等距映射、局部线性嵌入、拉普拉斯特征映射等。

**3. 半监督式学习**

半监督式学习是有监督式学习与无监督式学习相结合的一种学习方法。它使用少量标注样本和大量未标注样本进行机器学习,从概率学习角度建立学习器,对未标注样本进行标签。代表性的算法有生成式方法、半监督支持向量机、图半监督学习、基于分歧的方法、半监督聚类等。

**4. 深度学习**

深度学习是机器学习领域中一个新的研究方向,从样本数据中学习内在规律和表示层次,这些学习过程中获得的信息对诸如文字、图像和声音等数据的解释有很大的帮助。代表性的算法有深度信念网络、深度卷积神经网络、深度递归神经网络、分层时间记忆、深度玻尔兹曼机、堆叠自动编码器、生成式对抗网络等。

**5. 强化学习**

强化学习关注的是软件代理如何在一个环境中采取行动,以便最大化某种累积的回报,即给定数据,学习如何选择一系列行为,以最大化长期收益。例如,谷歌开发的计算机深度学习程序 AlphaGo 在五场比赛中击败人类的围棋冠军,这是强化学习优势的体现。代表性的算法有生成模型、低密度分离、基于图形的方法、联合训练等。

**6. 迁移学习**

迁移学习属于机器学习的一个研究领域。它专注于存储已有问题的解决模型,并将其应用在其他不同但相关的问题上。比如,用来辨识汽车的知识(或者是模型)也可以被用来提升模型识别卡车的能力。计算机领域的迁移学习和心理学常常提到的学习迁移在概念上有一定关系,但是两个领域在学术上的关系非常有限。代表性的算法有归纳式迁移学习、传递式迁移学习、无监督迁移学习等。

**7. 集成学习**

集成学习是通过构建并结合多个学习器来完成学习任务的。一般结构是:先产生一组"个体学习器",再用某种策略将它们结合起来。结合策略主要有平均法、投票法和学习法等。代表性的算法有 Bagging、AdaBoost、梯度提升机、梯度提升决策树等。

### 4.4.3  主流应用框架

人工智能是计算机领域炙手可热的研究技术之一。当前,IBM、谷歌、微软、Facebook 和亚马逊等世界巨头公司正投入巨资进行研发,在机器学习、神经网络、神经语言和图像处理等领域纷纷推出了一系列优秀的人工智能工具。

**1. Caffe**

Caffe 是一个用 C++ 编写的深度学习框架,具有速度快、模块化和开放性等特点。它是纯粹的 C++/CUDA 架构,支持命令行、Python 和 MATLAB 等接口。同时,Caffe 提供了在 CPU 模式和 GPU 模式之间的无缝切换,主要应用在图像识别、视频处理等领域。Caffe 的官网是 http://caffe. berkeleyvision. org。

**2. CNTK**

CNTK 是微软推出的分布式开源深度学习工具包,具有速度快、训练简单和可扩展等特点。它支持 CPU 和 GPU 模式,能够实现和组合流行的模型类型,如前馈神经网络、卷积神经网络和递归神经网络,在多个 GPU 和服务器上实现自动区分和并行化。CNTK 主要应用在语音识别、机器翻译、图像识别、图像字幕、文本处理、语言理解和语言建模等领域。CNTK 的官网是 https://www. cntk. ai。

**3. Deeplearning4j**

Deeplearning4j 是一套基于 Java 语言的神经网络工具包,可以构建、定型和部署神经网络,具有即插即用的特点。Deeplearning4j 与 Hadoop 和 Spark 集成,支持分布式 CPU 和 GPU,为商业环境所设计。它让用户可以配置深度神经网络,与 Java、Scala 及其他 JVM 语言兼容。Deeplearning4j 的源代码网址为 http://github. com/eclipse/deeplearning4j。

**4. DMTK**

DMTK 是微软的另一个分布式开源机器学习工具包,具有可扩展、快速、轻量级系统等特点。它是为大数据应用领域而设计的,旨在更快地训练人工智能系统,主要包括 DMTK 框架、LightLDA 主题模型算法以及分布式单词嵌入算法等三大部分,已被应用在必应搜索引擎、小冰等多款产品中。DMTK 的源代码网址是 http://github. com/microsoft/DMTK。

**5. H2O**

H2O 是开源的、分布式的、基于内存的、可扩展的机器学习和预测分析框架,适合在企业环境中构建大规模机器学习模型。H2O 的核心代码使用 Java 编写,数据和模型通过分布式 Key/Value 存储在各个集群节点的内存中。H2O 的算法通过 Map/Reduce 框架实现,并使用了 Java Fork/Join 框架来实现多线程。其主要应用在预测建模、风险及欺诈分析、保险分析、广告技术、医疗保健和客户情报等领域。H2O 的官网是 http://www. h2o. ai。

**6. Mahout**

Mahout 是 Apache 基金会下的一个开源机器学习框架。它提供可扩展算法的编程环境、面向 Spark 和 H2O 等工具的预制算法,以及名为 Samsara 的向量数学试验环境等。Mahout 包括聚类、分类、推荐引擎、频繁子项挖掘等算法,主要运行在 Hadoop 平台下,通过 Mapreduce 模式来实现。Mahout 的官网是 http://mahout. apache. org。

**7. MLlib**

MLlib 是 Spark 的可扩展机器学习库,与 Hadoop 整合起来,可与 NumPy 和 R 语言协同操作。MLlib 实现了一些常见的机器学习算法和实用程序,包括分类、回归、聚类、协同过滤、降维以及底层优化等。MLlib 的官网是 https://spark. apache. org/mllib/。

**8. NuPIC**

NuPIC 是一种名为分层式即时记忆(即 HTM)理论的开源人工智能项目。HTM 试图建立一种模仿人类大脑皮层的计算机系统。其目的在于制造"处理许多认知任务时接近或胜过人类表现"的机器。NuPIC 的官网是 http://numenta.org。

**9. OpenNN**

OpenNN 是一种用于实现神经网络的 C++编程库。OpenNN 可用于实现监督学习场景中任何层次的非线性模型,同时还支持各种具有通用近似属性的神经网络设计。OpenMP 库可以很好地平衡多线程 CPU 调用,以及通过 CUDA 工具对 GPU 进行加速。OpenNN 的官网是 http://www.opennn.net。

**10. OpenCyc**

OpenCyc 提供了 Cyc 知识库和常识推理引擎。它包括 239 000 多个术语、约 2 093 000 个三元组以及约 69 000 个 owl:sameAs 链接(指向外部语义数据命名空间),可用于域名建模、语义数据整合、文本理解、特定领域专家系统和游戏人工智能等。OpenCyc 的官网是 http://www.cyc.com/platform/opencyc/。

**11. Oryx 2**

Oryx 2 是一个用于构建实时大规模机器学习应用的架构,还包括用于协同过滤、分类、回归和聚类端到端的应用程序。Oryx 2 的应用程序同样可基于 Hadoop 框架来运行,提供分布式的数据处理模式。Oryx 2 的官网是 http://oryx.io/。

**12. PredictionIO**

PredictionIO 是一个用 Scala 编写的开源机器学习库。它提供了 Java、Python、Ruby 和 PHP 等客户端 SDK。PredictionIO 的核心使用 Apache Mahout,是可伸缩的机器学习库,提供众多聚集、分类、过滤算法。PredictionIO 的官网是 https://predictionio.apache.org。

**13. SystemML**

SystemML 是一个高度支持集群的机器学习/深度学习平台,由 IBM 实验室用 Java 语言编写,可运行在 Spark 或 Hadoop 上,支持描述性分析、分类、聚类、回归、矩阵分解及生存分析等算法,主要应用在汽车客户服务、机场客流量引导、银行客户服务等领域。SystemML 的官网是 http://systemds.apache.org/docs/1.2.0/。

**14. TensorFlow**

TensorFlow 是一个采用数据流图,用于数值计算的 Google 开源软件库。它拥有深度的灵活性、真正的可移植性,以及自动差分功能,并支持 Python 和 C++等。它灵活的架构提供了多种平台上的计算,例如,一个或多个 CPU(或 GPU)、服务器、移动设备等。TensorFlow 的官网是 http://tensorflow.org。

**15. PyTorch**

PyTorch 是 Torch 的 Python 版本,是由 Facebook 开源的神经网络框架,专门针对 GPU 加速的深度神经网络编程。PyTorch 通过混合前端,分布式训练以及工具和库生态系统实现快速、灵活的实验和高效生产。不同于 TensorFlow,PyTorch 不仅能够实现强大的 GPU 加速,同时还支持动态神经网络。PyTorch 的官网是 https://pytorch.org。

**16. MXNet**

MXNet 是亚马逊推出的一个深度学习库,支持 C++、Python、R、Scala、Julia、MATLAB 以及 JavaScript 等;支持命令和符号编程;可以运行在 CPU、GPU、集群、服务器、台式机或者移动设备上。MXNet 结合命令式和声明式编程的优点,既可以对系统做大量的优化,又方便调试。MXNet 的官网是 https://mxnet.apache.org/。

### 17. Theano

Theano 是基于 Python 的深度学习库,擅长处理多维数组(紧密集成了 NumPy),属于比较底层的框架。Theano 为深度学习中大规模人工神经网络算法的运算所设计,利用符号化式语言定义结果,对程序进行编译,使其高效运行于 GPU 或 CPU 上。Theano 的官网是 http://deeplearning.net/software/theano/。

## 4.4.4　Theano 应用

本节主要介绍 Theano 基本运算并实现两个张量的加法运算,主要实现步骤如下。

### 1. Theano 的基本运算及符号表达

通过 python 进入 Python 终端中,先导入 Theano 的相关模块以便后续操作。

```
import theano
import theano.tensor as T
from theano.tensor import *
from theano import shared
import numpy as np
```

Theano 支持 Python 中任何类型的对象,可以通过以下方式创造张量类型实例。

```
#创造一个双精度浮点类型的无名矩阵
a = dmatrix()
#创造了一个双精度浮点类型的名为'x'的矩阵
x = dmatrix('x')
#创造了一个双精度浮点类型的名为'xyz'的矩阵
xyz = dmatrix('xyz')
```

也可以重定义已经提供的张量构造函数,如重构一个双精度浮点类型矩阵。

```
my_dmatrix = TensorType('float64', (False,) * 2)
x = my_dmatrix() #构造一个无名二维矩阵实例
#判断自定义的张量类型是否与 theano 库所提供的构造函数一致
my_dmatrix == dmatrix
```

### 2. Theano 中的线性运算

在进行线性运算前,先从 theano 中导入一个新的函数 function。

```
from theano import function
#实现两个张量的加法运算
x = T.dscalar('x')
y = T.dscalar('y')
#表达式
z = x + y
#将表达式转化为可执行的 Python 函数
f = function([x, y], z)
```

最后,调用定义的函数 f,设定输入变量的值,得到输出变量的值:

```
f(2.33, 6.66)
array(8.99)
```

# 4.5 图像数据算法处理/机器学习算法

在图像数据处理中,不仅提供了 Python 图像处理库 PIL、Pillow 以实现基本的图像读写、转换、旋转等处理操作,还提供了 Matplotlib、NumPy、SciPy 对图像进行绘制、标注、变换、模糊、主成分分析等。除此之外,还有一些图像处理算法及模型,如去噪模型、图像求导、图像模糊、图像聚类、图像分类、图像分割、图像搜索等。

## 4.5.1 常见的图像处理算法

图像处理算法有许多,下面就其在图像模糊、图像去噪、图像聚类、图像分割等方面的基本应用进行介绍。

### 1. 图像模糊

图像模糊中典型的模糊算法有均值模糊、高斯模糊、运动模糊、散景模糊、Kawase 模糊等。图像模糊属于图像滤波中低通滤波(保留信号低频部分)掩膜的子集,滤波是对输入信号信息进行掩膜计算和卷积操作。利用高斯掩膜对输入信号信息进行卷积的滤波方式,称为高斯滤波。高斯掩膜是在高斯分布的基础上求出的,然后再利用高斯掩膜和图像进行卷积求解高斯模糊,即以周围像素点的均值为中心点的像素值,如基于二维高斯模型的图像模糊,其操作为

$$L_\delta = H * G_\delta = H * \frac{1}{2\pi\sigma} e^{\frac{-(x^2+y^2)}{2\sigma^2}}$$

其中,$G_\delta$ 表示标准差为 $\sigma$ 的二维高斯函数,$*$ 表示卷积操作。

在 OpenCV 中通常使用 GaussianBlur()和 blur()中任一方法实现图像模糊操作。

```python
import cv2 as cv
from matplotlib import pyplot as plt
import numpy as np
im = cv.imread('example.png')
d1 = cv.blur(im, (20, 20))
d2 = cv.GaussianBlur(im, (10, 10), sigmaX = 15)

cv.imshow("blur():", d1)
cv.imshow("GaussianBlur():", d2)

cv.waitKey(0)
cv.destroyAllWindows()
```

另外,在 Python 中 SciPy 库提供了 ndimage.filters 模块,利用高斯滤波方法可以实现模糊操作。

```
from Pillow import Image
from numpy import *
from scipy.ndimage import filters
img = array(Image.open('example.jpg').convert('L'))
im = filters.guassian_filter(img,10)　#10 表示标准差
```

**2. 图像去噪**

图像去噪是提高图像质量的技术,是在图像中去除噪声信息的同时,最大化保留图像结构和信息的方法。图像中的噪声来源有许多,如图像采集、传输、压缩等,传统的图像去噪方法有空域像素特征去噪、变换域去噪,如高斯滤波、非局部均值去噪、中值滤波等都属于空域像素特征去噪,傅里叶变换、小波变换等都属于变换域去噪。基本的噪声模型如下:

$$p(x) = n(x) + \alpha(x) \quad x \in \mathbb{Q}$$

其中,$p(x)$ 表示带有噪声的图像,$n(x)$ 表示没有噪声的图像,$\alpha(x)$ 表示噪声项,$\mathbb{Q}$ 表示像素集合。下面以 BM3D(Block Matching 3D)为例介绍图像去噪算法及应用。

BM3D 算法的基本思想是通过相似判定找到与参考块相近的二维图像块,并将相似块组合成三维群组,对三维群组进行协同滤波处理,再将处理结果聚合到原图像块的位置,形成去噪后的图像。

算法分为两个步骤:初步估计和最终估计。

初步估计是在原噪声图像上逐步进行相似块分组、协同滤波及变换、聚合估计。相似块分组可以通过计算欧氏距离等方法完成,协同滤波及变换中三维矩阵变换为二维矩阵可以采用小波变换或 DCT 变换等,矩阵的第三个维度进行一维变换通常采用阿达马变换。

最终估计与初步估计类似,不同之处是,它是在初步估计图的基础上,进行转换生成噪声图像的三维矩阵和初步估计三维矩阵,然后通过维纳滤波图将噪声图像形成的三维矩阵并进行系数放缩,系数可以通过基础估计的三维矩阵的值以及噪声强度得出。滤波后再通过反变换将噪声图像的三维矩阵变换回图像估计。最终通过与第一步类似的加权求和方式将三维矩阵的各个块复原成二维图像,形成最终估计,加权的权重取决于维纳滤波的系数和 sigma 的值。详细可参考 Marc Lebrun 的文章"An Analysis and Implementation of the BM3D Image Denoising Method"。

另外,还有 NL-Means 算法,它利用图像中普遍存在的冗余信息,以图像块为单位在图像中寻找相似区域,再对这些区域求平均,去掉图像中存在的噪声。NL-Means 算法的复杂度跟图像大小、颜色通道数、相似块大小以及搜索框大小都紧密相关。在与 NL-Means 具有同样大小的相似块和搜索区域的情况下,BM3D 的算法复杂度更高。

图像去噪评价方法主要有 MSE(Mean-Squared Error,均方误差)和 PSNR(Peak Signal-to-Noise Ratio,峰值信噪比)。PSNR 是在 RMSE(Root Mean Square Error)基础上的转换,RMSE 评价无噪声图和有噪声图的公式如下:

$$\mathrm{RMSE} = \sqrt{\frac{\sum\limits_{x \in X}(u_R(x) - u_D(x))^2}{|X|}}$$

在此基础上,PSNR 公式如下:

$$\mathrm{PSNR} = 20\log_{10}\left(\frac{255}{\mathrm{RMSE}}\right)$$

OpenCV 在图像去噪方面提供了 4 个方法,分别是处理灰度图像 fastNlMeansDenoising()、处理彩色图像 fastNlMeansDenoisingColored()、处理灰度序列图像 fastNlMeansDenoisingMulti()、处理彩色序列图像 fastNlMeansDenoisingColoredMulti(),以 fastNlMeansDenoising(InputArray src, OutputArray dst, float h＝3, int templateWindowSize＝7, int searchWindowSize＝21) 为例,需要以下 5 个参数:

src,原图像;dst,输出目标图像;h,过滤强度,该值越大,去噪越强,但也有可能去除图的结构和信息,默认值为 3;templateWindowSize,模板窗口内像素大小,searchWindowSize,搜索窗口内像素大小。建议使用上述默认值。

```python
import numpy as np
import cv2 as cv
from matplotlib import pyplot as plt
im = cv.imread('example.png')
#
fp = cv.fastNlMeansDenoisingColored(im,None,3,7,21)
plt.subplot(100)
plt.imshow(fp)
plt.show()
```

### 3. 图像聚类

图像聚类的典型方法有 K 均值聚类算法(K-means Clustering Algorithm),其通过将数据分为 K 组,随机选取 K 个对象作为初始的聚类中心,然后计算每个对象与各个种子聚类中心之间的距离,把每个对象分配给距离它最近的聚类中心,形成 K 个聚类结果,使得每个聚类内总方差平方和最小。

$$S = \sum_{i=1}^{K} \sum_{x \in C_i} d(C_i, x)^2$$

其中,$K$ 表示 $K$ 个聚类,$C_i$ 表示第 $i$ 个聚类中心(质心),$d()$ 表示欧式距离。质心是所有点到中心的平均值。

首先需要安装 sklearn 包,然后在 cmd 命令下行进行操作。

```python
from sklearn.cluster import KMeans
import numpy as np
t = np.array([[1, 2], [1, 4], [1, 0],
...             [4, 2], [4, 4], [4, 0]])
#定义聚类簇的个数是 2,训练数据用的是 np.array 格式的 t 数据集
kmeans = KMeans(n_clusters = 2, random_state = 0).fit(t)
#使用轮廓系数 Silhouette Coefficient 评价
sil_coeff = silhouette_score(t, kmeans.labels_, metric = 'euclidean')
```

### 4. 图像分割

图像分割是依据图像的亮度、像素,把图像分成若干个特定的、具有独特性质的区域的技术。当前图像分割方法主要有基于阈值的分割方法、基于区域的分割方法、基于边缘的分割方法、基于语义的分割方法、基于实例的分割方法以及基于特定理论的分割方法等。从数学角度来看,图像分割是将数字图像划分成互不相交的区域的过程。图像分割的过程也是一个标记

过程,即把属于同一区域的像素赋予相同的编号。基于深度学习的图像分割类型如图 4-8
所示。

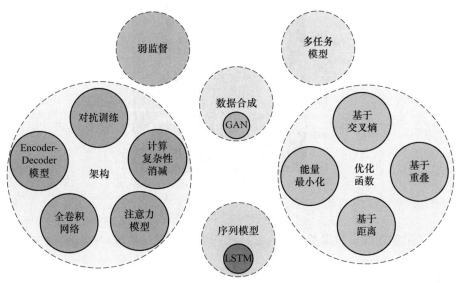

图 4-8　基于深度学习的图像分割类型

图像分割的基本操作包含图像翻转扩充、图像归一标准化、创建模型、编译训练模型、模型
预测等过程。

图像分割是图像识别和计算机视觉等工作的前期基础。没有正确的分割就不可能有正确
的识别。图像分割在医疗图像、自动驾驶车辆以及卫星图像等领域有着广泛的应用。

本小节以基于 Scikit-image 图像处理库应用为例,简单介绍图像分割阈值算法的基本操
作及应用。在 Scikit-image 库中图像分割也可以分为有监督分割和无监督分割两类:有监督
分割是指一些可能来自人类输入的先验知识被用来指导算法;无监督分割不需要先验知识,这
些算法试图将图像自动细分到有意义的区域。典型的算法有阈值算法、SLIC(简单线性迭代
聚类)算法、Felzenszwalb 算法等。其中,阈值算法是通过选择高于或低于某个阈值的像素,将
对象从背景中分割出来的方法。常用的阈值算法有有监督阈值、无监督阈值两类。

有监督分割通常包含活动轮廓分割(Active Contour Segmentation)、随机 walker 分
割等。

无监督分割不需要事先了解图像。无监督分割可以将图像分解为几个子区域,使用数十
到数百个区域来代替数百万像素。无监督分割常用的算法有 SLIC(简单线性迭代聚类)、
Felzenszwalb 算法等。

首先用命令 pip install scikit-iamge 安装 Scikit-image(简称 skimage)图像处理库。Linux
或 Mac OS X 系统使用命令"pip install -U scikit-image"。

(1) 从 skimage 包导入彩色图像。

```
from skimage import data
import numpy as np
import matplotlib.pyplot as plt
image = data.astronaut()
plt.imshow(image)
plt.show()
```

运行上述程序,结果如图 4-9 所示。

图 4-9　skimage 库中的宇航员图

（2）SLIC（简单线性迭代聚类）算法：它接收图像的所有像素值,并尝试将它们分离到给定数量的子区域中。

```python
import numpy as np
import matplotlib.pyplot as plt
import skimage.data as data
import skimage.segmentation as seg
import skimage.filters as filters
import skimage.draw as draw
import skimage.color as color
# 绘制图像函数
def image_show(image, nrows = 1, ncols = 1, cmap = 'gray'):
        fig, ax = plt.subplots(nrows = nrows, ncols = ncols, figsize = (14, 14))
        ax.imshow(image, cmap = 'gray')
        ax.axis('off')
        return fig, ax
image = data.astronaut()
image_gray = color.rgb2gray(image)
# SLIC 处理彩色图像,所以使用原始图像
image_slic = seg.slic(image, n_segments = 155)
# 所做的只是将图像的每个子图像或子区域像素设置为该区域像素的平均值
image_show(color.label2rgb(image_slic, image_gray, kind = 'avg'));
# plt.imshow(image_gray)
plt.show()
```

运行上述程序,图像分割结果如图 4-10 所示。

## 4.5.2　图像处理库

Python 图像处理库（Python Imaging Library,PIL）提供了图像的读写、裁剪、缩放、格式

图 4-10 SLIC 图像分割结果

转换等基本操作,其主要模块是 Image 模块,但其目前只支持 Python 2.7 之前的版本,当前基于 PIL 派生的 Pillow 图像处理库包含了 PIL 所有的基本图像处理功能,跨平台(Windows、Linux、Mac OS 等)、跨设备支持 Python 3.x,最新版本为 Pillow 7,支持 Python 3.5 之后的所有版本。除此之外,OpenCV 也通过 API 函数提供了对图像处理操作及应用的方法。本小节以 Pillow 图像处理库和 OpenCV API 图像处理为例,介绍图像处理的基本操作。

**1. 在 Pillow 中的图像处理操作**

首先通过安装命令安装 Pillow,代码如下:

```
python   -m pip install   -- upgrade  pip
python   -m pip install   -- upgrade  Pillow
    读取图像、显示图像操作:
from PIL import Image
import io
im = Image. open("example_02. jpg")          #读取图像
print (im.format, im.size, im.mode)          #输出图像对象信息
im. show()                                    #显示图像
im = Image. open(io. BytesIO(buffer))         #读取二进制数据
#图像的保存操作通过 save()方法完成,读取图像并保存图像为 jpg 格式的操作:
import os, sys
from PIL import Image
#读取参数路径下的文件,并转换为 jpg 格式进行保存
for infile in sys. argv[1:]:
    fs, e = os. path. splitext(infile)
    outfile = fs + ". jpg"
    if infile != outfile:
        try:
            withImage. open(infile) as im:
                im. save(outfile)
        exceptOSError:
            print("无法转换", infile)
```

截取图像中区域,通过 crop()方法生成小图操作。

```
box = (50, 50, 200, 200)
region = im.crop(box)
```

颜色转换，通过 convert() 方法操作。

```
from PIL import Image
withImage.open("example_02.jpg") as im:
    im = im.convert("L")          # 转为灰度图，支持"L"和"RGB"两种模式
```

## 2. 在 OpenCV 中的图像处理操作

OpenCV 提供了图像读入、显示和保存这些基础操作的 API 函数，在 OpenCV 库中加载或读取图像使用函数 imread()，显示图像使用函数 imshow()，写入图像使用函数 imwrite()。

```
OpenCV3 图像的读入，演示 cv2.imread()
    imread(filename[, flags]) -> retval;
    第一个参数 filename：一幅图像的相对路径或绝对路径；
    第二个参数 flags 告诉函数如何读取这种图像。
        Cv2.IMREAD_COLOR 表示读入彩色图像，图像的透明度会被忽略；
        cv2.IMREAD_GRAYSCALE 表示读入灰度图；
        cv2.IMREAD_UNCHANGED 表示读入一幅图像并且包括图像的 alpha 通道。
    more help(imread)
"""

import cv2 as cv

# 图片地址
img_path = './test_alpha.png'

# 读入彩色图 注意 OpenCV 中颜色格式为 BGR，而不是 RGB
img_bgr = cv.imread(img_path)

# 查看图片的 shape
h, w, c = img_bgr.shape
size = img_bgr.size
dtype = img_bgr.dtype
print(img_bgr[0][0])
print("图像高度：{0}\t 宽度：{1}\t 通道数：{2}".format(h, w, c))
print("图像大小{0}\t 数据类型{1}".format(size, dtype))
print('*' * 40)

# 读入灰度图 注意灰度图通道数为 1
img_gray = cv.imread(img_path, cv.IMREAD_GRAYSCALE)

# 查看图片的 shape
h, w, = img_gray.shape[0:2]
```

```
size = img_gray.size
dtype = img_gray.dtype
print("图像高度:{0}\t 宽度:{1}\t 通道数:{2}".format(h, w, 1))
print("图像大小{0}\t 数据类型{1}".format(size, dtype))
print('*' * 40)


# 读入彩色图包含透明度 注意这时通道数为 4
img_bgra = cv.imread(img_path, cv.IMREAD_UNCHANGED)

# 查看图片的 shape
h, w, c = img_bgra.shape[0:3]
size = img_bgra.size
dtype = img_bgra.dtype
print("图像高度:{0}\t 宽度:{1}\t 通道:{2}".format(h, w, c))
print("图像大小{0}\t 数据类型{1}".format(size, dtype))

# 这里将图片路径改错,OpenCV 不报错,得到 image = None
image = cv.imread('./test.png')
# 得到 None
print(image)
```

### 4.5.3　手写数字图像及字体识别

本小节利用 TensorFlow 深度学习框架,基于 MNIST（Modified National Institute of Standards and Technology）数据集,通过装载数据、分析数据集、创建模型、编译模型、训练模型、测试模型、评价模型及可视化显示为例,介绍数字图像及字体识别的全过程。

MNIST 数据集起源于 NIST 数据集,是一个手写体数字图像集合,图像被标准化为 $28 \times 28$ 像素框,包含训练图像 60 000 个,测试图像 10 000 个,下载地址为 http://yann.lecun.com/exdb/mnist/。2017 年,基于 MNIST 数据集衍生出 EMNIST 数据集,它包含 240 000 个训练图片,40 000 个测试图片。训练模型识图的基本思路是将一个完整的图片分割成多个小块,然后提取每个小块的特征,再将这些小块特征综合,完成模型识别图像过程。

首先需要使用 pip 命令安装 NumPy、Matplotlib、Keras、TensorFlow 包;然后应用 import 命令测试是否安装成功。例如,验证 TensorFlow 命令如下:

```
import tensorflow as tf
tf.add(2, 2).numpy()
```

下面介绍手写数字图像识别的过程,步骤如下。

（1）调用 keras.datasets,并可视化 MNIST 数据集前几张数字图片。

```
from keras.datasets import mnist
import matplotlib.pyplot as plt
# 装载 MNIST 数据集
(X_train, y_train), (X_test, y_test) = mnist.load_data()
# 装载 4 张图片,返回线性灰度色图
```

```
plt. subplot(221)
plt. imshow(X_train[0], cmap = plt. get_cmap('gray'))
plt. subplot(222)
plt. imshow(X_train[1], cmap = plt. get_cmap('gray'))
plt. subplot(223)
plt. imshow(X_test[0], cmap = plt. get_cmap('gray'))
# 设置 Bar 为一半长度
plt. colorbar(shrink = 0.5)
plt. subplot(224)
plt. imshow(X_test[1], cmap = plt. get_cmap('gray'))
plt. colorbar(shrink = 0.5)
# 显示图
plt. show()
```

运行结果如图 4-11 所示。

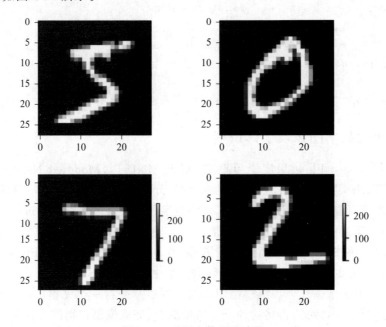

图 4-11　手写字体图形读取

（2）创建训练文件 train. py，使用 import 导入 NumPy、Matplotlib、Keras，分别用于图的矩阵/向量计算、神经网络模型可视化、神经网络（神经元、神经层）创建；同时，设置训练参数（部分参见 digits-recognition-mlp，https：//www. tensorflow. org/tutorials/）。

```
import numpy as np
import matplotlib. pyplot as plt

from keras. models import Sequential
from keras. layers. core import Dense, Activation, Dropout
from keras. datasets import mnist
from keras. utils import np_utils
```

```
#指定随机种子
np.random.seed(8)
#设置参数
nb_epoch = 25              #收敛迭代的次数
num_classes = 10          #分类标签数
batch_size = 128          #特定实例上给予模型的图片数
train_size = 60000        #训练模型的图片数
test_size = 10000         #测试模型的图片数
v_length = 784            #图片维度扁平化后的维数,如 28*28,扁平化维数为 784
```

（3）装载数据,将数据集分割为训练集和测试集,同时利用函数 reshape()和函数 astype(),重塑数据矩阵形态和数据表示类型 float32,并进行归一化预处理。

```
#分割数据为训练集 train 和测试集 test
(trainData, trainLabels), (testData, testLabels) = mnist.load_data()
#重塑数据矩阵形态,并进行归一化处理
trainData = trainData.reshape(train_size, v_length)
testData = testData.reshape(test_size, v_length)
trainData = trainData.astype("float32")
testData = testData.astype("float32")
trainData /= 255
testData /= 255
print("训练数据 shape:{}".format(trainData.shape))
print("训练数据 samples:{}".format(trainData.shape[0]))
```

（4）训练和测试类别标签通过独热编码（One Hot Encoding）表示数字位（范围 0~9）,数字值到独热编码的转换利用函数 np_utils.to_categorical()实现。

```
#转换类别向量为独热编码 one-hot encoding
mTrainLabels = np_utils.to_categorical(trainLabels, num_classes)
mTestLabels = np_utils.to_categorical(testLabels, num_classes)
```

（5）利用多层感知机 MLP 建立模型,输入层有 784 个神经元,第 1 隐藏层有 512 个神经元,第 2 隐藏层有 256 个神经元,接着全连接 10 个神经元预测类标签。

```
#创建模型
model = Sequential()
model.add(Dense(512, input_shape =(784,)))
model.add(Activation("relu"))
model.add(Dropout(0.2))
model.add(Dense(256))
model.add(Activation("relu"))
model.add(Dropout(0.2))
model.add(Dense(num_classes))
model.add(Activation("softmax"))
```

（6）编译优化模型。

```
#编译模型
model.compile(loss = "categorical_crossentropy", optimizer = "adam", metrics = ["accuracy"])
```

（7）训练模型。

```
#训练模型
history = model.fit(trainData, mTrainLabels, validation_data = (testData, mTestLabels), batch_
size = batch_size, nb_epoch = nb_epoch, verbose = 2)
```

（8）评价模型和保存训练模型。

```
#评价模型
scores = model.evaluate(testData, mTestLabels, verbose = 0)
#保存整个模型到 HDF5 文件
model.save('test_model.h5')
```

（9）模型准确率 accuracy 和损失 loss 可视化显示。

```
#准确率 accuracy 绘制
plt.plot(history.history["accuracy"])
plt.plot(history.history["val_accuracy"])
plt.title("Model Accuracy")
plt.xlabel("Epoch")
plt.ylabel("Accuracy")
plt.legend(["train", "test"], loc = "upper left")
plt.show()

#loss 绘制
plt.plot(history.history["loss"])
plt.plot(history.history["val_loss"])
plt.title("Model Loss")
plt.xlabel("Epoch")
plt.ylabel("Loss")
plt.legend(["train", "test"], loc = "upper left")
plt.show()

#输出模型测试分数和准确率
print("test score - {}".format(scores[0]))
print("test accuracy - {}".format(scores[1]))
```

（10）模型运行。在命令行输入"python train.py"，运行结果如图 4-12 所示，并保存模型为 test_model.h5，以便下次调用。训练过程及参数如图 4-13 所示，模型测试结果如图 4-14、图 4-15、图 4-16 所示。

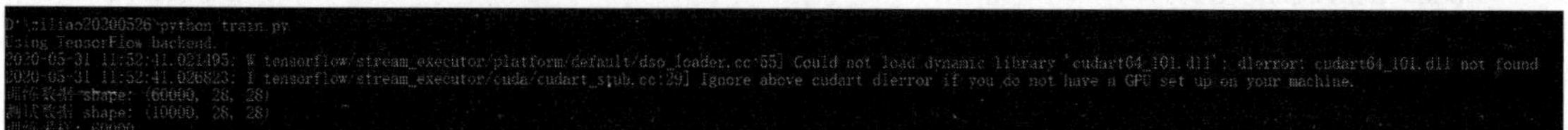

图 4-12　模型训练运行

```
Model: "sequential_1"

Layer (type)                   Output Shape          Param #
================================================================
dense_1 (Dense)                (None, 512)           401920

activation_1 (Activation)      (None, 512)           0

dropout_1 (Dropout)            (None, 512)           0

dense_2 (Dense)                (None, 256)           131328

activation_2 (Activation)      (None, 256)           0

dropout_2 (Dropout)            (None, 256)           0

dense_3 (Dense)                (None, 10)            2570

activation_3 (Activation)      (None, 10)            0
================================================================
Total params: 535,818
Trainable params: 535,818
Non-trainable params: 0

train.py:63: UserWarning: The `nb_epoch` argument in `fit` has been renamed `epochs`.
  history = model.fit(trainData, mTrainLabels, validation_data=(testData, mTestLabels), batch_size=batch_size, nb_epoch=nb_epoch, verbose=2)
Train on 60000 samples, validate on 10000 samples
```

图 4-13　模型训练过程及参数

```
测试 score - 0.08313495640873876
测试 accuracy - 0.9835000038146973
```

图 4-14　模型测试结果

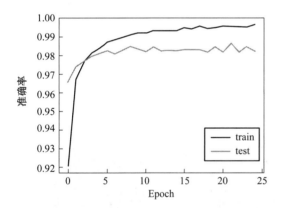

图 4-15　训练准确率和测试准确率

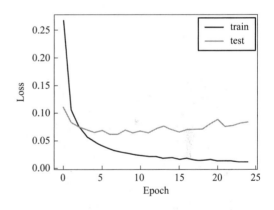

图 4-16　训练和测试 Loss

（11）测试模型。

```
#测试模型
import matplotlib.pyplot as plt
from keras.datasets import mnist
import keras.models
from keras.models import load_model

(trainData, trainLabels), (testData, testLabels) = mnist.load_data()
#从测试数据集选取一些测试图片
test_images = testData[1:5]
#载入保存的训练模型
model = keras.models.load_model('test_model.h5')
#重塑测试图片为 28×28 格式
```

```
test_images = test_images.reshape(test_images.shape[0], 28, 28)
print("测试 shape {}".format(test_images.shape))

# 循环提取每个测试图片
for i, test_image in enumerate(test_images, start = 1):

org_image = test_image

# 转换图标为 1×784 格式
test_image = test_image.reshape(1,784)

# 用模型进行预测
prediction = model.predict_classes(test_image, verbose = 0)

# 显示预测值及图片
print("预测图片数字是：{}".format(prediction[0]))
plt.subplot(220 + i)
plt.imshow(org_image, cmap = plt.get_cmap('gray'))
plt.show()
```

上述程序执行预测结果如图 4-17 所示。

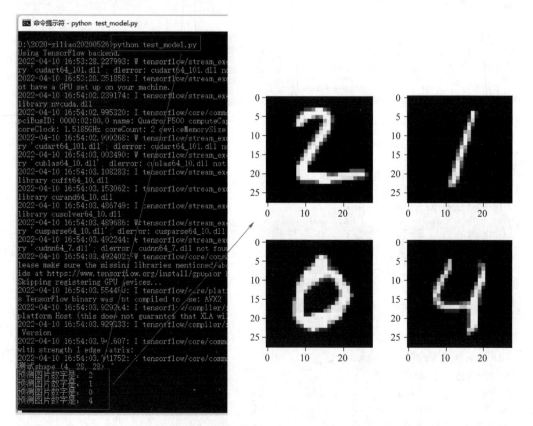

图 4-17　预测图片数字结果

## 4.6　空气质量预测案例

**学习目标：**

通过对本案例的学习,读者可对机器学习算法开发与应用有完整的了解,对机器学习数据采集、数据清理、特征选择等数据预处理工作有直观的认知,对机器学习模型训练与部署有直观的体验,对空气质量预测有进一步的理解。

**案例描述：**

本案例通过 Python 爬虫程序从互联网爬取空气质量数据,通过对数据进行简单的清理,制作城市空气质量数据集。然后选择相关的机器学习模型来对该数据集进行学习。最后利用训练好的模型对新的未知数据进行空气质量预测。

**案例要点：**

（1）用爬虫程序采集互联网上的空气质量数据。

（2）清理通过爬虫采集而来的数据,制作空气质量数据集。

（3）通过机器学习回归算法求各自变量（特征）对训练标签（因变量）的影响的权重,进而发掘影响空气质量的各种环境因素的权重。

（4）训练空气质量预测模型来预测未来某天的空气质量。

**案例实施：**

空气质量指数（Air Quality）大小反映了空气污染程度,值越大表明污染越严重,图 4-18 反映了空气质量指数和空气污染程度之间的对应关系。

| 空气质量指数 | 空气质量指数级别 | 空气质量指数类别 | 对健康影响情况 |
|---|---|---|---|
| 0~50 | 一级 | 优 | 空气质量令人满意，基本无空气污染 |
| 51~100 | 二级 | 良 | 空气质量可接受,但某些污染物可能对极少数异常敏感人群的健康有较弱影响 |
| 101~150 | 三级 | 轻度污染 | 易感人群症状轻度加剧,健康人群出现刺激症状 |
| 151~200 | 四级 | 中度污染 | 进一步加剧易感人群症状,可能对健康人群心脏、呼吸系统有影响 |
| 201~300 | 五级 | 重度污染 | 心脏病和肺病患者症状显著加剧,运动耐受力降低,健康人群普遍出现症状 |
| >300 | 六级 | 严重污染 | 健康人群运动耐受力降低,有明显症状,提前出现某些疾病 |

图 4-18　空气质量指数

空气质量指数和空气中各种污染物浓度存在强相关,如空气中 PM2.5 浓度过高,空气质量就会变差,$NO_2$、CO 等污染物也会影响空气质量。这些污染物的浓度对空气质量指数评价的权重,可以通过建立机器学习模型来发现。一旦发掘出这些数据之间的潜在关系,即可通过空气污染物浓度来预测空气质量指数。

选取 PM2.5、PM10、$SO_2$、CO、$NO_2$ 和 $O_3$-8h 共计 6 个指标作为机器学习模型的输入特征,选取空气质量指数(AQI)作为训练标签。

具体步骤如下。

(1)导入相关库。

```python
import pandas as pd
import numpy as np
from sklearn.ensemble import RandomForestClassifier
from sklearn.ensemble import RandomForestRegressor
from sklearn.preprocessing import LabelEncoder
from sklearn.metrics import confusion_matrix
from sklearn.metrics import classification_report
import matplotlib.pyplot as plt
import matplotlib
from sklearn.model_selection import train_test_split
```

(2)获取数据与查看信息。

```python
data = pd.read_csv('./beijing_2018.csv', index_col = 0, encoding = 'utf - 8 - sig')
data.drop(data.columns[0], axis = 1, inplace = True)    # 去除中文空气质量等级那一列
# 探索数据集
print (data.head())                                      # 显示前五行数据
print (data.shape)                                       # 显示数据集的维度
index = data.index
col = data.columns
class_names = np.unique(data.iloc[:, - 1])
print (type(data))                                       # 显示数据类型
```

进行数据分析,分析自变量和因变量。

```python
print (data.describe())        # 显示数据的描述
```

(3)划分数据集,获得训练集和测试集。

```python
# 划分训练集和验证集
data_train, data_test = train_test_split(data,test_size = 0.1, random_state = 0)
# print ("训练集统计描述:\n",data_train.describe().round(2))
# print ("验证集统计描述:\n",data_test.describe().round(2))
# print ("训练集信息:\n",data_train.iloc[:, - 1].value_counts())
# print ("验证集信息:\n",data_test.iloc[:, - 1].value_counts())
```

显示结果如图 4-19 所示。

| 参数 | | PM2.5 | PM10 | So2 | Co | No2 | O3_8h | AQI |
|---|---|---|---|---|---|---|---|---|
| 训练集 | count | 1 608 | 1 608 | 1 608 | 1 608 | 1 608 | 1 608 | 1 608 |
| | mean | 69.1 | 95.26 | 11.9 | 1.12 | 47.74 | 99.9 | 110.62 |
| | std | 63.2 | 71.28 | 15.21 | 0.91 | 23.32 | 63.51 | 69.94 |
| | min | 4 | 0 | 2 | 0.2 | 7 | 2 | 21 |
| | 25% | 26 | 45 | 3 | 0.6 | 32 | 53 | 60 |
| | 50% | 51 | 79 | 6 | 0.9 | 42 | 86 | 92 |
| | 75% | 89 | 124 | 14 | 1.3 | 58 | 142 | 145 |
| | max | 477 | 550 | 133 | 8 | 155 | 308 | 485 |
| 验证集 | count | 179 | 179 | 179 | 179 | 179 | 179 | 179 |
| | mean | 74.32 | 95.58 | 12.84 | 1.17 | 48.47 | 100.88 | 117.44 |
| | std | 59.61 | 64.65 | 15.65 | 0.85 | 21.71 | 66.69 | 66.33 |
| | min | 5 | 0 | 2 | 0.3 | 12 | 5 | 29 |
| | 25% | 31 | 46.5 | 3 | 0.6 | 32 | 47 | 63.5 |
| | 50% | 60 | 85 | 6 | 0.9 | 43 | 83 | 107 |

图 4-19　数据集和验证集

（4）获取训练特征。

```
X_train = data_train.iloc[:,2:]  # 取数据集后六列作为特征自变量
X_test = data_test.iloc[:,2:]
feature = data_train.iloc[:, 2:].columns
```

取因变量数据 AQI 作为训练标签：

```
y_train = data_train.iloc[:,0]
y_test = data_test.iloc[:,0]
```

进行参数选择和构建 KNN 模型：

```
# 参数选择
from sklearn.model_selection import GridSearchCV
from sklearn.model_selection import RandomizedSearchCV
criterion = ['mae','mse'] # 决策树属性['gini','entropy']   回归:mae,mse
n_estimators = [int(x) for x in np.linspace(start = 200, stop = 2000, num = 10)]
max_features = ['auto','sqrt']
max_depth = [int(x) for x in np.linspace(10, 100, num = 10)]
max_depth.append(None)
min_samples_split = [2, 5, 10]
min_samples_leaf = [1, 2, 4]
bootstrap = [True, False]
random_grid = {'criterion':criterion,
               'n_estimators': n_estimators,
               'max_features': max_features,
               'max_depth': max_depth,
               'min_samples_split': min_samples_split,
               'min_samples_leaf': min_samples_leaf,
               'bootstrap': bootstrap}
```

```
# 构建模型 随机森林
clf = RandomForestRegressor()
clf_random = RandomizedSearchCV(estimator = clf, param_distributions = random_grid,
                      n_iter = 10, cv = 3, verbose = 2, random_state = 42, n_jobs = 1)
# 回归
clf_random.fit(X_train, y_train)
print (clf_random.best_params_)
```

（5）进行模型训练。

```
# 模型训练、验证、评估
rf = RandomForestRegressor(criterion = 'mse', bootstrap = False, max_features = 'sqrt', max_depth =
10, min_samples_split = 5, n_estimators = 120, min_samples_leaf = 2)

rf.fit(X_train, y_train)
y_train_pred = rf.predict(X_train)
y_test_pred = rf.predict(X_test)
```

（6）绘制各自变量对因变量的权重，如图 4-20 所示。

```
# 各自变量重要性
plt.barh(range(len(rf.feature_importances_)), rf.feature_importances_, tick_label = ['PM',
'PM10', 'So2', 'No2', 'Co', 'O3'])
plt.title('The Importance of Params')
plt.savefig("./Figure_1.png")
plt.show()
```

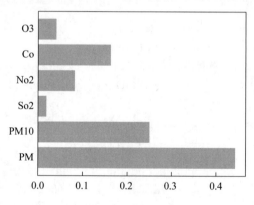

图 4-20　各自变量权重

（7）使用训练模型，预测四川绵阳的天气质量指数。

```
# 预测绵阳 2018 年的 AQI
data_pred = pd.read_csv('mianyang_2018.csv', index_col = 0, encoding = 'utf - 8 - sig')
data_pred.drop(data_pred.columns[0], axis = 1, inplace = True)
index = data_pred.index
y_pred = rf.predict(data_pred.values[:, 2:])
```

最终该模型的预测的 AQI 和真实的 AQI 表现如图 4-21 所示，$x$ 轴为日期，$y$ 轴为 AQI 指数，实线为 AQI 真实数据，虚线为模型预测 AQI 值，可以看到训练出来的机器学习模型在测试集上的表现整体让人满意。但左图的训练效果比右图更好。

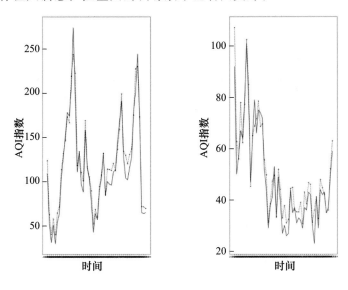

图 4-21　预测值和真实值曲线

# 本章小结

本章首先探讨了回归算法，就线性回归、逻辑回归等进行详细阐述，随后讨论了聚类算法、支持向量机等算法和应用，接着在机器学习的基础上讲解了常见的机器学习算法、主流框架应用等，最后通过图像数据处理和综合案例，介绍了手写数字图像及字体识别、空气质量预测，从而帮助读者了解机器学习模型开发工程化的完整流程。

# 习 题 4

**1. 概念题**

（1）什么是回归？常用的回归算法有哪些？其应用场景有哪些？

（2）如何实现图片聚类的表示和划分？

（3）常用的图像处理机器学习算法有哪些？

（4）使用图像库完成图像处理的基本步骤包含哪些？

**2. 操作题**

使用机器学习框架编写程序，实现根据图像生成图像标题或完成图像的标注。

# 第 5 章  深度学习与图像识别

本章主要介绍深度学习的基本概念、神经网络的实现原理,以及 DNN(深度神经网络)、CNN(卷积神经网络)、RNN(循环神经网络)的基本实现原理。

**本章学习目标:**

(1)掌握深度学习的基本概念,对深度学习的发展历程有基本认识;

(2)掌握神经元数学模型的基本结构及实现原理;

(3)掌握神经网络模型训练的流程,熟悉损失函数和优化器的使用方法;

(4)掌握全连接神经网络的基本结构及搭建方法;

(5)掌握 CNN(卷积神经网络)的基本结构及搭建方法;

(6)掌握经典图像分类网络的结构及实现原理;

(7)掌握经典目标检测网络的结构及实现原理;

(8)掌握 RNN(循环神经网络)的基本结构及搭建方法。

## 5.1  图像识别概述

图像识别是指利用计算机对图像进行处理、分析和理解,以识别各种不同模式的目标和对象的技术。图像识别是计算机视觉中重要的一个应用,它的目标是使机器如同人一样能够通过接收图像输入理解它所"看到"的内容。对计算机视觉算法来说,一般包含特征感知、图像预处理、特征提取、特征筛选、推理预测与识别这重要的 5 步。在计算机视觉算法应用之前,首先需要进行数字图像的表示,关于数字图像的表示在第 2 章已经讲述,此处不再赘述。

### 5.1.1  图像识别简介

早期的图像识别技术有全局特征提取、特征变换、索引、局部特征提取等。

全局特征提取使用全局的视觉底层特性(颜色特征、形状特征、纹理特征)表示图像,如图 5-1 和图 5-2 所示。

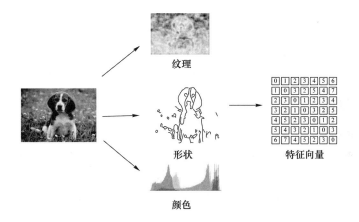

图 5-1 图像特征表示

图 5-2 图像向量空间表示

局部特征提取包含特征检测和特征描述。特征检测可通过检测图像区块中心位置的稳定性和重复度来判定,常用的方法有 Harris、DoG、SURF、Harris-Affine, Hessian-Affine、MSER 等;特征描述常用的方法有 PCA-SIFT、GLOH、Shape Context、ORB、SIFT 等。此外,局部特征也可转为视觉关键词,应用在图像检索引擎中,进行图像搜索。

特征变换:通过空间特征变换使得相似的物体在空间中距离变近,不相似的物体距离变远,如图 5-3 所示。

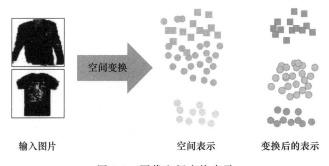

图 5-3 图像空间变换表示

当前,深度学习已经成为图像识别技术不断发展的最新推动力,在大规模数据集、新型模型和可用的大量计算资源的推动下,如图 5-4 所示,图像识别任务的完成度已经超越传统的图像特征方法。计算机在图片数字表示矩阵的基础上,通过网络学习算法对图像进行识别理解,已经成为重要技术。

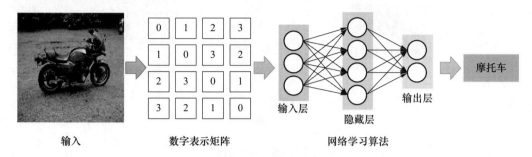

图 5-4  图像识别基本过程

当前图像识别任务仍面临诸多挑战,例如,如何提高模型的泛化能力、如何利用小规模和超大规模数据、如何理解场景等,模型泛化能力的适应性与数据紧密相关,在训练模型时,数据集被随机划分为训练集和测试集,模型也相应地在此数据集上被训练和评估。通常假设测试集拥有和训练集一样的数据分布,因为它们都是从具有相似场景内容和成像条件的数据中采样得到的。但在实际应用中,尤其是自动驾驶领域,测试图像或许会有不同于训练时的数据分布。这些未曾出现过的数据可能会在视角、大小尺度、场景配置、相机属性等方面与训练数据不同,最终使得模型的泛化能力受到限制。

利用小规模和超大规模数据学习是图像识别的常态操作,尤其是少样本学习(Few-Shot Learning)的问题。例如,家庭机器人识别新物体时,只需向它展示新物体,且只展示一次,之后它便可以识别这个物体。而对于自动驾驶这样的领域,其具有超大规模的数据集,该数据集包含了数以亿计的带有丰富标注的图像,如何利用这些数据使模型的准确度得到显著提高,如何使得模型的性能不下降,这些都是图像识别深度学习模型需要解决的难点。

除了识别和定位场景中的物体之外,推断物体和物体之间的关系、部分到整体的层次、物体的属性和三维场景布局等场景理解也非常重要。场景理解对机器人交互、人机交互应用具有重要作用,因为这些应用通常需要物体标识和位置以外的辅助信息。这个任务不仅涉及对场景的感知,还涉及对现实世界的认知。要实现这一目标,我们还需要语义识别,语义识别通常会面临语义鸿沟(Semantic Gap)现象,即由于计算机获取的图像视觉信息与用户对图像理解的语义信息不一致而导致的低层和高层检索需求间的距离,通常为图像的底层视觉特性和高层语义概念之间的鸿沟。图 5-5 所示为视觉特性(颜色、纹理、形状、背景等)相似但语义概念不同的情况。图 5-6 所示为视觉特性(视角、大小、光照等)不相似但语义概念相同的情况。

图 5-5  视觉特性相似但语义概念不同的情况

图 5-6　视觉特性不相似但语义概念相同的情况

在实践中,图像识别真实目标通常会将语义概念相似的图像划分到同一类别,图像识别的框架由输入(测量空间)、特征空间、类别空间(标签空间)三部分组成。其基本框架如图 5-7 所示。

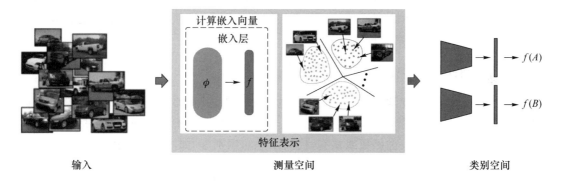

图 5-7　图像识别基本框架

## 5.1.2　深度学习与图像识别

早期的图像识别方法有主成分分析法、拉普拉斯特征图法、局部保值映射法、稀疏表示法、神经网络降维法等。但是,由于传统技术在图像识别核心任务上主要是通过"人工特征提取＋分类器"的方式来完成的,这使得图像识别效果并不理想。随着深度学习技术的发展,人们将深度学习新技术应用到图像识别中,在当前图像识别的四大类任务(图片分类、目标检测、语义分割、实例分割)中有了广泛的应用,使得图像的识别效率及识别效果相比于传统的识别技术有了较大的进步。深度学习因其具有提取特征能力强、识别精度高、实时性强等优点,被广泛应用在人脸识别、医学图像识别、交通识别、语音识别、字符识别、自然语言处理、多尺度变换融合图像、物体检测、图像语义分割、实时多人姿态估计、端到端的视频分类、视频人体动作识别等领域。

深度学习在图像识别领域获得成功以 2012 年 Geoffry Hinton 提出的 AlexNet 图像识别网络为典型分界线,在此之后深度学习的研究进入热潮,也使得当前的深度学习框架都支持图像处理功能。为什么深度学习会先在图像识别领域获取成功? 其原因可能是深度学习模仿了人类的视觉系统。最早由 1981 年的诺贝尔医学奖得主 David H. Hubel 和 Torsten Wiesel 研究发现,人视觉系统的信息处理在可视皮层是分级的,大脑的工作过程是一个不断迭代、不断抽象的过程。视网膜在得到原始信息后,首先,经由区域 V1 初步处理得到边缘和方向特征信息;其次,经由区域 V2 进一步抽象得到轮廓和形状特征信息。如此迭代地进行更多更高层的抽象后得到更为精细的分类,即信息输入到视觉神经→视觉中枢→大脑。在人脑视觉机理中,人在视感觉阶段的图像信息采集是通过眼球完成的,在此过程中输入是通过视觉神经脉冲完成的;在视知觉阶段的信息认知是通过大脑的纹外视觉皮层传输到海马体,完成长短时记忆的存储。例如,识别气球的完整经历如下:摄入原始信号(瞳孔摄入像素),接着做初步处理(大脑皮层某些细胞发现边缘和方向),然后抽象(大脑判定眼前物体的形状,是圆形的),最后进一步抽象(大脑进一步判定该物体是气球)。

在上述视觉机理的基础上,模拟由低层到高层逐层迭代的抽象的视觉信息处理机理,建立了深度网络学习模型。深度网络的每层代表可视皮层的区域,深度网络每层上的节点代表可视皮层区域上的神经元,信息由左向右传播,其低层的输出为高层的输入,逐层迭代进行传播。模拟人脑视觉处理信息机理的深度网络其主要目的是通过对历史数据的逐步学习,将历史数据的经验存储在网络中,且经验伴随学习次数的增多而不断丰富。从深度网络的结构可以看到高层神经元的输入来自低层神经元的输出,同层神经元之间没有交互。若输入层为输入数据的特征表示,则可以理解为高层的特征是低层特征的组合,即从低层到高层的特征表示越来越抽象的人类视觉系统信息处理过程。

### 5.1.3　图像识别中深度学习的应用

前面已经讲述了,深度学习作为机器学习的一个分支,其核心是通过训练数据学习找到一个函数,并用此函数对新的未知数据进行应用。同样,图片识别中引入深度学习的主要目的是通过训练数据,寻找一个最优函数或模型,提高图片的识别率,如图 5-8 所示。

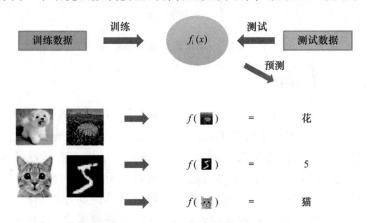

图 5-8　图像识别函数寻找过程示意

上述最优函数的寻找过程,可以分为有监督的学习、无监督的学习、半监督的学习三类。有监督的学习是从有标签的训练数据集中学习出最优函数的过程。训练数据由一组训练实例组成,每一个例子都有一个输入对象和一个期望的输出值。在图像识别中,输入对象通常为一张图片,输出值为图片的标签。

在图像识别中利用深度学习寻找最优函数的过程可以表示为确定函数集合和函数参数学习两个阶段。

首先,在前期确定函数集合的基础上输入图像,然后进行图像表示,再评价函数优劣,函数识别输出结果后,根据输入图像的标签判断函数识别的准确率,再从函数集合中选出图像识别率最优的函数。

　　其次,函数参数的学习通常是通过损失函数(或代价函数)的评价来进行的,即通过函数输出的值与标准值之间的差值的最小化来判定和评估模型及其参数是否为最优。损失函数通常有平方差损失函数、交叉熵损失函数、指数损失函数、铰链损失函数、log 对数损失函数等。训练和测试过程如图 5-9 所示。

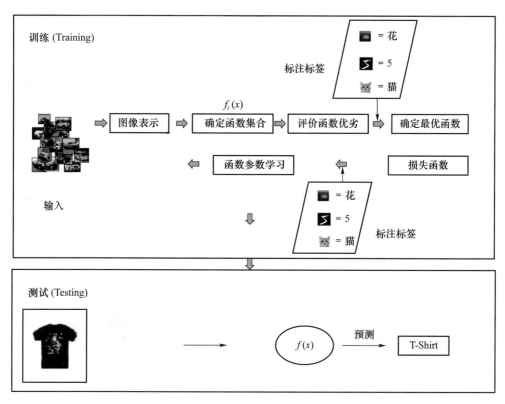

图 5-9　有监督的图像识别学习、测试过程

　　无监督的图像识别分类算法有 PCA、T-SNE、$K$-means 及基于信息不变性的神经网络方法等。

　　半监督的图像识别方法是有监督的图像识别方法与无监督的图像识别方法相结合的一种学习方法。半监督学习使用大量的未标记数据,并同时使用标记数据来进行图像识别工作。当使用半监督学习时,要求尽量少的人员来从事工作,同时,又能够带来比较高的准确性。

　　半监督的图像识别方法的基本思想是利用数据分布上的模型假设建立学习器对未标记样例进行标记,如将未标记样本中预测率最大的目标类看作真实的标签,然后和真实的标签一起进行模型的学习和评估,或利用弱数据增广图像生成伪标签,然后利用阈值,保留预测置信度更高的伪标签,将产生的伪标签作为标签对强增广的图像利用损失函数进行训练,学习出最优函数模型。

　　在半监督的图像识别学习中,人们通常用平滑假设、聚类假设、流形假设来建立预测样例和学习目标之间的关系。

　　(1)平滑假设:在数据区域中两个距离很近的样例的类标签相似,即当两个样例被数据区域中的边连接时,它们在很大的概率下有相同的类标签;相反地,当两个样例被稀疏数据区域分开时,它们的类标签趋于不同。

（2）聚类假设：当两个样例位于同一聚类簇时，它们在很大的概率下有相同的类标签。

（3）流形假设：将高维数据映射到低维流形中，当两个样例位于低维流形中的一个局部小邻域内时，它们具有相似的类标签。

## 5.2 深度学习框架

当前，深度学习研究者和开发者为了减少大量的重复代码，提高工作效率，开发了许多不同的深度学习处理框架，它们都包含图像处理工具、图像识别等功能。主流的框架有TensorFlow、Caffe、Theano、PaddlePaddle、MXNet 和 PyTorch 等，如图 5-10 所示。下面就以TensorFlow 和 PyTorch 为例，介绍其在图像识别方面的应用。

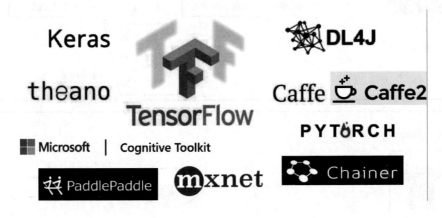

图 5-10　常用的深度学习框架

### 5.2.1　TensorFlow

TensorFlow 是由 Google 公司推出的深度学习框架，是一个基于数据流编程（Dataflow Programming）的符号数学系统，其前身是谷歌的神经网络算法库 DistBelief。TensorFlow 包含的应用程序包主要有 TensorFlow Hub（机器学习模型的库）、Model Optimization（模型优化工具包）、TensorFlow Recommenders（构建 Recommenders 系统模型的库）、Lattice、TensorFlow Graphics（计算机图形库）、TensorFlow Federated（开源的分散式数据机器学习和计算的框架）、Probability（概率推理和统计分析库）、Tensor2Tensor（深度学习模型和数据集的库）、TensorFlow Privacy（TensorFlow 优化器实现的 Python 库）、TensorFlow Agents（强化学习库）、Dopamine（强化学习算法模型框架）、TRFL（强化学习建块库）、Mesh TensorFlow（分布式张量计算）、Sonnet（神经网络构建库）、Decision Forests（使用决策森林进行分类、回归和排名）、TensorFlow Text（文本和 NLP 相关的类及操作）等。TensorFlow 的训练、部署过程如图 5-11 所示。

图 5-11 中训练阶段 TensorFlow Datasets 提供了标准化的数据接口，可以支持图片、文本、视频等数据，支持 Keras 的模型使用多 GPU、CPU/TPU 进行分布式训练，如使用几行代码实现 ResNet-50 和 BERT。

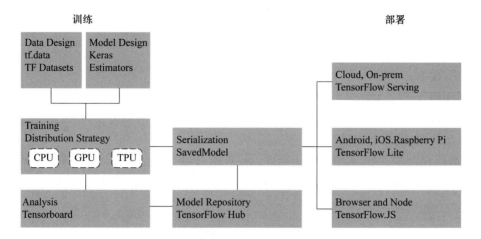

图 5-11 TensorFlow 训练、部署过程

SaveModel 文件格式帮助 TensorFlow 实现了在云端、Web 端、浏览器、Node. js、移动端、嵌入式系统等不同平台的运行,部署用 TensorFlow Serving,在移动端和嵌入式系统上部署用 Tensor Lite,在浏览器或 Node. js 上运行用 TensorFlow. js。

TensorFlow 在图像分类、迁移学习、数据增强、图像分隔、对象检测等方面都有广泛的应用。

下面就 TensorFlow 的基本应用过程和图像识别分别进行简介。TensorFlow 的基本应用过程如下。

(1)导入 TensorFlow。

```
import tensorflow as tf
```

(2)载入 MNIST 数据集。将样本从整数转换为浮点数。

```
mnist = tf.keras.datasets.mnist
(x_train, y_train), (x_test, y_test) = mnist.load_data()
x_train, x_test = x_train / 255.0, x_test / 255.0
```

(3)连接模型的各层,以搭建 tf. keras. Sequential 模型,训练选择优化器和损失函数。

```
model = tf.keras.models.Sequential([
tf.keras.layers.Flatten(input_shape = (28, 28)),
tf.keras.layers.Dense(128, activation = 'relu'),
tf.keras.layers.Dropout(0.2),
tf.keras.layers.Dense(10, activation = 'softmax')
])

model.compile(optimizer = 'adam',
        loss = 'sparse_categorical_crossentropy',
        metrics = ['accuracy'])
```

(4)训练并验证模型 。

```
model.fit(x_train, y_train, epochs = 5)
model.evaluate(x_test, y_test, verbose = 2)
```

TensorFlow 的图像分类过程可以分为：

① 准备数据；

② 建立数据输入通道；

③ 建立模型；

④ 训练模型；

⑤ 测试模型；

⑥ 改进模型，重复上述过程。

本例的图像分类数据采用 flower_photos 数据集，包含 3 700 张花的图片，分为 daisy、dandelion、roses、sunflowers、tulips 5 个类别。首先导入相关包，然后下载数据集。

```python
import matplotlib.pyplot as plt
import numpy as np
import os
import PIL
import tensorflow as tf

from tensorflow import keras
from tensorflow.keras import layers
from tensorflow.keras.models import Sequential
import pathlib
dataset_url = "https://storage.googleapis.com/download.tensorflow.org/example_images/flower_photos.tgz"
data_dir = tf.keras.utils.get_file('flower_photos', origin = dataset_url, untar = True)
data_dir = pathlib.Path(data_dir)
```

预处理生成数据集：使用 image_dataset_from_directory 从上述图片数据集目录生成 tf.data.Dataset 数据集。

```python
# 设置参数
batch_size = 32
img_height = 180
img_width = 180
```

设置数据集 80％用于训练，20％用于测试，代码分别如下：

```python
train_ds = tf.keras.preprocessing.image_dataset_from_directory(
    data_dir,
    validation_split = 0.2,
    subset = "training",
    seed = 123,
    image_size = (img_height, img_width),
    batch_size = batch_size)
```

```python
val_ds = tf.keras.preprocessing.image_dataset_from_directory(
    data_dir,
    validation_split = 0.2,
```

```
    subset = "validation",
    seed = 123,
    image_size = (img_height, img_width),
    batch_size = batch_size)
```

打印显示数据集类别名称,代码如下:

```
class_names = train_ds.class_names
print(class_names)
```

可视化显示数据图片,代码如下:

```
import matplotlib.pyplot as plt
plt.figure(figsize = (10, 10))
for images, labels intrain_ds.take(1):
    for i in range(9):
        ax = plt.subplot(3, 3, i + 1)
        plt.imshow(images[i].numpy().astype("uint8"))
        plt.title(class_names[labels[i]])
        plt.axis("off")
```

RGB 通道的取值范围为 $[0, 255]$,将图片数据归一化,为训练神经网络做准备,代码如下:

```
normalization_layer = layers.experimental.preprocessing.Rescaling(1./255)
```

创建模型,包含三层,每一层都加一个最大池化层,最后一层为全连接层,有 128 个神经元,使用激活函数 relu() 激活,代码如下:

```
num_classes = 5

model = Sequential([
    layers.experimental.preprocessing.Rescaling(1./255, input_shape = (img_height, img_width, 3)),
    layers.Conv2D(16, 3, padding = 'same', activation = 'relu'),
    layers.MaxPooling2D(),
    layers.Conv2D(32, 3, padding = 'same', activation = 'relu'),
    layers.MaxPooling2D(),
    layers.Conv2D(64, 3, padding = 'same', activation = 'relu'),
    layers.MaxPooling2D(),
    layers.Flatten(),
    layers.Dense(128, activation = 'relu'),
    layers.Dense(num_classes)
])
```

编译模型,选择 optimizers. Adam 优化器和 Loss 函数 losses. SparseCategoricalCrossentropy(),将 metrics 的参数设为 accuracy,以显示每一轮训练和验证的准确率,代码如下:

```
model.compile(optimizer = 'adam',
    loss = tf.keras.losses.SparseCategoricalCrossentropy(from_logits = True),
    metrics = ['accuracy'])
```

显示网络每层的所有信息,代码如下:

```
model.summary()
```

训练模型,设置训练轮数为10,代码如下:

```
epochs = 10
history = model.fit(
    train_ds,
    validation_data = val_ds,
    epochs = epochs
)
```

数据增强,为了避免过拟合,在已有的数据集上,使用 tf. keras. layers. experimental. preprocessing 方法随机生成额外的训练数据,代码如下:

```
data_augmentation = keras.Sequential(
    [
        layers.experimental.preprocessing.RandomFlip("horizontal",
                                input_shape = (img_height,
                                               img_width,
                                               3)),
        layers.experimental.preprocessing.RandomRotation(0.1),
        layers.experimental.preprocessing.RandomZoom(0.1),
    ]
)
```

可视化训练结果如下:

```
acc = history.history['accuracy']
val_acc = history.history['val_accuracy']

loss = history.history['loss']
val_loss = history.history['val_loss']

epochs_range = range(epochs)

plt.figure(figsize = (8, 8))
plt.subplot(1, 2, 1)
plt.plot(epochs_range, acc, label = 'Training Accuracy')
plt.plot(epochs_range, val_acc, label = 'Validation Accuracy')
plt.legend(loc = 'lower right')
plt.title('Training and Validation Accuracy')

plt.subplot(1, 2, 2)
plt.plot(epochs_range, loss, label = 'Training Loss')
plt.plot(epochs_range, val_loss, label = 'Validation Loss')
plt.legend(loc = 'upper right')
plt.title('Training and Validation Loss')
plt.show()
```

使用训练模型,预测新的在线图片类别,代码如下:

```
sunflower_url = "https://storage.googleapis.com/download.tensorflow.org/example_images/592px-
Red_sunflower.jpg"
sunflower_path = tf.keras.utils.get_file('Red_sunflower', origin = sunflower_url)

img = keras.preprocessing.image.load_img(
    sunflower_path, target_size = (img_height, img_width)
)
img_array = keras.preprocessing.image.img_to_array(img)
img_array = tf.expand_dims(img_array, 0)  # Create a batch

predictions = model.predict(img_array)
score = tf.nn.softmax(predictions[0])

print(
    "This image most likely belongs to {} with a {:.2f} percent confidence."
    .format(class_names[np.argmax(score)], 100 * np.max(score))
)
```

## 5.2.2　PyTorch

PyTorch 是一个基于 Torch 的 Python 开源机器学习库,用于自然语言处理等应用程序。PyTorch 的前身是 Torch,其底层和 Torch 框架一样,它不仅更加灵活,支持动态图,还提供了 Python 接口。它由 Torch7 团队开发,是一个以 Python 优先的深度学习框架,不仅能够实现强大的 GPU 加速,同时还支持动态神经网络。PyTorch 既可以看作加入了 GPU 支持的 NumPy,同时又可以看作一个拥有自动求导功能的强大的深度神经网络。

PyTorch 提供了面向不同领域的库和数据集,如 TorchText、TorchVision、TorchAudio 等。在 torchvision.datasets 模块中包含了 CIFAR、COCO、Cityscapes、EMNIST、FakeData、Fashion-MNIST、HMDB51、Kinetics-400 等真实的数据集。

下面就使用 PyTorch 构建模型、训练模型、预测图片进行简介。

(1) 导入相关包。

```
import torch
from torch import nn
from torch.utils.data import DataLoader
from torchvision import datasets
from torchvision.transforms import ToTensor, Lambda, Compose
import matplotlib.pyplot as plt
```

(2) 下载 FashionMNIST 公开数据集。

```
# Download training data from open datasets.
training_data = datasets.FashionMNIST(
    root = "data",
    train = True,
```

```
        download = True,
        transform = ToTensor(),
)

# Download test data from open datasets.
test_data  =  datasets. FashionMNIST(
        root = "data",
        train = False,
        download = True,
        transform = ToTensor(),
)
```

（3）设置参数，把数据集对象传给 DataLoader 对象。

```
batch_size  =  64

# Create data loaders.
train_dataloader  =  DataLoader(training_data, batch_size = batch_size)
test_dataloader  =  DataLoader(test_data, batch_size = batch_size)

for X, y intest_dataloader:
        print("Shape of X [N, C, H, W]: ",X. shape)
        print("Shape of y: ",y. shape, y. dtype)
        break
```

（4）构建模型。

```
# Get cpu or gpu device for training.
device  =  "cuda" if torch. cuda. is_available() else "cpu"
print("Using {}device". format(device))

# Define model
class NeuralNetwork(nn. Module):
  def __init__(self):
    super(NeuralNetwork, self). __init__()
    self. flatten  =  nn. Flatten()
    self. linear_relu_stack  =  nn. Sequential(
        nn. Linear(28 * 28, 512),
        nn. ReLU(),
        nn. Linear(512, 512),
        nn. ReLU(),
        nn. Linear(512, 10),
        nn. ReLU()
    )
```

```python
    def forward(self, x):
        x = self.flatten(x)
        logits = self.linear_relu_stack(x)
        return logits

model = NeuralNetwork().to(device)
print(model)
```

（5）定义模型 Loss 函数和优化器，设置模型参数。

```python
loss_fn = nn.CrossEntropyLoss()
optimizer = torch.optim.SGD(model.parameters(), lr = 1e - 3)
```

定义训练函数 train() 和测试函数 test()，并调用训练和测试函数。

```python
def train(dataloader, model, loss_fn, optimizer):
    size = len(dataloader.dataset)
    for batch, (X, y) in enumerate(dataloader):
        X, y = X.to(device), y.to(device)

        # Compute prediction error
        pred = model(X)
        loss = loss_fn(pred, y)

        # Backpropagation
        optimizer.zero_grad()
        loss.backward()
        optimizer.step()

        if batch % 100 == 0:
            loss, current = loss.item(), batch * len(X)
            print(f"loss: {loss:>7f}  [{current:>5d}/{size:>5d}]")
def test(dataloader, model, loss_fn):
    size = len(dataloader.dataset)
    num_batches = len(dataloader)
    model.eval()
    test_loss, correct = 0, 0
    with torch.no_grad():
        for X, y indataloader:
            X, y = X.to(device), y.to(device)
            pred = model(X)
            test_loss += loss_fn(pred, y).item()
            correct += (pred.argmax(1) == y).type(torch.float).sum().item()
    test_loss /= num_batches
    correct /= size
```

```
    print(f"Test Error: \n Accuracy: {(100 * correct):>0.1f} % , Avg loss: {test_loss:>8f} \n")
epochs = 5
for t in range(epochs):
    print(f"Epoch {t+1}\n-------------------------------")
    train(train_dataloader, model, loss_fn, optimizer)
    test(test_dataloader, model, loss_fn)
print("Done!")
```

（6）保存训练好的模型。

```
torch.save(model.state_dict(), "model.pth")
print("Saved PyTorch Model State to model.pth")
```

（7）装载训练好的模型。

```
model = NeuralNetwork()
model.load_state_dict(torch.load("model.pth"))
```

（8）利用装载好的模型进行图片类别预测。

```
classes = [
    "T-shirt/top",
    "Trouser",
    "Pullover",
    "Dress",
    "Coat",
    "Sandal",
    "Shirt",
    "Sneaker",
    "Bag",
    "Ankle boot",
]

model.eval()
x, y = test_data[0][0], test_data[0][1]
withtorch.no_grad():
    pred = model(x)
    predicted, actual = classes[pred[0].argmax(0)], classes[y]
    print(f'Predicted: "{predicted}", Actual: "{actual}"')
```

## 5.3 神经网络

神经网络属于多学科交叉技术领域，其研究主要从两个方面开展：一个是生物神经网络，从生理学、心理学、解剖学、脑科学、病理学等方面研究神经细胞、神经网络、神经系统的生物原型结构及其功能机理，研究生物的大脑神经元、细胞、触点等组成的网络，用于产生生物的意识,帮助生物进行思考和行动;另一个是人工神经网络(Artificial Neural Networks,ANN),它是一种模仿动物神经网络行为特征,进行分布式并行信息处理的算法数学模型,在理论模型研究的基础上构建具体的神经网络模型,以实现计算机模拟或硬件制作,其中包括概念模型、知识模型、物理化学模型、数学模型等。人工神经网络依靠系统的复杂程度,通过调整内部大量节点之间相互连接的关系,从而达到处理信息的目的。下面重点讲述人工神经网络在图像识别方面的应用,为方便叙述将人工神经网络简称为神经网络。

## 5.3.1　神经网络简介

神经网络是一种模仿人脑结构及功能的信息处理系统,是人们受生物神经细胞结构的启发而研究出的一种算法体系。神经网络的发展经历了启蒙时期(1890—1969)、低潮时期(1969—1982)、复兴时期(1982—1995)、低潮时期(1995—2006)、发展时期(2006—至今)等阶段。

1890 年,William James 的《心理学原理》从感觉、知觉、大脑功能、习惯、意识、自我、注意、记忆、思维、情绪等方面确定了后来心理学研究的范畴,开启了神经细胞的刺激传播研究,他认为一个神经细胞受刺激激活后可以把刺激传播给另一个神经细胞,并且神经细胞激活是细胞所有输入叠加的结果。1943 年,W. S. McCulloch 和 W. Pitts 提出 M-P 模型,如图 5-12 所示。根据生物神经元的结构和工作机理构造了一个简化的数学模型 $y = f\left(\sum_{i=1}^{n} \omega_i x_i - h\right)$,在神经元互相连接并同步运行的情况下,将接收到的一个输入中的多个分量加权求和后通过函数输出。即工作原理为当所有的输入与对应的连接权重的乘积 $\omega_i x_i$ 之和大于阈值 $h$ 时,输出为 1,否则输出为 0。M-P 模型开启了人工神经网络(ANN)的研究大门。

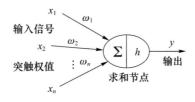

图 5-12　M-P 模型

1958 年,感知器(Perceptron)模型被 F. Rosenblat 提出,由线性阈值神经元组成的前馈人工神经网络可实现"与"或"非"等逻辑门,用于实现简单分类。接着,B. Widrow 和 M. Hoff 在1960 年提出了自适应线性单元,使得神经网络进入第一个发展期。而随着 1969 年 M. Minsky和 S. Papert 在 *Perceptrons* 中指出,单层感知器不能实现异或门(XOR),多层感知器不能给出一种学习算法,神经网络的发展由此走向低潮。在此期间出现了自适应共振机理论和自组织映射(SOM)理论。

1983 年,H. Hopfield 提出 Hopfield 人工神经网络,使得旅行商问题(TSP)、NP(Nondeterministic Polynomial)完全问题得到求解,神经网络重新焕发生机。接着,1985 年Hinton 和 Sejnowski 提出了一种随机神经网络模型——玻尔兹曼机。1986 年,Rumelhart 、Hinton 等人提出了基于多层感知机权值训练的 BP 算法(Back Propagation Algorithm,多层感知器的误差反向传播算法)。Broomhead 和 Lowe 于 1988 年将径向基函数(RBF)引入了神经网络的设计中,形成了径向基神经网络。

2006年,随着 Hinton 等提出深度信念网络(Deep Belief Network,DBN),神经网络进入高速发展时期,他通过逐层预训练来学习一个深度信念网络,并将其权重作为一个多层前馈神经网络的初始化权重,再用反向传播算法进行精调来建立网络模型,有效地解决了深度神经网络难以训练的问题,从而使得神经网络在信号处理、模式识别、图像识别、自然语言处理、智能检测、信息分析与预测等方面有了广泛的应用。

在此之后,CNN、RNN、LSTM 都有广泛的发展和应用,如 CNN 中典型的 AlexNet、VGGNet、GoogLeNet、ResNet、DenseNet 等。

神经网络通常会涉及网络结构、权值、算法等不同元素,从层数来看,可分为单层神经网络、两层神经网络、三层神经网络和多层神经网络;从拓扑结构来看,可分为前向神经网络和反馈神经网络。

### 5.3.2 神经元模型与感知器

#### 1. 神经元模型

在生物神经网络中,生物神经元由树突、轴突和突触组成,树突用来接收信号,轴突用来传输信号,突触用于连接其他神经元。将生物神经元抽象为神经网络的数学模型,表示为 $f(\sum_i \omega_i x_i + b)$,式中以 $x$ 表示生物神经元的树突,权重 $\omega$ 和偏置 $b$ 对应于生物神经元的轴突,$f(\cdot)$ 对应于生物神经元的突触,表示为激活函数。

将神经元的模型表示为线性函数,如式(5-1)和图 5-13 所示。

$$z = x_1\omega_1 + \cdots + x_k\omega_k + \cdots + x_n\omega_n + b \tag{5-1}$$

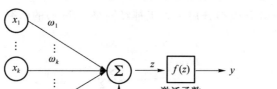

图 5-13  神经元模型

在神经元模型中,神经元不同的连接方式构成不同的网络结构,每个神经元都有自己的权重和偏置参数。为了增强网络的表达能力,需要引入激活函数将上述线性函数转换为非线性函数,常用的激活函数有 Sigmoid 函数、Tanh 函数、ReLU 函数、PReLU 函数、Softmax 函数、Maxout 函数、符号函数等,如表 5-1 所示。

表 5-1  常用激活函数

| 函数名 | 函数表达式 | 函数曲线 | 函数优点 | 函数缺点 |
| --- | --- | --- | --- | --- |
| Sigmoid | $f(x) = \dfrac{1}{(1+e^{-x})}$ | | 平滑、归一化 | 存在梯度消失弥散;输出不以 0 为中心,效率降低;指数运算,运行速度慢 |

| 函数名 | 函数表达式 | 函数曲线 | 函数优点 | 函数缺点 |
|---|---|---|---|---|
| Tanh | $f(x) = \dfrac{e^x - e^{-x}}{e^x + e^{-x}}$ | | 函数以 0 为中心；比 Sigmoid 函数运算速度快 | 梯度消失的问题和幂运算的问题仍存在 |
| ReLU | $f(x) = \max(0, x)$ | | 解决了梯度问题（在正区间）；计算速度非常快；收敛速度远快于 Sigmoid 和 Tanh 函数 | 某些神经元可能永远不会被激活，导致相应的参数永远不能被更新 |
| PReLU | $f(x) = \max(\alpha x, x)$ | | 在负值域，PReLU 函数的斜率较小，可以避免"Dead ReLU"问题 | PReLU 函数与 ReLU 函数相比增加了少量的参数 |
| Softmax | $f(x)_j = \dfrac{e^{x_j}}{\sum\limits_{k=1}^{K} e^{x_k}}$ | | Softmax 函数是 Sigmoid 函数的扩展，当类别数 $k = 2$ 时，Softmax 回归退化为 Logistic 回归 | 在零点不可微；会产生永不激活的死亡神经元 |
| Maxout | $\max\limits_{j \in [1,k]} z_{ij}$，其中 $z_{ij} = \boldsymbol{x}^\mathrm{T} \boldsymbol{W} \cdots_{ij} + b_{ij}$ | | 两个 Maxout 节点组成的多层感知机可以拟合任意的凸函数 | 每个神经元参数翻一倍，整体参数较多 |
| 符号函数 | $\mathrm{sign}(x) = \begin{cases} 1, & x > 0 \\ 0, & x = 0 \\ -, & x < 0 \end{cases}$ | | | |

**2. 神经元模型中参数权重 $\boldsymbol{\omega}$ 和偏置 $b$**

上述神经元模型可以简化为简单线性函数 $f(x)=\boldsymbol{\omega}x+b$，其中 $\boldsymbol{\omega}$ 表示斜率，$b$ 表示截距。使用神经元训练可以得到一条直线，将数据点线性分开。其中，$\boldsymbol{\omega}$ 参数决定了线性分割平面的方向。随着 $\boldsymbol{\omega}$ 值的变化，直线的方向会发生变化，那么分割平面的方向也发生变化。其中，$b$ 参数决定了竖直平面沿着垂直于直线方向移动的距离。当 $b>0$ 的时候，直线往左边移动；当 $b<0$ 的时候，直线往右边移动。偏置改变了决策边界的位置。

单个神经元＋Sigmoid 激活函数的代码示例如下：

```
class Neuron(object):
    # ...
    def forward(self, inputs):
        """ assume inputs and weights are 1 - D numpy arrays and bias is a number """
        cell_body_sum = np.sum(inputs * self.weights) + self.bias
        f_rate = 1.0 / (1.0 + math.exp( - cell_body_sum)) # sigmoid activation function
        returnf_rate
```

**3. 感知器**

感知器又称感知机，是 Frank Rosenblatt 在 1957 年发明的一种形式最简单的前馈式人工神经网络，是一种二元线性分类器。感知器可分为单层感知器（SLP）和多层感知器（MLP）两类，单层感知器仅对线性问题具有分类能力，无法解决异或（XOR）问题。多层感知器又称前向传播网络、深度前馈网络，是最基本的深度学习网络结构，它由若干层组成，每一层包含若干个神经元。感知器不仅仅能实现简单的布尔运算，还可以拟合任何的线性函数，任何线性分类或线性回归问题都可以用多层感知器来解决。激活函数采用径向基函数的多层感知器被称为径向基网络。

下面以单层感知器为例，对线性分类进行简介。

感知器使用特征向量来表示，把矩阵上的输入 $\boldsymbol{x}\in(x_1,x_2,\cdots,x_n)$（实数值向量）映射到输出 $f(\boldsymbol{\omega}\cdot\boldsymbol{x}+b)$（输出一个二元的值），如图 5-14 所示。

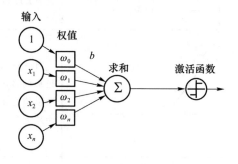

图 5-14　单层感知器

$\omega_i$ 表示实数的权值，$\boldsymbol{\omega}\cdot\boldsymbol{x}$ 是点积，$b$ 是偏置，一个不依赖于任何输入值的常数。偏置可以认为是激励函数的偏移量。激活函数可以采用阶跃函数来完成，如下：

$$f(x)=\begin{cases}1, & x>0 \\ 0, & 其他\end{cases}$$

用感知器实现逻辑"与"函数，结果如表 5-2 所示，二元分类结果如图 5-15 所示。

表 5-2 逻辑"与"函数

| $x_1$ | $x_1$ | $y$ |
|-------|-------|-----|
| 0 | 0 | 0 |
| 0 | 1 | 0 |
| 1 | 0 | 0 |
| 1 | 1 | 1 |

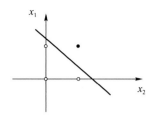

图 5-15 二元分类结果

上述两层感知分类器只能实现一个线性判决边界,如果给出足够数量的隐单元,那么三层、四层及更多层网络就可以实现任意的判决边界。

### 5.3.3 神经网络构建与训练优化

**1. 神经网络构建**

神经网络由神经元组成,可以看作是由神经元连接而构成的无环图集合。在神经网络图中,层内神经元并没有连接,可包含多层,每层都由神经元组成,前一层的神经元可以作为下一层的输入,层与层之间的连接有不同方式,最为常见的方式为全连接方式。神经网络的基本组成包括输入层、隐藏层和输出层。两层全连接的神经网络如图 5-16 所示。

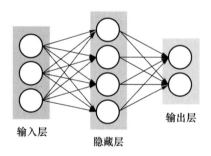

图 5-16 两层全连接神经网络

神经网络的大小通常通过神经元的个数(不包含输入层神经元个数)和参数个数之和来进行计算。

图 5-16 中的神经网络的大小为 $4+2=6$ 个神经元(隐藏层 4 个,输出层 2 个),每个神经元都连接有权值参数,共 $3\times4+4\times2=20$ 个,每个神经元都有一个偏置 $4+2=6$,因此总共有 26 个参数。

**2. 神经网络训练**

神经网络的训练全过程通常需要包含训练数据准备、网络结构设计、数据预处理、网络参数初始化、网络训练、参数调优等步骤。

神经网络结构的设计主要是确定层数、每层的节点数、隐藏层的节点数及激活函数和损失函数。

神经网络模型的训练通常包含正向传递、计算损失、计算梯度、更新权重参数、重新计算损失。

神经网络训练模型的步骤如图 5-17 所示。(1)输入数据到神经网络;(2)神经网络对输入数据进行预测;(3)根据神经网络预测结果与实际标签中的差值之和来通过损失函数计算损失;(4)使用优化方法调整神经网络中的参数(权重和偏置)。

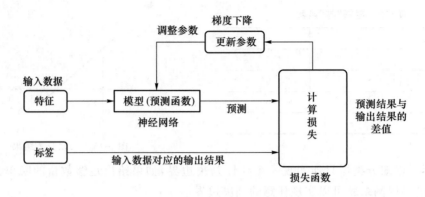

图 5-17  模型训练步骤

**3. 损失函数**

损失函数（Loss Function）用来量化当前的神经网络对训练数据的拟合程度，即量化模型输出的预测值 $\hat{y}=f(X,w)$ 与观测真实值 $y$ 之间概率分布的差值 $L(y,\hat{y})=\text{distance}|f(X,w),p(y|X)|$。通常通过最小化损失函数求解和评估模型时，损失函数越小，模型的鲁棒性越好。常用的损失函数有 0-1 损失函数、均方误差、交叉熵误差、指数损失函数、Hinge 损失函数等。

0-1 损失函数（0-1 Loss Function）：多适用于分类问题，如果预测值与目标值不相等，那么说明预测错误，输出值为 1；如果预测值与目标值相等，那么说明预测正确，输出为 0。其表示如下：

$$\text{Loss}(Y,f(X))=\begin{cases} 1, & y \neq f(X) \\ 0, & y = f(X) \end{cases}$$

均方误差损失函数（MSE）：预测值与真实值差值的平方。损失越大，说明预测值与真实值的差值越大。均方损失函数多用于线性回归任务中，其表示如下：

$$\text{Loss}(y,\hat{y})=(y-\hat{y})^2, \quad \hat{y}=f(x,w)$$

交叉熵损失函数（Cross-Entropy Loss Function）：交叉熵损失函数实质是一种对数损失函数，常用于多分类问题，其表示如下

$$\text{Loss}(y,\hat{y})=-\sum_{i=1}^{C} y_i * \log \hat{y}_i, \quad \hat{y}_i = f_i(x,w)$$

**4. 优化方法**

优化方法通常有梯度下降法、牛顿法、最小二乘法、贝叶斯估计、最大似然估计、无偏估计和有偏估计等。下面简要介绍梯度下降法和牛顿法。

（1）梯度下降法

梯度是最为常用的最优化方法，表示某一函数在该点处的方向导数沿着该方向取得最大值，即函数在该点处沿着该方向（此梯度的方向）变化最快，变化率最大。梯度下降法易实现，当目标函数是凸函数时，梯度下降法的解是全局最优解。一般情况下，其解不一定是全局最优解，梯度下降法的速度也未必是最快的。梯度下降法的优化思想是，用当前位置负梯度方向作为搜索方向，因为该方向为当前位置的最快下降方向，越接近目标值，步长越小，前进越慢，如图 5-18 所示。梯度下降的目的是自动调整参数，通过梯度下降不断调整参数使损失降到最低，参数达到最优。

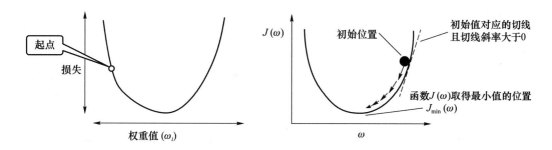

图 5-18　梯度下降法学习

　　在随机梯度下降的过程中,参数更新的有 Vanilla Update、Momentum Update、Nesterov Momentum 等。

　　梯度乘以设定的学习率,用现有的权重减去这个部分,得到新的权重参数(梯度表示变化率最大的增大方向,减去该值之后,损失函数值才会下降)。记 $x$ 为权重参数向量,而梯度为 d$x$,设定学习率为 learning_rate,则它们的参数更新如下:

```
# Vanilla update
x += - learning_rate * dx


# Momentum update 物理动量角度启发的参数更新
v = mu * v - learning_rate * dx # 合入一部分附加速度
x += v # 更新参数


# Nesterov Momentum 更新
x_ahead = x + mu * v
# 考虑到这个时候的 x 已经有一些变化了
v = mu * v - learning_rate * dx_ahead
x += v
```

在梯度下降法中,靠近极小值时收敛速度会减慢,并且容易在极小值点附近震荡。

　　(2)牛顿法

　　牛顿法是一种在实数域和复数域上近似求解方程的方法,用于求函数的极值。牛顿法是二阶收敛,梯度下降是一阶收敛。牛顿法在选择方向时,不仅会考虑坡度是否够大,还会考虑走了一步之后,坡度是否会变得更大,所以牛顿法比梯度下降法"看"得更远一点,能更快地走到最底部。但牛顿法是迭代算法,每一步都需要求解目标函数的 Hessian 矩阵的逆矩阵,缺点是计算比较复杂。

　　TensorFlow 中常用到的三种优化器是梯度下降法、动量梯度下降法、Adam 优化法。

　　在神经网络中优化问题只是训练中的一个部分。它不仅要求模型在训练数据集上要得到一个较小的误差,还要求模型在测试集上也要表现得好,即泛化能力要强。因为模型最终是要部署到没有训练数据的真实场景中。提升模型在测试集上的预测效果就是提升它的泛化(Generalization)能力,关于泛化的相关方法被称作正则化(Regularization)。神经网络中常用的泛化技术有权重衰减等。

　　**5. 超参数设定与优化**

　　神经网络的训练过程中,需要设定和优化一些超参数,以便训练网络。常见的参数有初始学习率、正则化系数等。

如在上述梯度下降法学习的过程中,学习率起着非常重要的作用,决定着权值 $\omega$ 每次调整的幅度和范围。

学习率是用梯度乘以学习速率(步长)的标量,以确定下一个点的位置。如果梯度大小为2.3,学习速率为 0.01,那么梯度下降法会选择距离前一个点 0.023 的位置作为下一个点。

一般对超参数的尝试和搜索都是在 log 域进行的。在神经网络训练过程中要寻找合适的学习率,防止出现学习率过小(梯度变化缓慢或直接消失)和过大(梯度越过了最低点,或者参数更新的幅度大,这会导致网络收敛到局部最优点,或者损失增加)的情况,避免梯度在最小值附近来回震荡,最终无法收敛。

学习率的调整方法有离散下降法、指数衰减法、分数减缓法、步伐衰减法、$1/t$ 衰减法等。

可以采用交叉验证的方法确定最佳超参数,同时选取 Top 的部分超参数,分别进行建模和训练。

## 5.3.4 基于全连接神经网络的手写数字识别案例

本小节以 TensorFlow 为基础,通过前面的神经网络基础,搭建全连接神经网络,并完成手写数字识别,参考代码如下:

```python
import tensorflow as tf
import tensorflow.examples.tutorials.mnist.input_data as input_data
mnist = input_data.read_data_sets("MNIST_data/", one_hot = True)


x = tf.placeholder(tf.float32, [None, 784])
y_actual = tf.placeholder(tf.float32, [None, 10])


# 初始化权值 W
W = tf.Variable(tf.random_uniform([784, 500], -1., 1.))
W2 = tf.Variable(tf.random_uniform([500, 10], -1., 1.))
# 初始化偏置项 b
b = tf.Variable(tf.zeros([500]))
b2 = tf.Variable(tf.zeros([10]))
# 加权变换,添加 ReLU 非线性激励函数
y_ = tf.nn.relu((tf.matmul(x, W) + b))
output = tf.matmul(y_, W2) + b2
# 求交叉熵
loss = tf.losses.softmax_cross_entropy(onehot_labels = y_actual, logits = output)
# 用梯度下降法使得残差最小
train_step = tf.train.GradientDescentOptimizer(0.01).minimize(loss)


# 在测试阶段,测试准确度计算
correct_prediction = tf.equal(tf.argmax(output, 1), tf.argmax(y_actual, 1))
# 多个批次的准确度均值
accuracy = tf.reduce_mean(tf.cast(correct_prediction, tf.float32))
```

```
with tf.Session() as sess:
    init = tf.global_variables_initializer()
    sess.run(init)
    for i in range(100000):
        batch_xs, batch_ys = mnist.train.next_batch(100)
        sess.run(train_step, feed_dict = {x: batch_xs, y_actual: batch_ys})
        ifi % 100 == 0:
            print("test_accuracy:", sess.run(accuracy, feed_dict = {x: mnist.test.images, y_
                actual: mnist.test.labels}))
```

在训练 100 000 轮后,手写数字测试集的识别率达 94%,程序运行结果如图 5-19 所示。

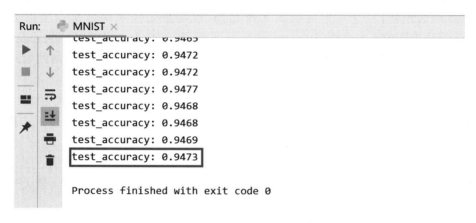

图 5-19　手写数字识别程序运行结果

# 5.4　卷积神经网络

## 5.4.1　卷积神经网络简介

**1. 卷积神经网络发展及结构**

卷积神经网络(CNN)最早起源于 1980 年,日本科学家福岛邦彦(Kunihiko Fukushima)受 Hubel 和 Wiesel 工作的启发,提出了具有深度结构的神经认知识别网络(Neocognitron Network),它不受位置漂移的影响,是卷积神经网络的前身,其隐含层由 S 层(Simple-Layer)和 C 层(Complex-Layer)交替构成。其中,S 层单元在感受野(Receptive Field)内对图像像素特征进行提取,C 层单元接收和响应不同感受野返回的相同特征。1989 年,Yann LeCun 在此架构基础上,应用反向传播算法,提出了应用于数字识别问题的卷积神经网络 LeNet 1 网络,即在结构上与现代的卷积神经网络十分接近的 CNN。LeNet 包含 2 个卷积层,2 两个全连接层。1998 年,LeNet 5 网络诞生,它增加了 2 层池化,网络层数加深到 7 层,并在输出层使用 RBF 层代替了原来的全连接层。

2012 年,AlexNet 使用 ReLu 作为激活函数,在数据增强和 mini-batch SGD 和 GPU 的训练下,结合设计 Dropout 层,在 imageNet 2012 图片分类任务上,把错误率降到了 15.3%,获得了成功。此后,2014 年,在采用连续的 3×3 卷积核代替 AlexNet 中较大卷积核(11×11,7×7,5×5)的基础上,VGGNet 被提出,在 VGG 中引入 1×1 的卷积核,使用 3 个 3×3 的卷积核来代替 AlexNet 的 7×7 卷积核,使用 2 个 3×3 卷积核来代替 AlexNet 的 5×5 卷积核,使得在保证具有相同感知野的条件下,网络的深度和神经网络的效果都得以提升。同年,具有 27 层的 GoogLeNet 以 Top-5 错误率 6.7% 在 ILSVRC 模型比赛中获得了成功。

2015 年,ResNet 即深度残差网络被提出,采用了 Skip Connection 的方式,把当前输出直接传给下一层网络,同时在反向传播过程中,将下一层网络的梯度直接传给上一层网络,使得整个网络在不产生额外的参数,也不增加计算复杂度的情况下,更容易优化深层。

2017 年,受随机深度网络(Deep Networks with Stochastic Depth)和利用 Dropout 来改进 ResNet 的启发,DenseNet 被提出,它采用"DenseBlock+Transition"的结构,其中 DenseBlock 是包含很多层的模块,每个层的特征图大小相同,层与层之间采用密集连接的方式。而 Transition 模块连接的是两个相邻的 DenseBlock,并且通过 Pooling 使特征图大小变小,即让网络中的每一层都直接与其前面的层相连,实现特征的重复利用;同时,把网络的每一层设计得较窄,只学习非常少的特征图,从而达到降低冗余性的目的。

上面已经介绍了神经网络的基本组成,包括输入层、隐藏层、输出层。而卷积神经网络(CNN)的特点在于隐藏层分为卷积层和池化层(Pooling Layer,又叫下采样层)。其基本结构如图 5-20 所示,包含了输入层、卷积层、池化层和全连接层。

卷积层:通过在原始图像上平移来提取特征,每一个特征就是一个特征映射。

池化层:通过提取特征和稀疏参数来减少学习的参数,降低网络的复杂度(最大池化和平均池化)。

全连接层:卷积神经网络中输出层的上游通常是全连接层,因此,其结构和工作原理与传统前馈神经网络中的输出层相同。

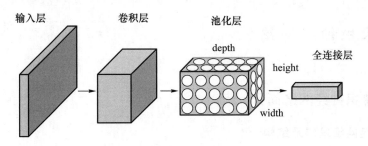

图 5-20　卷积神经网络结构

图 5-20 中 height 和 width 表示图像的维度,depth 表示图像的 3 个通道(Red、Green、Blue 通道)。

**2. 基本原理**

假设在实际中以 1 000×1 000 的灰度图像作为输入层,隐藏层有和输入相同的神经单元。如果采用全连接方式,那么需要 $10^6 \times 10^6$ 个参数;如果是多个隐藏层,那么需要多少个参数?显然全连接方式并不是可行的。卷积神经网络则是专门针对此图像识别问题设计的神经网络,它弥补了全连接在图像识别问题上的不足。

在图像识别中,人们发现图像中某一标识物仅出现在图像局部区域,并不是所有具有相似特征的标识物都位于图像的同一位置,同时,还发现改变图像的大小,仍然可以有效区分图像中的标识物。在此基础上,人们发现通过定义一种提取局部特征的方法,可有效响应特定局部模式,然后再用这种方法遍历整张图片,即可提取图像的全部特征,这就是局部区域特征的平移不变性。此外,还可以直接对图像进行缩放,缩放到适当大小后,可以在特征提取过程中做到有效提取,这就是图像的缩放不变性。

卷积神经网络则是利用图像局部区域特征的平移不变性和图像缩放不变性原理,把整幅图像分为大小相同的多个区域,通过依次提取和累加叠加,完成整个图像的识别。局部区域特征的提取则是通过局部连接来完成的,图像的缩放不变性则通过下采样来完成。通过局部连接和权值共享大幅度减少了神经网络需要训练的参数个数。

(1) 局部连接

局部连接是指神经网络中每个接受神经元仅仅只接受输入神经元的一部分,即神经元的接受域,它的大小等同于过滤块的大小。在二维空间中,处理的是它的 width 和 height 维度,它的 depth 维度在处理过程中并不发生变化。

假设有 $32 \times 32 \times 3$(宽 32,高 32,3 个通道)的莺尾花图片,初始卷积过滤图片用 $5 \times 5 \times 3$ 的过滤块(卷积核),卷积层每个神经元对应的输入接受域大小设为 $5 \times 5$,这样可把原始输入图片分隔为 $5 \times 5$ 大小的多个区域。每个输入接受域与卷积层的过滤块经过公式 $\boldsymbol{\omega}^{\mathrm{T}} + b$ 的计算,最后得到一个特征值。每一步计算的移动步长为 1,分别得到对应的特征值,如图 5-21 所示。

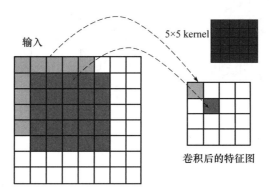

图 5-21　输入域与过滤块(卷积核)计算过程示意

特征图的大小可按如下公式计算:

$$特征图大小 = \left( \frac{图像大小 - 卷积核大小}{步长} \right) + 1$$

(2) Zero-Padding 填充

$5 \times 5$ 的图片被 $5 \times 5$ 的过滤块(卷积核)卷积后变成了 $4 \times 4$ 的图片,如果每次卷积后输出的特征图都变小,那么经过若干卷积层后输出的特征图将会变得越来越小。

为了使输入图像经过卷积核过滤后,不损失图像的边缘信息,应控制特征图的输出尺寸,避免图片边缘信息被一步步舍弃。

通常会采用 Padding 的技巧,通过在输入图的行列边缘填充 0 信息,填充大小的计算公式为 Zero-Padding 的大小 =(卷积核大小 $-1$)/2,使得经过卷积核过滤后的图像能够保存边缘信息,同时也使得获得的特征图大小与输入图像大小一样。使用 Padding 的特征图大小计算公式如下:

$$特征图大小 = \left( \frac{图像大小 + 2 \times Padding 大小 - 卷积核大小}{步长} \right) + 1 \qquad (5\text{-}2)$$

为简化,本小节以 $5 \times 5$ 的输入图和 $3 \times 3$ 的过滤块(卷积核),以及步长为 1 为例,展示公式 $\boldsymbol{\omega}^{\mathrm{T}} + b$ 的计算,根据式(5-2),得到特征图大小为 $\frac{5-3}{1} + 1 = 3$。在输入图四侧添加 Padding 为 1 的 0 信息,则特征图大小为 $\frac{5 + 2 \times 1 - 3}{1} + 1 = 5$。

以输入接受域为 $3 \times 3$ 的具体计算为例:每个值与对应的过滤块的值进行相乘,最后得到的计算结果为 51,偏置 $b$ 的值设为 0,如图 5-22 和图 5-23 所示。

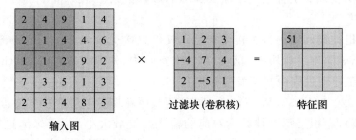

图 5-22　卷积计算示意

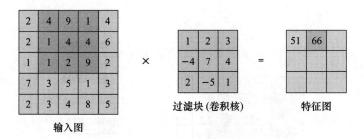

图 5-23　卷积计算示意

对应值的计算矩阵如下:

$$\begin{bmatrix} x_1 & x_2 & x_3 \\ x_4 & x_5 & x_6 \\ x_7 & x_8 & x_9 \end{bmatrix} \times \begin{bmatrix} \omega_1 & \omega_2 & \omega_3 \\ \omega_4 & \omega_5 & \omega_6 \\ \omega_7 & \omega_8 & \omega_9 \end{bmatrix} + \underset{\text{偏置}}{b_0}$$

$$\underset{\text{输入值}}{\phantom{x}} \qquad \underset{\text{过滤块}}{\phantom{x}}$$

计算结果如下:

$$y_0 = \begin{bmatrix} \omega_1 & \omega_2 & \omega_3 & \omega_4 & \omega_5 & \omega_6 & \omega_7 & \omega_8 & \omega_9 \end{bmatrix} \times \begin{bmatrix} x_1 \\ x_2 \\ x_3 \\ x_4 \\ x_5 \\ x_6 \\ x_7 \\ x_8 \\ x_9 \end{bmatrix} + b_0$$

对应点积转换后,结果如下:

$$y_0 = \omega_1 x_1 + \omega_2 x_2 + \omega_3 x_3 + \omega_4 x_4 + \omega_5 x_5 + \omega_6 x_6 + \omega_7 x_7 + \omega_8 x_8 + \omega_9 x_9 + b_0 \tag{5-3}$$

利用式(5-3)计算,结果如下:

$2\times1 + 4\times2 + 9\times3 + 2\times(-4) + 1\times7 + 4\times4 + 1\times2 + 1\times(-5) + 2\times1 = 51$

以步长 1 为单位,以行按列滑动接受域,第二个 $3\times3$ 输入接受域如图 5-23 所示。

对应的计算结果如下:

$4\times1 + 9\times2 + 1\times3 + 1\times(-4) + 4\times7 + 4\times4 + 1\times2 + 2\times(-5) + 9\times1 = 66$

从第一行开始,依次滑动接受域,直到最后一个接受域。

在图 5-23 中添加 Padding 为 1 的 0 信息后,图及卷积计算示意如图 5-24 所示。

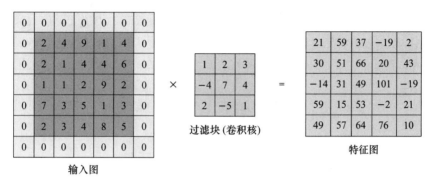

图 5-24 添加 Padding 的卷积计算过程示意

(3)参数共享

在过滤块(卷积核)滑动到其他区域块位置,计算输出节点 $y_i$ 时,权值参数 $\omega_1, \omega_2, \omega_3, \omega_4, \omega_5, \omega_6, \omega_7, \omega_8, \omega_9$ 和 $b_0$ 全为共用参数。图 5-25 为卷积过程参数共享示意图。

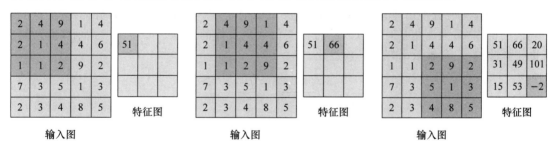

图 5-25 卷积过程参数共享

需要注意的是,depth 维度上的 3 个通道(Red,Green,Blue 通道)的权重并不共享,即当 depth 是 3 时,权重参数也对应着 3 组,如式(5-4)所示,不同通道采用的是自己通道的权重参数。

$$y_0 = [\omega_{r1} \cdots \omega_{r9}] \times \begin{bmatrix} x_{r1} \\ x_{r2} \\ x_{r3} \\ x_{r4} \\ x_{r5} \\ x_{r6} \\ x_{r7} \\ x_{r8} \\ x_{r9} \end{bmatrix} + [\omega_{g1} \cdots \omega_{g9}] \times \begin{bmatrix} x_{g1} \\ x_{g2} \\ x_{g3} \\ x_{g4} \\ x_{g5} \\ x_{g6} \\ x_{g7} \\ x_{g8} \\ x_{g9} \end{bmatrix} + [\omega_{b1} \cdots \omega_{b9}] \times \begin{bmatrix} x_{b1} \\ x_{b2} \\ x_{b3} \\ x_{b4} \\ x_{b5} \\ x_{b6} \\ x_{b7} \\ x_{b8} \\ x_{b9} \end{bmatrix} + b_0 \quad (5\text{-}4)$$

上述 $32\times32\times3$ 的莺尾花图片中,初始卷积过滤图片用的是 $5\times5\times3$ 的过滤块(卷积核),这样卷积层每个神经元都有 75(5×5×3)个输入,总共有 75 个 weight 参数再加 1 个 bias 参数,卷积层的 depth 值同样为 3。经过卷积处理后,变成 28×28×6 的特征图,再经过 5×5×6 的过滤块进行卷积处理,处理之后,变成 24×24×10 的特征图。依此类推,最后经过全连接层,变成一维的向量输出,卷积过程示意如图 5-26 所示。

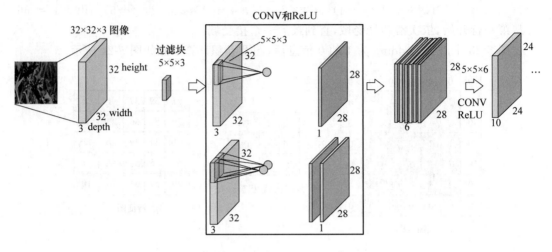

图 5-26　图像卷积过程示意

（4）池化

池化(Pooling)是卷积神经网络中卷积之后一个重要的操作,它本质是一种离散化的下采样过程。在卷积神经网络中加入卷积层,有助于减少卷积层的特征数量和减轻过拟合。

池化操作主要有平均池化、最大池化和 $L_2$ 范数池化。平均池化是对邻域内的特征点值求平均值的操作;最大池化是对邻域内的特征点值取最大值的操作。如图 5-27 所示,最大池化有助于消除噪声,通常效果好于平均池化。

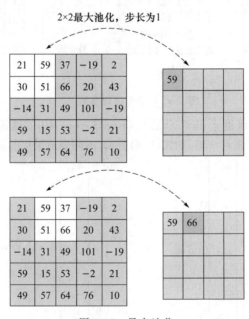

图 5-27　最大池化

池化层会不断地减小输入数据的特征空间大小,因此参数的数量和计算量会下降,在一定程度上会抑制过拟合。

另外需要注意:在卷积神经网络的池化层之前或池化层之后,通常会加一个非线性的激活函数。如在池化层之后加 ReLU 激活函数,可表示为 ReLU(MaxPool(x))。

(5) 全连接

全连接层(Fully Connected Layer)常出现在卷积神经网络的最后一层或多层,全连接层一般把卷积输出的二维特征图(Feature Map)转化成一维向量($N \times 1$)。$N$ 的大小取决于任务的类型和要求。传统的端到端的卷积神经网络的输出是多分类(一般是一个概率值)或二分类的,每个输出类别是一个概率值,全连接层承担分类器或者回归的任务。全连接层之间通常会使用激活函数或加 Dropout 层。

**3. 训练过程**

CNN 的训练包括了从网络权值的初始化到网络模型输出的全过程,其可分为:

(1) 对网络进行权值的初始化;

(2) 输入数据经过卷积层、下采样层(池化)、全连接层向前传播得到输出值;

(3) 计算出网络的输出值与目标值之间的误差;

(4) 计算网络神经元误差,当误差大于期望值时,将误差反向传播到网络中,依次求得全连接层、下采样层、卷积层的误差;当误差等于或小于期望值时,结束网络训练,输出模型;

(5) 根据计算出的误差进行权值更新,然后回到(2)进行迭代训练。

## 5.4.2　经典卷积神经网络结构

在卷积神经网络中,经典的网络结构有 LeNet 系列、AlexNet、ZFNet、VGGNet、GoogLeNet、ResNet。下面就 LeNet 系列的基础原理及构成进行详细介绍,就 AlexNet、ZFNet、VGGNet、GoogLeNet、ResNet 进行简单介绍。

**1. LeNet**

LeNet 算法是一个基于反向传播的,用来解决手写数字图片识别任务的卷积神经网络,由 LeCun 于 1989 年提出。LeNet 经历了 5 个版本的演化,分别是 LeNet 1、LeNet 2、LeNet 3、LeNet 4、LeNet 5。CNN 架构采用了 3 个具体的思想:(1)局部接受域;(2)约束权重;(3)空间子抽样。基于局部接受域,卷积层中的每个单元接受来自上一层的一组相邻单元的输入。通过这种方式,神经元能够提取基本的视觉特征,如边缘或角落。然后,这些特征被随后的卷积层合并,以检测更高阶的特征。下面就 LeNet 1 和 LeNet 5 分别进行简单介绍。

1) LeNet 1

最初的 LeNet 1 网络结构如图 5-28 所示,除了输入层和输出层之外,还包含了 3 层($H_1$、$H_2$、$H_3$),分别为卷积层、池化层、全连接层。输入是归一化的 $16 \times 16$ 的图片(256 个单元),输出是 10 个单元(每单元一个类别),其网络参数如图 5-29 所示。

H1 层由 12 个独立的 $8 \times 8$ 的映射单元组成,分别为 H1.1～H1.12,每个单元由 $5 \times 5$ 个邻接卷积单元作为输入,输入层、H1 层到 H2 层为无采样,即在 H1 层中 64 个单元采用同样的权值,每个单元的 bias(阈值)并不共享,即每个单元有 25 个输入和 1 个 bias,因此,H1 层有 768 个($8 \times 8 \times 12$)单元,19 968 个($768 \times (25+1)$)连接,由于许多连接共享同一权值,所以只有 1 068 个($768+25 \times 12$)自由参数。

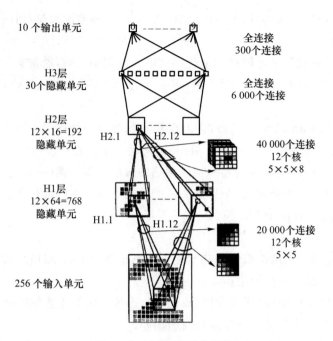

图 5-28  LeNet 1 网络结构

|  | 隐藏单元 | 链接 | 参数 |
|---|---|---|---|
| Out—H3 (FC) | 10 Visible | 10×(30+1)=310 | 10×(30+1)=310 |
| H3—H2 (FC) | 30 | 30×(192+1)= 5 790 | 30×(192+1)= 5 790 |
| H2—H1 (CONV) | 12×4× 4=192 | 192×(5×5×8 +1)=38 592 | 5×5×8×12+ 192=2 592 |
| H1—Input (CONV) | 12×8× 8=768 | 768×(5×5×1 +1)=19 968 | 5×5×1×12+ 768=1 068 |
| Totals | 16×16 In+990 Hidden+ 10 Out | 64 660个链接 | 9 760个参数 |

图 5-29  LeNet 1 网络参数

H2 层中每个单元接受来自 H1 层 12 个核中 8 个核的局部信息,接受域为 8×5×5 邻接单元,因此,H2 层有 200 个输入、200 个权值和 1 个 bias,即 H2 层包含 192 个(12×4×4)单元、38 592 个(192×201,在 H1 和 H2 之间)连接,这些连接由 2 592 个(12×200+192)自由参数控制。

H3 层有 30 个单元,全连接到 H2 层,连接数为 5 790(即 30×192+30),输出层有 10 个单元,全连接到 H3 层(有 310 个权值)。

整个网络有 1 256 个(16×16×990+10)单元、64 660 个连接、9 760 个独立参数,如图 5-29 所示。

2）LeNet 5

LeNet 5 共 7 层(不包含输入层),如图 5-30 所示。卷积层用 C$x$ 表示,子采样层用 S$x$ 表示,全连接层用 F$x$ 表示,$x$ 是层号。初始输入是 32×32 的图片,总共有 340 908 个连接、60 000 个训练自由参数。

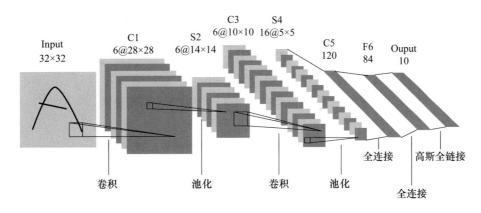

图 5-30　LeNet 5 网络结构

(1) C1 层是卷积层,有 6 个 28×28 的特征图,在每个特征图中每个单元由 25 个连接输入生成(5×5,卷积核),在一个特征图中有 25 个可训练参数和 1 个训练偏差(bias)参与共享,因此,C1 层共有 156 个(6×(5×5+1))可训练自由参数和 122 304 个(156×28×28)连接。

(2) S2 层是子采样层(池化层),子采样层的引入是为了消减特征图的解空间和输出结果对漂移及扭曲的敏感度,因为在图中每个特征精确位置对识别结果的帮助并不大,还可能随着特征的不同实例化而发生变化。子采样层由 6 个 14×14 的特征图构成。每个特征图中每个接受单元连接到 C1 层的对应特征图的 4 个(2×2)邻接域。S2 层中单元值由 C1 层中的 4 个输入单元相加再取平均值,然后乘以可训练系数(权重),再加可训练偏差(bias),最后通过一个 Sigmoid 函数取得。由于 4 个(2×2)感受域不重叠,因此 S2 层中的特征图只有 C1 层中特征图的一半行数和列数,训练参数和训练偏差(bias)控制 Sigmoid 的非线性效果。如果参数小,单元操作处于次线性模式,子采样仅模糊输入;如果参数大,子采样单元操作可看作由训练偏差(bias)决定的"噪声或"或者"噪声与"函数。S2 层有 12 个(2×6)可训练参数和 5 880 个(5×14×14×6)连接。

(3) C3 层是卷积层,有 6 个 10×10 的特征图,在特征图中的每个单元连接来自 S2 层的 5×5 的邻接域。C3 层非完全连接 S2 层,前 6 个 C3 特征图的输入以 S2 中相邻 3 个特征图的连续子集作为输入,接下来的 6 个特征图的输入则以 S2 中相邻 4 个特征图的连续子集作为输入,再接下来的 3 个特征图的输入来自 S2 中非连续的 4 个特征图的子集,最后 1 个特征图的输入来自 S2 的所有特征图。C3 层有 1 516 个(6×(3×5×5+1)+6×(4×5×5+1)+3×(4×5×5+1)+1×(6×5×5+1))可训练参数和 151 600 个(10×10×1 516)连接。

C3 层与 S2 层中前 3 个特征图相连的卷积结构示意如图 5-31 所示,每次卷积后 C3 层可得到 1 个特征图,6 次卷积共得到 6 个特征图,所以有 6×(3×5×5+1)个参数。通过此方法不仅减少了参数个数,还能利用不对称的组合连接方式方便地提取多种组合特征。

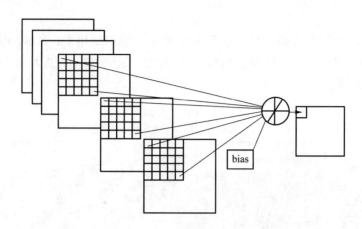

图 5-31　C3 层与 S2 层中前 3 个特征图相连的卷积结构

（4）S4 层是子采样层（池化层），有 16 个 5×5 的特征图，特征图中每个单元连接 C3 层中大小为 2×2 的邻接单元。S4 层有 32 个可训练参数和 2 000 个（16×（2×2+1）×5×5）连接。

（5）C5 层是带有 120 个特征图的卷积层。每个单元连接 S4 层所有（16 个）特征图上 5×5 的邻接单元。由于 S4 的特征图大小是 5×5，所以 C5 的输出大小是 1×1。S4 和 C5 之间是完全连接的。C5 是卷积层，不是全连接层，因为如果 LeNet 5 在其他保持不变的情况下，输入变大，那么其输出特征图维度会大于 1×1。C5 层有 48 120 个（120×（16×5×5+1））可训练连接和 48 120 个参数。

（6）F6 层是全连接层，完全连接到 C5，包含 84 个神经单元，对应于一个 7×12 的 ASCII 编码位图，每个符号的比特图对应于一个编码，每个字符都是 7×12 像素位图。每个神经单元与 C5 层中 120 个单元相连接，因此有 10 164 个（84×（120+1））连接，此外，权值不共享，可训练参数也为 10 164 个。

（7）Output 层是全连接层，采用径向基函数（Radial Basis Function，RBF）连接生成神经单元节点，共有 10 个神经单元（类别），每个神经单元（类别）由 F6 层的 84 个神经单元输入连接。本层由 Sigmoid 函数产生神经单元状态，如节点 $i$ 的权值用 $a_i$ 表示，产生的状态 $x_i$ 用 Sigmoid 函数（双曲正切函数）表示为：

$$x_i = f(a_i)$$

其中，$f(a) = A \tanh S_a$，$f$ 是奇函数，$A$ 伸缩系数，其经验值为 1.715 9，$S$ 是起始处的斜率。

假设 $x$ 是上一层的输入，为 0～9 的 10 个手写体数字，那么可以把它理解为哪一个神经单元输出的数大，那个神经单元代表的数字就为结果 $y$，$y$ 由欧几里得径向基函数表示，计算公式如下：

$$y_i = \sum_j (x_j - \omega_{ij})^2$$

其中，F6 层的 84 个输入用 $x_j$ 表示，权值用 $\omega_{ij}$ 表示，它的值由 $j$ 的比特图编码确定，$j$ 的取值从 0 到 7×12−1，输出为 $i$，$i$ 的取值为 0 到 9。式中，输入和权值的距离平方和越小，表示越相近，RBF 输出的值越接近于 0，即越接近于 $i$ 的标准 ASCII 编码位图，表示当前网络输入的识别结果是字符 $i$ 的可能性越大。本层的连接数为 84×10＝840 个，参数个数也为 840 个。其详细参数如表 5-3 所示。图 5-32 展示了 LeNet 5 网络各层识别数字 4 的基本过程。

表 5-3　LeNet 5 网络参数

| 层序号 | 层名 | 输入大小 | 输出大小 | 卷积核大小 | 输入通道数 | 输出通道数 | 步长 | 参数 | 连接数 |
|---|---|---|---|---|---|---|---|---|---|
| 1 | C1（CONV） | 32×32 | 28×28 | 5×5 | 1 | 6 | 1 | 156 | 122 304 |
| 2 | S2（POOL1） | 28×28 | 14×14 | 2×2 | 6 | 6 | 2 | 12 | 5 880 |
| 3 | C3（CONV） | 14×14 | 10×10 | 5×5 | 6 | 16 | 1 | 1 516 | 151 600 |
| 4 | S4（POOL2） | 10×10 | 5×5 | 5×5 | 16 | 16 | 2 | 32 | 2 000 |
| 5 | C5（CONV） | 5×5 | 1×1 | 5×5 | 16 | 120 | 1 | 48 120 | 48 120 |
| 6 | F6 | 120×1 | 84×1 | | 1 | 1 | 1 | 10 164 | 10 164 |
| 7 | Output（Sigmoid） | 84×1 | 10×1 | | | | | | |

注：输出单元大小（$n_{output} \times n_{output}$）、输入单元大小（$n_{input} \times n_{input}$）、卷积核大小（$f \times f$）三者之间关系为 $n_{output} = \left\lceil \dfrac{n_{input} - f + 1}{s} \right\rceil$，

其中 $s$ 为步长，即图片输出大小等于输入图片的尺寸减去卷积核尺寸再加上 1，最后再除以步长 $s$，在 keras 中通常用 padding＝ valid 表示，如果加 padding，则为 $n_{output} = \left\lceil \dfrac{n_{input} + 2p - f + 1}{s} \right\rceil$。

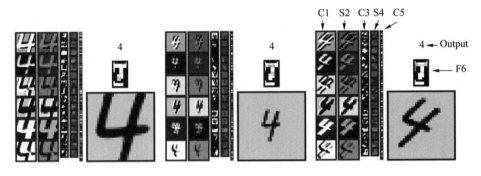

图 5-32　LeNet 5 数字 4 识别的过程

（8）LeNet 5 的损失函数用 MLE（Maximum Likelihood Estimation）进行计算，表示如下：

$$E(W) = \frac{1}{P} \sum_{p=1}^{P} y_{D^p}(Z^p, W) + \log\left(e^{-j} + \sum_{i} e^{-y_i(Z^p, W)}\right)$$

其中，$y_{D^p}$ 表示第 $D_{p^{-th}}$ 个 RBF 神经单元的输出，$Z^p$ 是输入模式，$D_p$ 表示正确的类别，第二项 log 函数是不正确类别（如来自图片背景的无效信息所属类别）的惩罚项，$j$ 是正数。

在损失函数的梯度计算中，所有卷积层的所有权值使用 BP 反向传播算法进行计算。关于它们在 BP 算法中的迭代推导过程，不再赘述。

虽然 LeNet 能够从原始图像的像素中获取有效表征，但仍在大规模训练和计算能力方面有所欠缺。AlexNet 继承了它的特点，经过 ImageNet 竞赛而为人所知，AlexNet 通过引入 ReLU、Dropout、LRN 及 GPU 加速运算，使得在 120 万张图片的 1 000 类分类任务上训练速度、网络深度、预测精度都有了较大提升。训练 CNN 时可能出现的困难之一是需要学习大量

的参数,这可能会导致过拟合。为此,提出了随机池、Dropout 和数据增强等技术。

3) LeNet 构建及应用

LeNet 网络结构相对简单,适用于简单的图像分类任务学习,经常部署在端侧平台。在实践中,初学者通常采用 Keras 搭建 LeNet 5 网络进行学习训练,使用 Keras 搭建 LeNet 5 可以分为模型选择、网络构建、编译、网络训练、预测这几个步骤。Keras 中有 Sequential 模型(单输入、单输出)和 Model 模型(多输入、多输出),本小节选用 Sequential 模型,数据集选用 mnist 集合。

```python
from keras.models import Sequential
from keras.datasets import mnist
from keras.layers import Flatten, Conv2D, MaxPool2D, Dense
from keras.optimizers import SGD
from keras.utils import to_categorical, plot_model

import matplotlib.pyplot as plt


1.导入数据并处理
# mnist 工具读取数据,输入数据维度是(num, 28, 28)
(x_train, y_train), (x_test, y_test) = mnist.load_data()
# 数据重塑为 tensorflow-backend 形式,训练集为 60000 张图片,测试集为 10000 张图片
x_train = x_train.reshape(x_train.shape[0],28,28,1)
x_test = x_test.reshape(x_test.shape[0],28,28,1)
# 把标签转为 one-hot 编码
y_train = to_categorical(y_train,num_classes = 10)
y_test = to_categorical(y_test,num_classes = 10)


2.构建网络
# 选择顺序模型
model = Sequential()
# padding 值为 valid 的计算情况,见表 5-3 注
# 给模型添加卷积层、池化层、全连接层、压缩层,使用 Softmax 函数分类
model.add(Conv2D(input_shape = (28,28,1), filters = 6, kernel_size = (5,5), padding ='valid',
activation ='tanh'))
    model.add(MaxPool2D(pool_size = (2,2), strides = 2))
    model.add(Conv2D(input_shape = (14,14,6), filters = 16, kernel_size = (5,5), padding ='valid',
activation ='tanh'))
    model.add(MaxPool2D(pool_size = (2,2), strides = 2))
    model.add(Flatten())
    model.add(Dense(120, activation ='tanh'))
    model.add(Dense(84, activation ='tanh'))
    model.add(Dense(10, activation ='softmax'))
    # 显示网络主要信息
```

```
model.summary()
3.编译模型
#定义损失函数、优化器、训练过程中计算准确率
model.compile(loss = 'categorical_crossentropy', optimizer = SGD(lr = 0.01), metrics = ['accuracy'])
4. 训练模型
history = model.fit(x_train, y_train, batch_size = 128, epochs = 30, validation_data = (x_test, y_test))
print(history.history.keys())
5.预测评价
score = model.evaluate(x_test, y_test, verbose = 0)
print('Test loss:', score[0])
print('Test accuracy:', score[1])
```

**2. AlexNet**

AlexNet 是 Hinton 的团队 Alex 在 2012 年的 ImageNet 竞赛中提出的深度学习模型。AlexNet 网络有 6 000 万个参数、650 000 个神经元、5 个卷积层、3 个池化层和 3 个全连接层，网络训练应用了 ReLU、Dropout 和 LRN 等 Trick，通过两个 GPU 协同训练进行运算加速。其网络结构结构如图 5-33 所示。

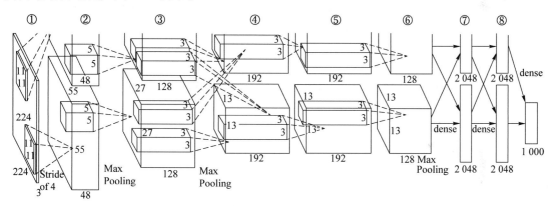

图 5-33　AlexNet 网络结构

1）AlexNet 的基本原理

AlexNet 输入的图像大小是 224×224×3（由于 224 不能被卷积核 11 整除，现在通常输入是 227×227×3）。在第 1 卷积层 CONV1 使用了 96 个 11×11×3 大小的卷积核，步长为 4，通过计算 $\frac{227-11}{4}+1=55$，得到 55×55×96 的特征图，在第 1 卷积层后连接 ReLU1，然后连接 LRN 层（局部响应归一化），local-size 为 5，接着连接池化层，采用最大池化方法，池化卷积核大小为 3×3，步长为 2，经过计算 $\frac{55-3}{2}+1=27$，得到 27×27×96 的特征图，最终得到 27×27×96 的特征数据图。所以，在输入图像到第 2 卷积层之前，经历的过程是 CONV1→ReLU1→ LRN → MaxPooling。

第 2 卷积层接受 27×27×96 的特征图，使用了 256 个 5×5×48 大小的卷积核，padding 填充为 2，经过计算 $\frac{27-5+2\times2}{1}+1=27$，得到 27×27×256 的特征图，连接 ReLU2，然后连接 LRN 层，local-size 为 5，接着连接池化层 Pool 2，池化层卷积核大小为 3×3，步长为 2，经过

计算 $\frac{27-3}{2}+1=13$，得到 $13\times13\times96$ 的特征图，最终得到 $13\times13\times256$ 的特征图。需要注意：group 为 2，卷积分为两部分来完成，经历的过程是 CONV2→ReLU2→ LRN→MaxPooling。

第 3 卷积层，接受 $13\times13\times256$ 的特征图，使用 384 个 $3\times3\times256$ 大小的卷积核，padding 为 1，经过计算 $\frac{13-3+1\times2}{1}+1=13$，得到 $13\times13\times384$ 的特征图，然后连接 ReLU3，最后输出 $13\times13\times384$ 的特征图。经历的过程是 CONV3→ReLU3。

第 4 卷积层，接受 $13\times13\times384$ 的图像，使用 384 个 $3\times3\times192$ 大小的卷积核，padding 为 1，经过计算 $\frac{13-3+2\times1}{1}+1=13$，得到 $13\times13\times384$ 的特征图，然后连接 ReLU4，最后输出 $13\times13\times384$ 的特征图。经过的历程是 CONV4→ReLU4。

第 5 卷积层，接受 $13\times13\times384$ 的图像，使用 256 个 $3\times3\times192$ 大小的卷积核，padding 为 1，经过计算 $\frac{13-3+1\times2}{1}+1=13$，得到 $13\times13\times256$ 的特征图，然后连接 ReLU5，再连接池化层 Pool 5，池化层卷积核大小为 $3\times3$，步长为 2，经过计算 $\frac{13-3}{2}+1=6$，得到 $6\times6\times256$ 的特征图，最后输出 $6\times6\times256$ 的特征图。经历的过程是 CONV5→RELU5 → Pooling。

第 6 层是全连接层，输入 $6\times6\times256$ 的特征图，经过 FC→ReLU6 → Dropout，输出 $4\,096\times1$ 的特征图。

第 7 层是全连接层，输入是 $4\,096\times1$ 的特征图，经过 FC→ReLU7→ Dropout，输出 $4\,096\times1$ 的特征图。

第 8 层是全连接层，是将 $1\,000$ 类输出的 Softmax 层用作分类，输入 $4\,096\times1$ 的特征图，经过 FC→Softmax，输出 $1\,000$ 个神经元，表示 $1\,000$ 个类别。

2）AlexNet 的网络特点

（1）使用 ReLU 作为 CNN 的激活函数，解决了在网络较深时的梯度弥散问题。

（2）在全连接层引入 Dropout，训练时随机忽略一部分神经元节点，不更新连接权重，以避免模型训练过拟合。

（3）使用重叠的最大池化。让步长小于池化核的尺寸大小，使得池化层的输出之间有重叠和覆盖，提升特征的丰富性。

（4）引入 LRN 层，在 ReLU 之后加入 LRN 层，引入神经元的侧向抑制机制，对局部神经元的活动创建竞争机制，增强了模型的泛化能力。

（5）数据增强，使用 random crop 和 flip 的方法，从 $256\times256$ 的像素块中随机提取 $224\times224$ patches 扩充训练样本的数据量，同时通过改变 RGB 通道的强度进行数据增强，防止过拟合，并提升训练模型的泛化能力。

ZFNet 是 ILSVRC 2013 比赛的获胜者，它是 AlexNet 的优化版，重点解释了卷积神经网络中各层的作用，扩大了中间卷积层的大小，使得第 1 层的步长和卷积核变得更小。

**3. VGGNet**

VGG 是 Visual Geometry Group 的简称，2014 年，牛津大学计算机视觉组（Visual Geometry Group）和 Google DeepMind 公司提出了新的深度卷积神经网络 VGGNet（搭建了 16～19 层），VGGNet 通过反复堆叠 $3\times3$ 的小型卷积核和 $2\times2$ 的最大池化层，研究了卷积神经网络的深度与其性能之间的关系，证明了增加网络的深度能够在一定程度上影响网络最终的性能，相比于之前 state-of-the-art 的网络结构，VGGNet 错误率大幅下降，也有较强的泛化能力。它在 ILSVRC 2014 比赛中获得定位项目的第一名和分类项目的第二名（第一名是

2014 年提出的 GoogLeNet)。根据卷积层＋全连接层的数量,VGGNet 分为 VGGNet 11、VGGNet 13、VGGNet 16 和 VGGNet 19。其中,VGGNet 11 包含 8 个卷积层和 3 个全连接层,VGGNet 16 包含 13 个卷积层和 3 个链接层,VGGNet 19 包含 16 个卷积层和 3 个全连接层。

图 5-34 为 VGGNet 16 的网络结构图。

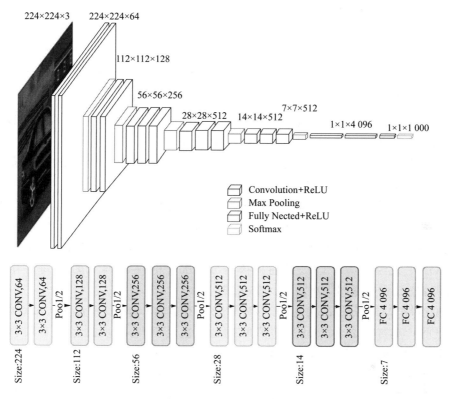

图 5-34  VGGNet 16 网络结构

1) VGGNet 16 的基本原理

在 VGGNet 16 中卷积核的大小为 3×3,每个卷积层包含 2 到 4 个卷积操作,卷积步长为 1,池化的卷积核为 2×2,池化的步长为 2,VGGNet 16 的网络结构详细参数如表 5-4 所示。

表 5-4  **VGGNet 16 网络结构参数**

| | Layer | Feature Map | Size | Kernel Size | Stride | Activation |
|---|---|---|---|---|---|---|
| Input | Image | 1 | 224×224×3 | — | — | — |
| 1 | 2×Convolution | 64 | 224×224×64 | 3×3 | 1 | ReLU |
| | Max Pooling | 64 | 112×112×64 | 3×3 | 2 | ReLU |
| 3 | 2×Convolution | 128 | 112×112×128 | 3×3 | 1 | ReLU |
| | Max Pooling | 128 | 56×56×128 | 3×3 | 2 | ReLU |
| 5 | 2×Convolution | 256 | 56×56×256 | 3×3 | 1 | ReLU |
| | Max Pooling | 256 | 28×28×256 | 3×3 | 2 | ReLU |
| 7 | 3×Convolution | 512 | 28×28×512 | 3×3 | 1 | ReLU |
| | Max Pooling | 512 | 14×14×512 | 3×3 | 2 | ReLU |

| | Layer | Feature Map | Size | Kernel Size | Stride | Activation |
|---|---|---|---|---|---|---|
| 10 | 3×Convolution | 512 | 14×14×512 | 3×3 | 1 | ReLU |
| | Max Pooling | 512 | 7×7×512 | 3×3 | 2 | ReLU |
| 13 | FC | — | 25 088 | — | — | ReLU |
| 14 | FC | — | 4 096 | — | — | ReLU |
| 15 | FC | — | 4 096 | — | — | ReLU |
| Output | FC | — | 1 000 | — | — | Softmax |

图 5-35 为 VGGNet 16 的详细处理过程,具体如下。

(1) CONV_1:输入 224×224×3 的图片,经 64 个 3×3 的卷积核进行 2 次卷积,卷积步长为 1,每层卷积后连接 ReLU,卷积后输出的特征图大小为 224×224×64。

(2) 池化操作 Max Pooling:池化卷积核为 2×2(使得图像尺寸减半),池化步长为 2,池化后输出的特征图大小为 112×112×64。

(3) CONV_2:经 128 个 3×3 的卷积核进行 2 次卷积,卷积步长为 1,每层卷积后连接 ReLU,卷积后输出的特征图大小为 112×112×128。

(4) 池化操作 Max Pooling:池化卷积核为 2×2,池化后输出的特征图大小为 56×56×128。

(5) CONV_3:经 256 个 3×3 的卷积核进行 3 次卷积,卷积步长为 1,每层卷积后连接 ReLU,卷积后输出的特征图大小为 56×56×256。

(6) 池化操作 Max Pooling:池化卷积核为 2×2,池化后输出的特征图大小为 28×28×256。

(7) CONV_4:经 512 个 3×3 的卷积核进行 3 次卷积,卷积步长为 1,每层卷积后连接 ReLU,卷积后输出的特征图大小为 28×28×512。

(8) 池化操作 Max Pooling:池化卷积核为 2×2,池化后输出的特征图大小为 14×14×512。

(9) CONV_5:经 512 个 3×3 的卷积核进行 3 次卷积,卷积步长为 1,每层卷积后连接 ReLU,卷积后输出的特征图大小为 14×14×512。

(10) 池化操作 Max Pooling:池化卷积核为 2×2,池化后输出的特征图大小为 7×7×512。

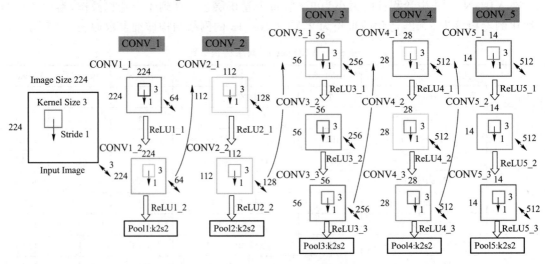

图 5-35 VGGNet 16 的详细处理过程

（11）全连接 3 层，第 13 层全连接层大小为 $1×1×25\,088$，再连接 ReLU、14 层和 15 层的大小是 $1×1×4\,096$（共 3 层）。

（12）通过 Softmax 输出 1 000 个预测结果。

整个网络 VGGNet 11 到 VGGNet 19 的网络配置参数如表 5-5 所示，VGGNet 16 属于网络结构 D。A、A-LRN、B、C、D、E 网络结构的处理过程是类似的，这 6 种网络结构的深度从 11 层增加至 19 层，但参数变化不大，其主要原因是由于采用了小卷积核（3×3，只有 9 个参数），另外在网络中参数主要集中在全连接层。

**表 5-5　VGGNet 11 到 VGGNet 19 的网络配置**

| ConvNet Configuration | | | | | |
|---|---|---|---|---|---|
| A | A-LRN | B | C | D | E |
| 11 weight layers | 11 weight layers | 13 weight layers | 16 weight layers | 16 weight layers | 19 weight layers |
| input(224×224 RGB image) | | | | | |
| CONV3-64 | CONV3-64 | CONV3-64 | CONV3-64 | CONV3-64 | CONV3-64 |
|  | LRN | CONV3-64 | CONV3-64 | CONV3-64 | CONV3-64 |
| Max Pooling | | | | | |
| CONV3-128 | CONV3-128 | CONV3-128 | CONV3-128 | CONV3-128 | CONV3-128 |
|  |  | CONV3-128 | CONV3-128 | CONV3-128 | CONV3-128 |
| Max Pooling | | | | | |
| CONV3-256 | CONV3-256 | CONV3-256 | CONV3-256 | CONV3-256 | CONV3-256 |
| CONV3-256 | CONV3-256 | CONV3-256 | CONV3-256 | CONV3-256 | CONV3-256 |
|  |  |  | CONV1-256 | CONV3-256 | CONV3-256 |
|  |  |  |  |  | CONV3-256 |
| Max Pooling | | | | | |
| CONV3-512 | CONV3-512 | CONV3-512 | CONV3-512 | CONV3-512 | CONV3-512 |
| CONV3-512 | CONV3-512 | CONV3-512 | CONV3-512 | CONV3-512 | CONV3-512 |
|  |  |  | CONV1-512 | CONV3-512 | CONV3-512 |
|  |  |  |  |  | CONV3-512 |
| Max Pooling | | | | | |
| CONV3-512 | CONV3-512 | CONV3-512 | CONV3-512 | CONV3-512 | CONV3-512 |
| CONV3-512 | CONV3-512 | CONV3-512 | CONV3-512 | CONV3-512 | CONV3-512 |
|  |  |  | CONV1-512 | CONV3-512 | CONV3-512 |
|  |  |  |  |  | CONV3-512 |
| Max Pooling | | | | | |
| FC-4 096 | | | | | |
| FC-4 096 | | | | | |
| FC-1 000 | | | | | |
| Softmax | | | | | |

需要注意的是：通过网络 A-LRN 发现，AlexNet 增加的 LRN 层并没有带来性能的提升。

随着网络结构深度的增加,分类性能逐渐提高。多个小卷积核比单个大卷积核性能好,因而使用多个 $3\times3$ 卷积核代替 $7\times7$ 卷积核。

2)VGGNet 的特点

(1)网络结构简洁,层与层之间使用 Max Pooling 分开,隐层的激活单元全采用 ReLU 激活函数。

(2)使用小卷积核和多卷积子层,VGGNet 引入了 $1\times1$ 的小卷积核,使用多个 $3\times3$ 卷积核的卷积层代替大卷积核的卷积层,不仅实现了参数的缩减,还通过更多的非线性映射,增加了网络的拟合能力。

(3)使用小池化核和逐渐增加通道的方式,全部采用 $2\times2$ 的池化核;同时网络中每层的特征图特征大小采用递增方式,从 64 递增到 512,使得更多的信息能够被提取出来。

**4. GoogLeNet**

2014 年,GoogLeNet 在 ImageNet 挑战赛(ILSVRC 2014)中获得第一名,与 VGGNet 继承了 LeNet 和 AlexNet 框架结构不同,GoogLeNet 采用了全新的 22 层网络架构,提出了 Inception 层。LeNet、AlexNet、VGGNet 等结构都通过增大网络的深度(层数)来获得更好的训练效果,但层数的增加会带来过拟合、梯度消失、梯度爆炸等问题。Inception 则从高效地优化网络内的计算资源,以及在相同计算量下提取更多的特征等角度来设计结构,提升训练结果。

1)Inception 层

Inception 层结构思想是在卷积网络中发现局部稀疏结构并用稳固的结构组件去替代,即将稀疏小结构聚类为较为密集的大结构块来提高计算性能,既能保持网络结构的稀疏性,又能利用密集矩阵的高计算性能。

图 5-36 采用不同大小的卷积核意味着不同大小的感受野,最后拼接意味着不同尺度特征的融合。该结构将 CNN 中常用的卷积( $1\times1$ , $3\times3$ , $5\times5$ )和池化操作( $3\times3$ )堆叠在一起(卷积、池化后的尺寸相同,将通道相加),一方面增加了网络的宽度,另一方面也增加了网络对尺度的适应性。网络卷积层中的网络能够提取输入的每一个细节信息,同时 $5\times5$ 的滤波器能够覆盖大部分接受层的输入,还可以进行一个池化操作,以减少空间大小,降低过度拟合的程度。在每一个卷积层后都要做一个 ReLU 操作,以增加网络的非线性特征。为了方便对齐,卷积核大小采用 1、3 和 5。设定卷积步长 stride=1 之后,只要分别设定 padding=0,1,2,那么卷积之后便可以得到相同维度的特征,这些特征可以直接拼接在一起。

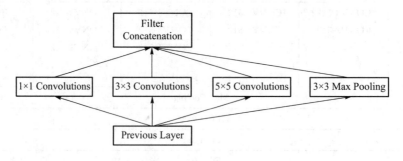

图 5-36 Inception 层

所有的卷积核都在上一层的所有输出上完成,而 $5\times5$ 的卷积核所需的计算量较大,导致特征图的厚度很大,为了避免这种情况,在卷积核 $3\times3$ 、 $5\times5$ 和 Max Pooling 之后分别加上了

1×1 的卷积核,以起到了降低特征图厚度的作用,这就形成了 Inception V1 的网络结构,如图 5-37 所示。

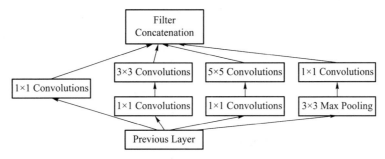

图 5-37　带有维度消减的 Inception V1 的网络结构

2) GoogLeNet 的基本原理

GoogLeNet 采用了模块化的结构,其模块结构如图 5-38 所示,详细结构参数如表 5-6 所示。

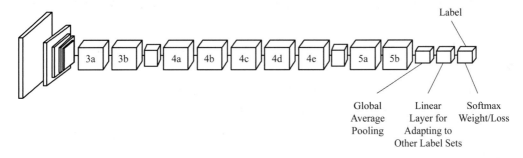

图 5-38　GoogLeNet 模块结构

表 5-6　GoogLeNet 网络结构配置

| Type | Patch Size/ Stride | Output Size | Depth | #1×1 | #3×3 Reduce | #3×3 | #5×5 Reduce | #5×5 | Pool Proj | Params | OPS |
|---|---|---|---|---|---|---|---|---|---|---|---|
| Convolution | 7×7/2 | 112×112×64 | 1 | | | | | | | 2.7K | 34M |
| Max Pooling | 3×3/2 | 56×56×64 | 0 | | | | | | | | |
| Convolution | 3×3/1 | 56×56×192 | 2 | | 64 | 192 | | | | 112K | 360M |
| Max Pooling | 3×3/2 | 28×28×192 | 0 | | | | | | | | |
| Inception(3a) | | 28×28×256 | 2 | 64 | 96 | 128 | 16 | 32 | 32 | 159K | 128M |
| Inception(3b) | | 28×28×480 | 2 | 128 | 128 | 192 | 32 | 96 | 94 | 380K | 304M |
| Max Pooling | 3×3/2 | 14×14×480 | 0 | | | | | | | | |
| Inception(4a) | | 14×14×512 | 2 | 192 | 96 | 208 | 16 | 48 | 64 | 364K | 73M |
| Inception(4b) | | 14×14×512 | 2 | 160 | 112 | 224 | 24 | 64 | 64 | 437K | 88M |
| Inception(4c) | | 14×14×512 | 2 | 128 | 128 | 256 | 24 | 64 | 64 | 463K | 100M |
| Inception(4d) | | 14×14×528 | 2 | 112 | 144 | 288 | 32 | 64 | 64 | 580K | 119M |
| Inception(4e) | | 14×14×832 | 2 | 256 | 160 | 320 | 32 | 128 | 128 | 840K | 170M |
| Max Pooling | 3×3/2 | 7×7×832 | 0 | | | | | | | | |
| Inception(5a) | | 7×7×832 | 2 | 256 | 160 | 320 | 32 | 128 | 128 | 1 072K | 54M |
| Inception(5b) | | 7×7×1 024 | 2 | 384 | 192 | 384 | 48 | 128 | 128 | 1 388K | 71M |

| Type | Patch Size/ Stride | Output Size | Depth | #1×1 | #3×3 Reduce | #3×3 | #5×5 Reduce | #5×5 | Pool Proj | Params | OPS |
|---|---|---|---|---|---|---|---|---|---|---|---|
| Average Pooling | 7×7/1 | 1×1×1 024 | 0 | | | | | | | | |
| Dropout(40%) | | 1×1×1 024 | 0 | | | | | | | | |
| Linear | | 1×1×1 000 | 1 | | | | | | | 1 000K | 1M |
| Softmax | | 1×1×1 000 | 0 | | | | | | | | |

GoogLeNet 结构层的结构设计基本类似。

第 1 卷积层:原始输入图像大小为 224×224×3,且都进行了零均值化的预处理操作,即图像每个像素减去平均值,然后使用 7×7 的卷积核,滑动步长为 2,padding 为 3,64 通道,输出特征图大小为 112×112×64,接着在卷积后进行 ReLU 操作。

池化 Max Pooling,使用 3×3 的池化卷积核,步长为 2,输出特征图大小为((112−3+1)/2)+1=56,即 56×56×64,再进行 ReLU 操作。

第 2 卷积层:使用 3×3 的卷积核,滑动步长为 1,padding 为 1,192 通道,输出特征图大小为 56×56×192,接着在卷积后进行 ReLU 操作。

池化 Max Pooling,使用 3×3 的池化卷积核,步长为 2,输出的特征图大小为((56−3+1)/2)+1=28,即 28×28×192,再进行 ReLU 操作。

第 3 层(Inception 3a 层):如图 5-39 所示,需要经过 64 个 1×1 的卷积核,然后进行 ReLU 计算,输出大小为 28×28×64。

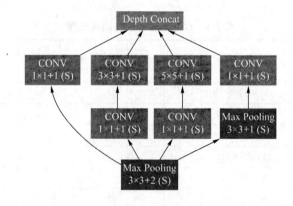

图 5-39 第三层(Inception 3a 层)

96 个 1×1 的卷积核作为 3×3 卷积核之前的降维,变成 28×28×96,然后进行 ReLU 计算,再进行 128 个 3×3 的卷积,padding 为 1,输出大小为 28×28×128。

16 个 1×1 的卷积核作为 5×5 卷积核之前的降维,输出大小为 28×28×16,进行 ReLU 计算后,再进行 32 个 5×5 的卷积,padding 为 2,输出大小为 28×28×32。

Max Pooling 池化层使用 3×3 的卷积核,padding 为 1,输出大小为 28×28×192,然后进行 32 个 1×1 的卷积,输出大小为 28×28×32。

第 3 层(Inception 3b 层):如图 5-40 所示,需要经过 128 个 1×1 的卷积核,然后进行 ReLU 计算,输出 28×28×128。

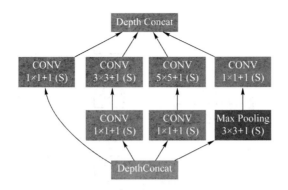

图 5-40　第三层(Inception 3b 层)

128 个 1×1 的卷积核作为 3×3 卷积核之前的降维,输出大小为 28×28×128,进行 ReLU,再进行 192 个 3×3 的卷积,padding 为 1,输出大小为 28×28×192。

32 个 1×1 的卷积核作为 5×5 卷积核之前的降维,输出大小为 28×28×32,进行 ReLU 计算后,再进行 96 个 5×5 的卷积,padding 为 2,输出 28×28×96。

Max Pooling 池化层使用 3×3 的卷积核,padding 为 1,输出大小为 28×28×256,然后进行 64 个 1×1 的卷积,输出大小为 28×28×64。

其他的 Inception(4a)、Inception(4b)、Inception(4c)、Inception(4d)、Inception(4e)、Inception(5a)、Inception(5b)详细参数见表 5-6。

网络采用了 Average Pooling 来代替全连接层,使用了 Dropout 层(过滤 40% 的输出),最后使用修正的线性激活函数和 Softmax 层,输出 1 000 个类别。

表中的"♯3×3 Reduce""♯5×5 Reduce"表示在 3×3 和 5×5 卷积操作之前使用了 1×1 卷积过滤的数量。

3) GoogLeNet 的特点

在卷积网络中,单纯的堆叠网络虽然可以提高准确率,但是会导致计算效率有明显的下降。GoogLeNet Inception V2 通过将大过滤器分解为小过滤器的方法,即使用 n×1 卷积来代替大卷积核,修改了 Inception 的内部计算逻辑,提出了比较特殊的"卷积"计算结构设计,此外 V2 增加了 Batch Normalization,从而实现在不增加过多计算量的同时提高网络的表达能力。Inception V1 和 Inception V2 的结构如图 5-41 所示。

GoogLeNet 主要特点有以下几个。

(1) 网络结构采用了 Average Pooling 来代替全连接层,提高了准确率,同时在最后加了一个全连接层,方便调节网络输出;

(2) 网络中使用了 Dropout,同时为了避免梯度消失,额外增加了 2 个辅助的 Softmax 用于向前传导梯度;

(3) GoogLeNet 采用了模块化结构(Inception 结构),有利于网络结构的修改。

**5. ResNet**

深度残差网络(Deep Residual Network,ResNet)是由何凯明于 2015 年提出的。在 ILSVRC 2015 和 COCO 2015 上 ResNet 取得了 5 项第一。

VGGNet 通过增加网络的深度能够在一定程度上影响网络的最终性能,使错误率大幅下降,但是,网络层数是不是越深效果就越好?

人们通过实验发现,随着网络层级的不断增加,模型精度不断得到提升,而当网络层级增加到一定数目以后,训练精度和测试精度迅速下降,即当网络变得很深以后,深度网络就变得

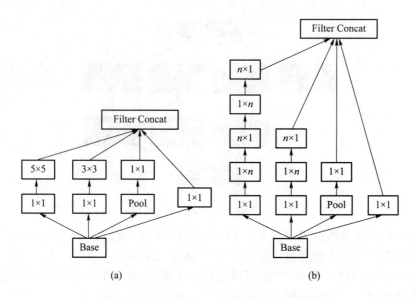

图 5-41　Inception V1 和 Inception V2 结构

更加难以训练了。因为在深度网络训练中,通常会遇到梯度消失与梯度膨胀的问题。

梯度消失是指梯度值趋近于 0。根据链式法则,如果每一层神经元对上一层输出的偏导乘上权重结果都小于 1 的话,那么在经过多层传播之后,误差对输入层的偏导会趋于 0。

梯度膨胀是指梯度值趋近于无穷大。根据链式法则,如果每一层神经元对上一层输出的偏导乘上权重结果都大于 1 的话,在经过足够多层传播之后,误差对输入层的偏导会趋于无穷大。

下面介绍 ResNet 的基本原理。

梯度消失表示深度神经网络无法再学习获得特征,产生网络退化问题。ResNet 网络结构设计针对此问题,引入了深度残差学习框架及恒等快捷连接(Identity Shortcut Connections)思想。在深度残差学习框架中核心是恒等映射(Identity Mapping),使用恒等映射直接将前一层输出传到后一层作为输入,从而使得网络的层次和深度增加但误差不增加。

ResNet 中的残差网络块的基本结构如图 5-42 所示。

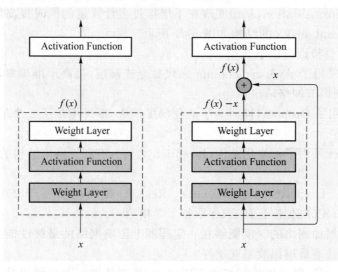

图 5-42　常规网络块结构(左图)和残差网络块结构(右图)

在图 5-42 的左图中,输入 $x$ 通过常规网络块结构后输出的结果是 $f(x)$,在右图的残差网络块结构图中,通过"Shortcut Connections(捷径连接)"的方式,直接把输入 $x$ 传到输出作为初始结果,输出结果为 $f(x)-x+x=f(x)$,当残差网络学习的残差映射是 $f(x)-x$ 时,如果 $f(x)=x$ 是期望的恒等映射,则 ResNet 输出目标值 $f(x)$ 和 $x$ 的差值,即残差 $H(x)=f(x)-x$,因此,接下训练目标就是要将残差结果逼近 0,使得随着网络加深,准确率不下降。ResNet 不同网络深度的参数配置如表 5-7 所示。

表 5-7　ResNet 的不同网络深度的参数配置

| Layer Name | Output Size | 18-Layer | 34-Layer | 50-Layer | 101-Layer | 152-Layer |
|---|---|---|---|---|---|---|
| CONV1 | 112×112 | 7×7,64,Stride 2 | | | | |
| CONV2_x | 56×56 | 3×3 Max Pooling,Stride 2 | | | | |
| CONV2_x | 56×56 | $\begin{bmatrix}3\times3,64\\3\times3,64\end{bmatrix}\times2$ | $\begin{bmatrix}3\times3,64\\3\times3,64\end{bmatrix}\times3$ | $\begin{bmatrix}1\times1,64\\3\times3,64\\1\times1,256\end{bmatrix}\times3$ | $\begin{bmatrix}1\times1,64\\3\times3,64\\1\times1,256\end{bmatrix}\times3$ | $\begin{bmatrix}1\times1,64\\3\times3,64\\1\times1,256\end{bmatrix}\times3$ |
| CONV3_x | 28×28 | $\begin{bmatrix}3\times3,128\\3\times3,128\end{bmatrix}\times2$ | $\begin{bmatrix}3\times3,128\\3\times3,128\end{bmatrix}\times4$ | $\begin{bmatrix}1\times1,128\\3\times3,128\\1\times1,512\end{bmatrix}\times4$ | $\begin{bmatrix}1\times1,128\\3\times3,128\\1\times1,512\end{bmatrix}\times4$ | $\begin{bmatrix}1\times1,128\\3\times3,128\\1\times1,512\end{bmatrix}\times8$ |
| CONV4_x | 14×14 | $\begin{bmatrix}3\times3,256\\3\times3,256\end{bmatrix}\times2$ | $\begin{bmatrix}3\times3,256\\3\times3,256\end{bmatrix}\times6$ | $\begin{bmatrix}1\times1,256\\3\times3,256\\1\times1,1\,024\end{bmatrix}\times6$ | $\begin{bmatrix}1\times1,256\\3\times3,256\\1\times1,1\,024\end{bmatrix}\times23$ | $\begin{bmatrix}1\times1,256\\3\times3,256\\1\times1,1\,024\end{bmatrix}\times36$ |
| CONV5_x | 7×7 | $\begin{bmatrix}3\times3,512\\3\times3,512\end{bmatrix}\times2$ | $\begin{bmatrix}3\times3,512\\3\times3,512\end{bmatrix}\times3$ | $\begin{bmatrix}1\times1,512\\3\times3,512\\1\times1,2\,048\end{bmatrix}\times3$ | $\begin{bmatrix}1\times1,512\\3\times3,512\\1\times1,2\,048\end{bmatrix}\times3$ | $\begin{bmatrix}1\times1,512\\3\times3,512\\1\times1,2\,048\end{bmatrix}\times3$ |
| | 1×1 | Average Pooling,1 000-d FC,Softmax | | | | |
| FLOPs | | $1.8\times10^9$ | $3.6\times10^9$ | $3.8\times10^9$ | $7.6\times10^9$ | $11.3\times10^9$ |

上面提到的恒等快捷连接在网络训练中起到重要的作用,图 5-43 展示了表 5-7 中 CONV2_x 输出大小为 56×56 的特征图在 18-Layer、34-Layer、50-Layer、101-Layer 和 152-Layer 的快捷连接。同样,ResNet 中的 DBA(Deeper Bottleneck Architecture)设计对网络的训练时间至关重要,对于每一个残差函数,使用 3 层的叠块结构,分别是 1×1、2×2 和 3×3 的卷积核,在叠块结构构成中,恒等快捷连接非常重要,它使得网络模型训练变得更有效。

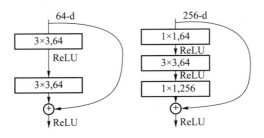

图 5-43　56×56 特征图的叠块(左图)和瓶颈叠块 ResNet-50/101/152 (右图)

如图 5-44(左)所示,残差模块有 2 个 3×3 的卷积层,每个卷积层的输出通道都一样,每个卷积层都连接一个 Batch Normalization 层,接着再连接一个 ReLU 激活函数。如想改变输出通道的数量,可以通过带有 $1\times1$ 卷积核的残差模块完成,如图 5-44(右)所示。

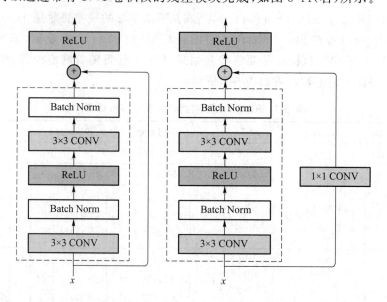

图 5-44　不带有 $1\times1$ 卷积核的残差模块(左)和带有 $1\times1$ 卷积核的残差模块(右)

它们在 TensorFlow 的具体实现代码如下:

```python
import tensorflow as tf
from d2l import tensorflow as d2l

class Residual(tf.keras.Model):  # @save
    """The Residual block ofResNet."""
    def __init__(self, num_channels, use_1x1conv = False, strides = 1):
        super().__init__()
        self.conv1 = tf.keras.layers.Conv2D(num_channels, padding = 'same',
                                            kernel_size = 3, strides = strides)
        self.conv2 = tf.keras.layers.Conv2D(num_channels, kernel_size = 3,
                                            padding = 'same')
        self.conv3 = None
        if use_1x1conv:
            self.conv3 = tf.keras.layers.Conv2D(num_channels, kernel_size = 1,
                                                strides = strides)
        self.bn1 = tf.keras.layers.BatchNormalization()
        self.bn2 = tf.keras.layers.BatchNormalization()

    def call(self, X):
        Y = tf.keras.activations.relu(self.bn1(self.conv1(X)))
        Y = self.bn2(self.conv2(Y))
        if self.conv3 is not None:
            X = self.conv3(X)
        Y += X
        return tf.keras.activations.relu(Y)
```

左图输入和输出一样的形态，如下：

```
blk = Residual(3)
X = tf.random.uniform((4, 6, 6, 3))
Y = blk(X)
Y.shape
```

右图改变输出的形态，如下：

```
blk = Residual(6, use_1x1conv = True, strides = 2)
blk(X).shape
```

上述 ResNet、GoogleNet、VGGNet、AlexNet 各个网络训练后的测试结果对比如图 5-45
所示。

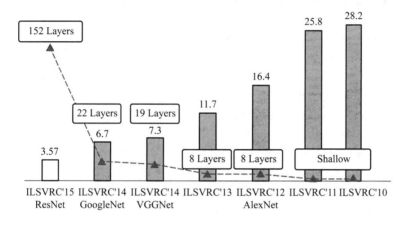

图 5-45　ResNet、GoogleNet、VGGNet、AlexNet 错误率对比情况

### 5.4.3　基于卷积神经网络的猫狗分类案例

前面讲述了卷积神经网络 CNN 的实现原理以及经典图像分类网络结构，下面通过搭建
AlexNet 网络，实现猫狗分类案例。

（1）搭建 AlexNet 网络并进行模型训练。

```
import tensorflow as tf
import read_imgs
import numpy as np


MODEL_SAVE_PATH = "./save_model/" # 保存模型的路径
MODEL_NAME = "anim_model" # 命名模型


w, h, c = read_imgs.w, read_imgs.h, read_imgs.c
# 读入并打乱数据集
x_train, y_train, x_test, y_test = read_imgs.disorganize()


# 构建网络
```

```
tf_x = tf.placeholder(tf.float32, [None, w * h * c], name = 'input_x')
image = tf.reshape(tf_x, [-1, w, h, c])
tf_y = tf.placeholder(tf.int32, shape = [None, ], name = 'tf_y')
keep_prob = tf.placeholder(tf.float32, name = 'keep_out')


def inference(input_tensor):
    with tf.name_scope('Convolution_layer_1'):
        print(input_tensor.shape)
        conv1 = tf.layers.conv2d(inputs = input_tensor, filters = 96, kernel_size = 11, strides = 4,
                activation = tf.nn.relu)
        pool1 = tf.layers.max_pooling2d(conv1, pool_size = 3, strides = 2)
        norm1 = tf.nn.lrn(pool1, depth_radius = 5)
    with tf.name_scope('Convolution_layer_2'):
        print("pool1", pool1.shape)
        conv2 = tf.layers.conv2d(norm1, 256, 5, 1, padding = "same", activation = tf.nn.relu)
        print("conv2", conv2.shape)
        pool2 = tf.layers.max_pooling2d(conv2, 3, 2)
        norm2 = tf.nn.lrn(pool2, 5)
    with tf.name_scope('Convolution_layer_3'):
        print("pool2", pool2.shape)
        conv3 = tf.layers.conv2d(norm2, 384, 3, 1, padding = "same", activation = tf.nn.relu)
    with tf.name_scope('Convolution_layer_4'):
        print("conv3", conv3.shape)
        conv4 = tf.layers.conv2d(conv3, 384, 3, 1, padding = "same", activation = tf.nn.relu)
    with tf.name_scope('Convolution_layer_5'):
        conv5 = tf.layers.conv2d(conv4, 256, 3, 1, padding = "same", activation = tf.nn.relu)
        pool5 = tf.layers.max_pooling2d(conv5, 3, 2)
        print(pool5.shape)
    with tf.name_scope('The_connection_layer'):
        nodes = 6 * 6 * 256
        reshaped = tf.reshape(pool5, [-1, nodes])
        full6 = tf.layers.dense(reshaped, 4096, activation = tf.nn.relu)
        dropout6 = tf.nn.dropout(full6, keep_prob)
        full7 = tf.layers.dense(dropout6, 4096, activation = tf.nn.relu)
        dropout7 = tf.nn.dropout(full7, keep_prob)
        logit = tf.layers.dense(dropout7, 6)
    return logit


logits = inference(image)
tf.identity(logits, name = "output")
with tf.name_scope('loss'):
```

```
    loss = tf.nn.sparse_softmax_cross_entropy_with_logits(logits = logits, labels = tf_y)
    tf.summary.scalar('loss',tf.reduce_mean(loss))
with tf.name_scope('train'):
    train_op = tf.train.AdamOptimizer(learning_rate = 0.0001).minimize(loss)
    correct_prediction = tf.equal(tf.cast(tf.argmax(logits, 1), tf.int32), tf_y)
    acc = tf.reduce_mean(tf.cast(correct_prediction, tf.float32))


#训练和测试数据,设置模型参数
n_epoch = 1001
batch_size = 64
saver = tf.train.Saver(max_to_keep = 1)
with tf.Session() as sess:
    sess.run(tf.global_variables_initializer())
    merged = tf.summary.merge_all()
    train_writer = tf.summary.FileWriter("../train/", sess.graph)
    validation_writer = tf.summary.FileWriter("../validation/", sess.graph)
    train_num, validation_num = 0, 0
    for epoch in range(n_epoch):
        # training
        train_loss, train_acc, n_batch = 0, 0, 0
        for x_train_a, y_train_a in read_imgs.minibatches(x_train, y_train, batch_size, shuffle = True):
            _, err, ac = sess.run([train_op, loss,acc], feed_dict = {tf_x: x_train_a, tf_y: y_train_a,
            keep_prob: 0.5})
            train_loss += err; train_acc += ac; n_batch += 1
            rs = sess.run(merged, feed_dict = {tf_x: x_train_a, tf_y: y_train_a, keep_prob: 0.5})
            train_num += 1
            train_writer.add_summary(rs,train_num)
        print("   train loss: % f" % (np.sum(train_loss) / n_batch))
        print("   train acc: % f" % (np.sum(train_acc) / n_batch))
        # validation
        val_loss, val_acc, n_batch = 0, 0, 0
        forx_val_a, y_val_a in read_imgs.minibatches(x_test, y_test, batch_size, shuffle = False):
            err, ac = sess.run([loss, acc], feed_dict = {tf_x: x_val_a, tf_y: y_val_a, keep_prob: 1.})
            val_loss += err; val_acc += ac; n_batch += 1
            rs = sess.run(merged, feed_dict = {tf_x: x_train_a, tf_y: y_train_a, keep_prob: 1.})
            validation_num += 1
            validation_writer.add_summary(rs, validation_num)
        print("   validation loss: % f" % (np.sum(val_loss) / n_batch))
        print("   validation acc: % f" % (np.sum(val_acc) / n_batch))


#保存模型
        if epoch % 10 == 0 and epoch != 0:
            print("第", epoch / 10, "次模型")
            saver.save(sess, os.path.join(MODEL_SAVE_PATH, MODEL_NAME), global_step = epoch)
```

（2）测试上述训练完成的模型。

```
import tensorflow as tf
from skimage import io, transform
import numpy as np
import matplotlib.pyplot as plt
import os

MODEL_SAVE_PATH = "./model/"                        # 保存模型的路径
MODEL_NAME = "anim_model"                           # 模型命名
path = "./test_img/"                                # 测试图片路径
w = 227
h = 227
c = 3

def read_one_image(path):
    img = io.imread(path)
    plt.subplot(121)
    plt.title('before resize')
    plt.imshow(img)
    img = transform.resize(img, (w, h, c))
    plt.subplot(122)
    plt.title('last resize')
    plt.imshow(img)
    plt.show()
    img = img.flatten()
    returnnp.asarray(img)


# 模型调用
TEST_IMAGE_PATHS = os.path.join(path, 'timg3.jpg')       # 测试图片
name = '巴曼猫', "孟买猫", "英短", "比格猎犬", "沙皮狗", "柴犬"
ckpt = tf.train.get_checkpoint_state(MODEL_SAVE_PATH)
saver = tf.train.import_meta_graph(ckpt.model_checkpoint_path + '.meta')  # 载入图结构,并保
存在.meta 文件中
with tf.Session() as sess:
    saver.restore(sess, ckpt.model_checkpoint_path)
    in_x = sess.graph.get_tensor_by_name('input_x:0')  # 加载输入变量
    y = sess.graph.get_tensor_by_name('output:0')       # 加载输出变量
    Data = []
    data = read_one_image(TEST_IMAGE_PATHS)
    Data.append(data)
    scores = sess.run(y, feed_dict = {in_x: Data})
    num = (np.argmax(scores, 1))
    print(name[np.ndarray.sum(num)])
Data.pop()
```

（3）图片识别结果如图 5-46 和图 5-47 所示。

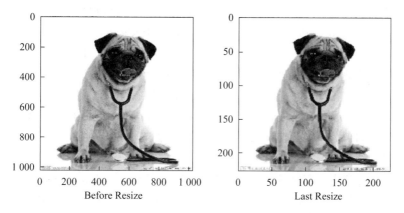

图 5-46 识别到沙皮狗

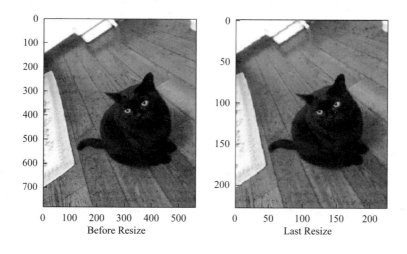

图 5-47 识别到孟买猫

## 5.5 循环神经网络

循环神经网络（Recurrent Neural Networks，RNN）是处理序列（Sequence）数据信息的有向有环网络，即一个序列的输出与前面隐藏层的输入相关，网络会对前面的信息进行记忆并应用于当前输出的运算。它表示信息在时间维度从前往后的传递和积累。典型的有双向循环神经网络（Bidirectional RNN，BRNN）和长短期记忆网络（Long Short Term Memory Networks，LSTM）。

### 5.5.1 循环神经网络简介

最早关于循环神经网络的研究开始于 20 世纪 80 年代，1982 年，John Hopfield 提出了 Hopfield 神经网络，使用二元节点建立了内部所有节点都相互连接，包含递归计算和外部记忆（External Memory）的神经网络。接着，1986 年 Michael I. Jordan 在分布式并行处理

(Parallel Distributed Processing)理论下提出了 Jordan 网络。Jordan 网络的每个隐含层节点都与一个状态单元(State Units)相连以实现延时输入,并使用反向传播算法(BP)进行学习。1989 年,Ronald Williams 和 David Zipser 提出了 RNN 的实时循环学习(Real-Time Recurrent Learning,RTRL),随后,1990 年全连接的 RNN 网络(Elman 网络)和随时间反向传播算法(BPT T)出现,RNN 网络得到了了不断的发展和丰富。

在 RNN 网络的发展过程中,人们发现在对长序列进行学习时,循环神经网络会出现梯度消失和梯度爆炸现象,无法掌握长时间跨度的非线性关系,即循环神经网络中存在着长期依赖问题。针对此问题,1997 年,Hochreiter 提出了长短期记忆网络(LSTM),M. Schuster 提出了双向循环神经网络(BRNN),以解决长期依赖问题。2005 年之后,基于 RNN 的语言模型、编码器-解码器、自注意力层等一系列 RNN 算法出现。2014 年,K. Cho 提出了门控循环单元网络(Gated Recurrent Unit Networks,GRU),GRU 是 LSTM 的一种变体,参数比 LSTM 更少,在计算能力和时间成本上更有优势。

RNN 有着广泛的应用,在图像识别、图像分类、机器翻译、时间序列预测、语音识别、音乐合成、手写字体识别等方面都有应用。

RNN 与 CNN 相比,其主要区别有:RNN 能处理序列数据,而 CNN 不能处理序列数据;在 RNN 中,先前的输出存储,可以作为当前状态的输入;CNN 在模型深度方面比 RNN 更具有优势;CNN 常用于图像分类、计算机视觉应用方面,而 RNN 在自然语言处理方面更有优势。

### 5.5.2 RNN 网络结构

#### 1. RNN 基本结构

与传统神经网络所有输入(或输出)之间都是彼此独立的相比,RNN 在处理序列数据时其输入依赖前面的输入,且能记忆前面的状态,即 RNN 有短期记忆功能,RNN 的输入包含两部分,分别是当前输入和前面临近的输出。RNN 的基本结构如图 5-48 所示。

我们把图 5-48 全连接的结构压缩转换为如图 5-49 所示的 RNN 基本结构,$x$ 是输入,$h$ 是隐藏层,$y$ 是输出,$A$、$B$、$C$ 是网络参数。

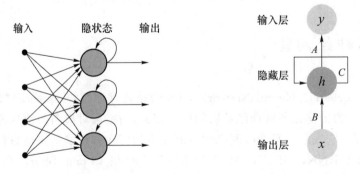

图 5-48　RNN 基本结构　　　　图 5-49　RNN 转换后的基本结构

把如图 5-49 所示的 RNN 结构中的网络结构展开,如图 5-50 所示。不同时刻的输入包含了当前时刻的输入和上一时刻的输出,即 $t$ 时刻的输入是 $x(t)$ 和 $x(t-1)$。令 $h(t)$ 表示新的状态,$h(t-1)$ 表示旧的状态,$f_c(\cdot)$ 表示参数 $c$ 的函数,则 $h(t)=f_c(Ch(t-1),Bx(t))$,$h(t)$ 可以保存 $t$ 时刻之前的所有信息,$y(t)$ 是在 $t$ 时刻的输出,$y(t)$ 的计算只基于当前时刻 $t$ 的保存记忆信息,如果我们想预测句子中的下一个词,那么它的概率为 $y(t)=\mathrm{Softmax}(Ah(t))$。

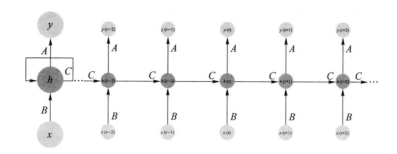

图 5-50　展开的循环神经网络结构

在图 5-50 中,RNN 网络在每个时刻,不同隐藏状态下,都共享参数 $A$、$B$、$C$。

RNN 网络结构的优势体现在以下几个方面:

(1) 有可能处理任意长度的输入;

(2) 模型大小不随输入大小的变化而变化;

(3) 计算考虑了历史信息;

(4) 在不同时间段,权值参数都共享。

但 RNN 也存在着计算慢,很久之前的信息很难利用,无法在当前状态考虑未来需要的输入等缺点。

**2. RNN 基本的类型**

根据输入和输出的通道数量以及输入与输出的对应关系,RNN 通常分为一对一(One to One)、一对多(One to Many)、多对一(Many to One)、多对多(Many to Many)四种类型,如图 5-51 所示。

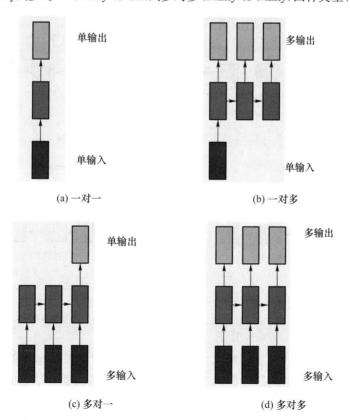

图 5-51　RNN 基本类型

如果我们处理的问题输入是一个单独的值,输出是一个单独值,那么可以采用一对一类型。

一对一是指一个输入和一个输出,这种关系常见于传统的神经网络,是比较原始的 RNN 结构类型。

如果我们处理的问题输入是一个单独的值,输出是一个序列,那么可以采用一对多类型。

一对多是指一个输入和多个输出,可只在其中的某一个序列进行计算,比如在第一个序列进行输入计算或者在其他序列进行输入计算。这种结构类型通常应用于图像标注、图像描述生成、音乐生成等场景。

多对一是指多个输入和一个输出,这种结构类型的应用场景有情感分类等任务,如输入一个句子多个词,判断情感是正面的还是负面的。

多对多是指多个输入和多个输出,它的子结构如图 5-52 所示,可分为四种情况。

图 5-52(a)所示的是 Sequence to Sequence 的网络结构,可以用在股票价格的预测中。

图 5-52(b)所示的是 Sequence to Vector 的网络结构,比如在电影评论中,根据输入的序列评论词,输出一个向量,评价对电影的情感是喜欢($+1$)、不喜欢($-1$)、中立($0$)等。

图 5-52(c)所示的是 Vector to Sequence 的网络结构,只以初始输入值 $x_{(0)}$ 为有效值,其他时刻的输入全置为 $0$,最后输出一个序列。例如,输入一张图片,然后输出图片标注、图片描述生成。

图 5-52(d)所示的是 Encoder-Decoder 网络结构,是两阶段模型,Encoder 部分是 Sequence to Vector 网络结构,Decoder 部分是 Vector to Sequence 网络结构。常应用于机器翻译等场景,如把一种语言的句子转为另外一种语言。

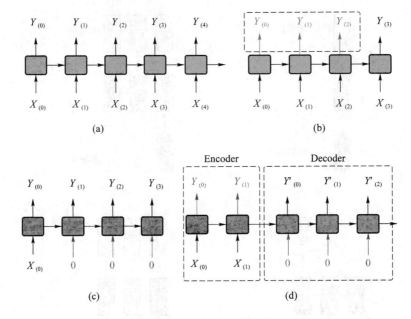

图 5-52 多对多网络结构

由于 RNN 固有的特性,上述四种 RNN 类型都存在梯度消失和梯度爆炸问题。梯度消失是指在 RNN 训练过程中,梯度携带的误差通过梯度反向传播更新网络权值时,梯度趋近 $0$,参数的反向传播更新变得不再明显,这将会使得长数据序列的学习变得困难。梯度爆炸是指在训练过程中,由于大的错误梯度累积,使得模型权值参数更新出现指数级的增长,梯度趋近无

穷大,导致训练时间越长,模型的表现和准确率都变得更差。针对此问题,RNN 发展演化出了四类方法来缓解上述问题,分别是:

（1）权值初始化方法,包含 Identity-RNN、np-RNN 等;

（2）常量误差传递方法（Constant Error Carousel,CEC）包含长短记忆网络 LSTM、门限递归单元 GRU 等;

（3）Hessian Free 优化方法可以不用预训练网络的权值,其思想类似于牛顿迭代法,通过技巧直接算出 Hessian 矩阵 $H$ 和任意向量 $v$ 的乘积 $Hv$,用于网络优化;

（4）回声状态网络方法（Echo State Networks,ESN）是隐藏层具有稀疏连接（通常为 1% 的连通性,大部分权值设置为 0）的 RNN。

**3. 长短期记忆网络 LSTM**

1）LSTM 结构及组成

上文已经讲到长短期记忆网络（LSTM）是为解决一般的 RNN 存在的长期依赖问题而专门设计出来的,LSTM 是链式结构,内置存储信息的记忆模块,适合于处理和预测时间序列中间隔和延迟非常长的信息,可作为复杂的非线性单元用于构造更大型的深度神经网络。其结构如图 5-53 所示。

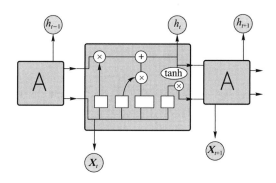

图 5-53　LSTM 结构

LSTM 结构中包含可添加或删除信息的结构门,包含输入门、输入调节门、忘记门、独立记忆单元（Cell）、输出门以及隐藏状态输出五个部分,如图 5-54 所示。

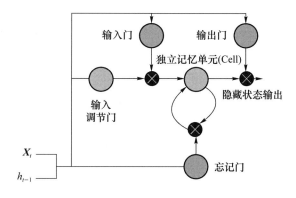

图 5-54　LSTM 门

LSTM 门是 Sigmoid 非线性单元,用来控制传递后的历史信息保留程度。其值输出范围为（0,1）。

LSTM 忘记门决定传递多少历史信息。

LSTM 输入门包含 2 个部分:一个是感知机 tanh 层,决定是否当前输入中有新的或有意思的信息;另外一个是门,决定这些是否值得被记忆。

LSTM 输出门:输出使用候选状态 tanh 将输出压缩至(−1,1),但不再影响记忆的传递能力,同时,由输出门控制并决定记忆的内容在当前步是否只需要被输出。

LSTM 独立记忆单元(Cell):由忘记门、输入门、输出门、Sigmoid 非线性函数 $\sigma(\cdot)$ 和常量误差传递,共同组成了一个 LSTM 独立单元,如图 5-55 所示。

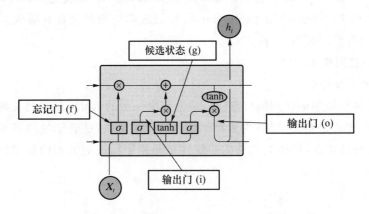

图 5-55　LSTM 独立记忆单元(Cell)构成

2)LSTM 模型计算

假设有 $h$ 个隐藏单元,batch size 为 $n$,输入的数量为 $d$,输入用 $\boldsymbol{X}_t \in \mathbb{R}^{n \times d}$ 表示,$t-1$ 时刻的隐藏状态用 $\boldsymbol{H}_t \in \mathbb{R}^{n \times h}$ 表示,$t$ 时刻的输入门表示为 $\boldsymbol{I}_t \in \mathbb{R}^{n \times h}$,忘记门表示为 $\boldsymbol{F}_t \in \mathbb{R}^{n \times h}$,输出门表示为 $\boldsymbol{O}_t \in \mathbb{R}^{n \times h}$,$\tilde{\boldsymbol{C}}_t \in \mathbb{R}^{n \times h}$ 表示候选记忆独立单元,$\boldsymbol{C}_t \in \mathbb{R}^{n \times h}$ 表示记忆独立单元,$\boldsymbol{H}_t \in \mathbb{R}^{n \times h}$ 表示隐藏状态,计算公式如下:

$$\boldsymbol{I}_t = \sigma(\boldsymbol{X}_t \boldsymbol{W}_{xi} + \boldsymbol{H}_{t-1} \boldsymbol{W}_{hi} + b_i)$$
$$\boldsymbol{F}_t = \sigma(\boldsymbol{X}_t \boldsymbol{W}_{xf} + \boldsymbol{H}_{t-1} \boldsymbol{W}_{hf} + b_f)$$
$$\boldsymbol{O}_t = \sigma(\boldsymbol{X}_t \boldsymbol{W}_{xo} + \boldsymbol{H}_{t-1} \boldsymbol{W}_{ho} + b_o)$$
$$\tilde{\boldsymbol{C}}_t = \tanh(\boldsymbol{X}_t \boldsymbol{W}_{xc} + \boldsymbol{H}_{t-1} \boldsymbol{W}_{hc} + b_c)$$

其中 $W_{xi}, W_{xf}, W_{xo}, W_{xc} \in \mathbb{R}^{d \times h}, W_{hi}, W_{hf}, W_{ho}, W_{hc} \in \mathbb{R}^{h \times h}$,都是权值参数,$b_i, b_f, b_o, b_c \in \mathbb{R}^{1 \times h}$,是偏置参数。

如同上面所讲的在 LSTM 中,输入门 $\boldsymbol{I}_t$ 决定着通过候选独立记忆单元 $\tilde{\boldsymbol{C}}_t$ 的新数据信息有多少会被携带,忘记门 $\boldsymbol{F}_t$ 决定着有多少旧的记忆单元信息 $\boldsymbol{C}_{t-1}$ 会被保留,从而得到更新公式:

$$\boldsymbol{C}_t = \boldsymbol{F}_t \odot \boldsymbol{C}_{t-1} + \boldsymbol{I}_t \odot \tilde{\boldsymbol{C}}_t$$

如果在时间的变化中,忘记门 $\boldsymbol{F}_t$ 总是接近 1,输入门 $\boldsymbol{I}_t$ 总是接近 0,则旧的信息 $\boldsymbol{C}_{t-1}$ 会被不断保留,传递给当前时间段,从而缓解梯度消失的问题,捕获更长的序列数据。

隐藏状态的计算可通过如下公式完成:

$$\boldsymbol{H}_t = \boldsymbol{O}_t \odot \tanh \boldsymbol{C}_t$$

具体的 LSTM 搭建及训练代码如下:

（1）定义设置模型参数。

```
import tensorflow as tf
from d2l import tensorflow as d2l

batch_size, num_steps = 32，35
train_iter, vocab = d2l.load_data_time_machine(batch_size, num_steps)
定义设置模型参数
def get_lstm_params(vocab_size, num_hiddens)：
    num_inputs = num_outputs = vocab_size

    def normal(shape)：
        return tf.Variable(
            tf.random.normal(shape = shape, stddev = 0.01, mean = 0,
                dtype = tf.float32))

    def three()：
        return (normal(
            (num_inputs, num_hiddens)), normal((num_hiddens, num_hiddens)),
                tf.Variable(tf.zeros(num_hiddens), dtype = tf.float32))

    W_xi, W_hi, b_i = three()          # 输入门参数
    W_xf, W_hf, b_f = three()          # 忘记门参数
    W_xo, W_ho, b_o = three()          # 输出门参数
    W_xc, W_hc, b_c = three()          # 候选记忆独立单元参数
    # 输出层参数
    W_hq = normal((num_hiddens, num_outputs))
    b_q = tf.Variable(tf.zeros(num_outputs), dtype = tf.float32)
    # Attach gradients
    params = [
        W_xi, W_hi, b_i, W_xf, W_hf, b_f, W_xo, W_ho, b_o, W_xc, W_hc, b_c,
        W_hq, b_q]
return params
train_iter, vocab = d2l.load_data_time_machine(batch_size, num_steps)
```

（2）定义模型，代码如下：

```
    def init_lstm_state(batch_size, num_hiddens)：
        return (tf.zeros(shape = (batch_size, num_hiddens)),
            tf.zeros(shape = (batch_size, num_hiddens)))

    def lstm(inputs, state, params)：
        W_xi, W_hi, b_i, W_xf, W_hf, b_f, W_xo, W_ho, b_o, W_xc, W_hc, b_c, W_hq, b_q = params
        (H, C) = state
        outputs = []
```

```
for X in inputs:
    X = tf.reshape(X, [-1, W_xi.shape[0]])
    I = tf.sigmoid(tf.matmul(X, W_xi) + tf.matmul(H, W_hi) + b_i)
    F = tf.sigmoid(tf.matmul(X, W_xf) + tf.matmul(H, W_hf) + b_f)
    O = tf.sigmoid(tf.matmul(X, W_xo) + tf.matmul(H, W_ho) + b_o)
    C_tilda = tf.tanh(tf.matmul(X, W_xc) + tf.matmul(H, W_hc) + b_c)
    C = F * C + I * C_tilda
    H = O * tf.tanh(C)
    Y = tf.matmul(H, W_hq) + b_q
    outputs.append(Y)
return tf.concat(outputs, axis=0), (H, C)
```

（3）训练模型和进行预测，代码如下：

```
vocab_size, num_hiddens, device_name = len(
    vocab), 256, d2l.try_gpu()._device_name
num_epochs, lr = 500, 1
strategy = tf.distribute.OneDeviceStrategy(device_name)
with strategy.scope():
    model = d2l.RNNModelScratch(len(vocab), num_hiddens, init_lstm_state,
            lstm, get_lstm_params)
d2l.train_ch8(model, train_iter, vocab, lr, num_epochs, strategy)
```

### 5.5.3 基于 RNN 的文本分类案例

通过本小节中讲解的 RNN 网络结构，实现文本分类。

（1）搭建 RNN 网络，具体代码如下。

```
import tensorflow as tf

class TRNNConfig(object):
    """RNN 配置参数"""

    #模型参数
    embedding_dim = 64          # 词向量维度
    seq_length = 600            # 序列长度
    num_classes = 10            # 类别数
    vocab_size = 5000           # 词汇表大小

    num_layers = 2              # 隐藏层层数
    hidden_dim = 128            # 隐藏层神经元
    rnn = 'gru'                 # lstm 或 gru

    dropout_keep_prob = 0.8     # dropout 保留比例
    learning_rate = 1e-3        # 学习率
```

```
    batch_size = 128              # 每批训练大小
    num_epochs = 10              # 总迭代轮次

    print_per_batch = 100        # 每多少轮输出一次结果
    save_per_batch = 10          # 每多少轮存入 tensorboard

class TextRNN(object):
    """文本分类,RNN 模型"""
    def __init__(self, config):
        self.config = config

        # 三个待输入的数据
        self.input_x = tf.placeholder(tf.int32, [None, self.config.seq_length], name='input_x')
        self.input_y = tf.placeholder(tf.float32, [None, self.config.num_classes], name='input_y')
        self.keep_prob = tf.placeholder(tf.float32, name='keep_prob')

        self.rnn()


    def rnn(self):
        """rnn 模型"""

        def lstm_cell():          # lstm 核
            return tf.contrib.rnn.BasicLSTMCell(self.config.hidden_dim, state_is_tuple=True)

        def gru_cell():           # gru 核
            return tf.contrib.rnn.GRUCell(self.config.hidden_dim)

        def dropout():            # 为每一个 rnn 核后面加一个 dropout 层
            if (self.config.rnn == 'lstm'):
                cell = lstm_cell()
            else:
                cell = gru_cell()
            return tf.contrib.rnn.DropoutWrapper(cell, output_keep_prob=self.keep_prob)

        # 词向量映射
        with tf.device('/cpu:0'):
            embedding = tf.get_variable('embedding', [self.config.vocab_size, self.config.
                    embedding_dim])
            embedding_inputs = tf.nn.embedding_lookup(embedding, self.input_x)

        with tf.name_scope("rnn"):
            # 多层 rnn 网络
            cells = [dropout() for _ in range(self.config.num_layers)]
```

```
                rnn_cell = tf.contrib.rnn.MultiRNNCell(cells, state_is_tuple = True)

                _outputs, _ = tf.nn.dynamic_rnn(cell = rnn_cell, inputs = embedding_inputs, dtype =
                        tf.float32)
                last = _outputs[:, -1, :]    #取最后一个时序输出作为结果

        with tf.name_scope("score"):
                #全连接层，后面接dropout以及relu激活
                fc = tf.layers.dense(last, self.config.hidden_dim, name = 'fc1')
                fc = tf.contrib.layers.dropout(fc, self.keep_prob)
                fc = tf.nn.relu(fc)

                #分类器
                self.logits = tf.layers.dense(fc, self.config.num_classes, name = 'fc2')
                self.y_pred_cls = tf.argmax(tf.nn.softmax(self.logits), 1)   # 预测类别

        with tf.name_scope("optimize"):
                #损失函数，交叉熵
                cross_entropy = tf.nn.softmax_cross_entropy_with_logits(logits = self.logits,
                        labels = self.input_y)
                self.loss = tf.reduce_mean(cross_entropy)
                #优化器
                self.optim = tf.train.AdamOptimizer(learning_rate = self.config.learning_rate).
                        minimize(self.loss)

        with tf.name_scope("accuracy"):
                #准确率
                correct_pred = tf.equal(tf.argmax(self.input_y, 1), self.y_pred_cls)
                self.acc = tf.reduce_mean(tf.cast(correct_pred, tf.float32))
```

（2）训练模型，具体代码如下。

```
def train():
    print("Configuring TensorBoard and Saver...")
    #配置tensorboard，重新训练时，请将tensorboard文件夹删除，不然图会覆盖
    tensorboard_dir = 'tensorboard/textrnn'
    if notos.path.exists(tensorboard_dir):
        os.makedirs(tensorboard_dir)


    tf.summary.scalar("loss", model.loss)
    tf.summary.scalar("accuracy", model.acc)
    merged_summary = tf.summary.merge_all()
    writer = tf.summary.FileWriter(tensorboard_dir)
```

```python
# 配置 saver
saver = tf.train.Saver()
if notos.path.exists(save_dir):
    os.makedirs(save_dir)


print("Loading training and validation data...")
# 载入训练集与验证集
start_time = time.time()
x_train, y_train = process_file(train_dir, word_to_id, cat_to_id, config.seq_length)
x_val, y_val = process_file(val_dir, word_to_id, cat_to_id, config.seq_length)
time_dif = get_time_dif(start_time)
print("Time usage:",time_dif)


# 创建 session
session = tf.Session()
session.run(tf.global_variables_initializer())
writer.add_graph(session.graph)


print('Training and evaluating...')
start_time = time.time()
total_batch = 0    # 总批次
best_acc_val = 0.0    # 最佳验证集准确率
last_improved = 0    # 记录上一次提升批次
require_improvement = 1000    # 如果超过 1000 轮未提升,提前结束训练


flag = False
for epoch in range(config.num_epochs):
    print('Epoch:', epoch + 1)
    batch_train = batch_iter(x_train, y_train, config.batch_size)
    for x_batch, y_batch in batch_train:
        feed_dict = feed_data(x_batch, y_batch, config.dropout_keep_prob)

        if total_batch % config.save_per_batch == 0:
            # 每多少轮次将训练结果写入 tensorboard scalar
            s = session.run(merged_summary, feed_dict = feed_dict)
            writer.add_summary(s, total_batch)

        if total_batch % config.print_per_batch == 0:
            # 每多少轮次输出在训练集和验证集上的性能
            feed_dict[model.keep_prob] = 1.0
            loss_train, acc_train = session.run([model.loss, model.acc], feed_dict = feed_dict)
            loss_val, acc_val = evaluate(session, x_val, y_val)    # todo
```

```
            if acc_val > best_acc_val:
                #保存最好结果
                best_acc_val = acc_val
                last_improved = total_batch
                saver.save(sess = session, save_path = save_path)
                improved_str = '*'
            else:
                improved_str = ''

            time_dif = get_time_dif(start_time)
            msg = 'Iter:{0:>6}, Train Loss:{1:>6.2}, Train Acc:{2:>7.2%},' \
                + 'Val Loss:{3:>6.2}, Val Acc:{4:>7.2%}, Time:{5} {6}'
            print(msg.format(total_batch, loss_train, acc_train, loss_val, acc_val, time_
                dif, improved_str))

        feed_dict[model.keep_prob] = config.dropout_keep_prob
        session.run(model.optim, feed_dict = feed_dict)  # 运行优化
        total_batch += 1

        if total_batch - last_improved > require_improvement:
            #验证集正确率长期不提升,提前结束训练
            print("No optimization for a long time, auto - stopping...")
            flag = True
            break  #跳出循环
    if flag:  #同上
        break
```

（3）使用模型进行预测，具体代码如下。

```
def test_one(data, labels):
    print("Loading test data...")
    start_time = time.time()
    x_test, y_test = process_sentence(data, labels, word_to_id, cat_to_id, config.seq_length)
    print("x_test", x_test)
    print("y_test", y_test)
    session = tf.Session()
    session.run(tf.global_variables_initializer())
    saver = tf.train.Saver()
    saver.restore(sess = session, save_path = save_path)  # 读取保存的模型

    feed_dict = feed_data(x_test, y_test, 1.0)
    print(feed_dict[model.input_x])
    cls, acc = session.run([model.y_pred_cls, model.acc], feed_dict = feed_dict)
```

```
for i in range(len(data)):
    print(data[i])
    print("真实结果:[{}]".format(labels[i]))
    print("预测结果:[{}]".format(categories[cls[i]]))
```

（4）运行程序，使用 Python 运行 run_rnn.py 文本，分类效果如图 5-56 所示，成功将输入的文本数据进分类。

```
Use standard file APIs to check for files with this prefix.
[[  0   0   0 ...  325  409    3]
 [  0   0   0 ...  109 1813    3]
 [  0   0   0 ...  115   50  426]
 [  0   0   0 ...  274    3   24]]
2020-01-09 20:08:14.957479: I tensorflow/stream_executor/dso_loader.cc:152] successfully opened CUDA library cublas64_90.dll locally
清华大学交叉信息研究院在姚期智的带领下，在计算机科学实验班（姚班）多年来人才培养与教育教学的基础上，编写面向高中生的《人工智能（高中版）》教材，将由清华大学出版社
真实结果：[教育]
预测结果：[教育]
小黑裙绝对是一条非常百搭的裙子了，但是想要穿好小黑裙也不容易，董璇的这件露肩小黑裙走的就是优雅清新的风格，布料采用很有垂感的雪纺，整体设计也是十分简单，反而让董璇
真实结果：[时尚]
预测结果：[时尚]
福鼠迎新春，百变锦毛鼠霸道登场！《魔域》在庚子鼠年鲁的设计上特别推出了可更换服饰的秘宝阁玩法。锦毛鼠·白逍遥可开启逍遥宝阁，同时通过鸡、狗、猪年鲁献祭玩法，还可开启
真实结果：[游戏]
预测结果：[游戏]
在主持十九届中央政治局第十五次集体学习时，总书记这样告诫全党：我们千万不能在一片喝彩声、赞扬声中丧失革命精神和斗志，逐渐陷入安于现状、不思进取、贪图享乐的状态，而
真实结果：[时政]
预测结果：[时政]
```

图 5-56　文本分类程序运行结果

## 5.6　验证码识别案例

**学习目标：**

掌握卷积神经网络的搭建、二维码图像的生成、模型训练和模型的保存及应用。

**案例描述：**

使用两层卷积神经网络和一层全连接神经网络实现验证码的识别。

**案例要点：**

验证码数据集的生成、卷积神经网络的搭建、验证码识别模型的训练。

**案例实施：**

（1）安装验证码生成库 captcha，安装命令为"pip install captcha"。

（2）利用 captcha 库编程生成一个验证码数据集，用于验证码识别的实验，代码如下：

```
from captcha.image import ImageCaptcha
import os
import random
import time
import json
```

```python
def gen_special_img(text, file_path, width, height):
    # 生成 img 文件
    generator = ImageCaptcha(width=width, height=height)  # 指定大小
    img = generator.generate_image(text)  # 生成图片
    img.save(file_path)  # 保存图片


def gen_ima_by_batch(root_dir, image_suffix, characters, count, char_count, width, height):
    # 判断文件夹是否存在
    if not os.path.exists(root_dir):
        os.makedirs(root_dir)

    for index, i in enumerate(range(count)):
        text = ""
        for j in range(char_count):
            # 从字符集中随机选取
            text += random.choice(characters)

        timec = str(time.time()).replace(".", "")
        p = os.path.join(root_dir, "{}_{}.{}".format(text, timec, image_suffix))
        gen_special_img(text, p, width, height)

        print("Generate captcha image => {}".format(index + 1))


def main():
    with open("conf/captcha_config.json", "r") as f:
        config = json.load(f)
    # 配置参数
    root_dir = config["root_dir"]                # 图片储存路径
    image_suffix = config["image_suffix"]        # 图片储存后缀
    characters = config["characters"]            # 图片上显示的字符集
    # characters = "0123456789abcdefghijklmnopqrstuvwxyz"
    count = config["count"]                      # 生成多少张样本
    char_count = config["char_count"]            # 图片上的字符数量

    # 设置图片的高度和宽度
    width = config["width"]
    height = config["height"]

    gen_ima_by_batch(root_dir, image_suffix, characters, count, char_count, width, height)


if __name__ == '__main__':
    main()
```

（3）运行 train_model. py，训练并生成验证码识别模型，代码如下：

```
def main():
    with open("conf/sample_config. json", "r") as f:
        sample_conf = json. load(f)

    train_image_dir = sample_conf["train_image_dir"]
    verify_image_dir = sample_conf["test_image_dir"]
    model_save_dir = sample_conf["model_save_dir"]
    cycle_stop = sample_conf["cycle_stop"]
    acc_stop = sample_conf["acc_stop"]
    cycle_save = sample_conf["cycle_save"]
    image_suffix = sample_conf["image_suffix"]
    char_set = sample_conf["char_set"]

    tm = TrainModel(train_image_dir, verify_image_dir, char_set, model_save_dir, cycle_stop,
acc_stop, cycle_save,
                image_suffix, verify = False)
    tm. train_cnn()    # 开始训练模型


if __name__ == '__main__':
main()
```

（4）运行 batch. py，识别测试集中的验证码并测试识别率，识别 100 张验证码图片用时 15 s，识别率为 86%，具体代码如下：

```
import json
import tensorflow as tf
import numpy as np
import time
from PIL import Image
import random
import os
from cnnlib. network import CNN


class TestError(Exception):
    pass


class TestBatch(CNN):
    def __init__(self, img_path, char_set, model_save_dir, total):
        # 模型路径
        self. model_save_dir = model_save_dir
        # 打乱文件顺序
        self. img_path = img_path
```

```python
        self.img_list = os.listdir(img_path)
        random.seed(time.time())
        random.shuffle(self.img_list)

        # 获得图片宽、高和字符长度基本信息
        label, captcha_array = self.gen_captcha_text_image()

        captcha_shape = captcha_array.shape
        captcha_shape_len = len(captcha_shape)
        if captcha_shape_len == 3:
            image_height, image_width, channel = captcha_shape
            self.channel = channel
        elif captcha_shape_len == 2:
            image_height, image_width = captcha_shape
        else:
            raise TestError("图片转换为矩阵时出错，请检查图片格式")

        # 初始化变量
        super(TestBatch, self).__init__(image_height, image_width, len(label), char_set, model_save_dir)
        self.total = total

        # 相关信息打印
        print("-->图片尺寸：{} X {}".format(image_height, image_width))
        print("-->验证码长度：{}".format(self.max_captcha))
        print("-->验证码共{}类 {}".format(self.char_set_len, char_set))
        print("-->使用测试集为 {}".format(img_path))

    def gen_captcha_text_image(self):
        """
        返回一个验证码的 array 形式和对应的字符串标签
        :return:tuple (str, numpy.array)
        """
        img_name = random.choice(self.img_list)
        # 标签
        label = img_name.split("_")[0]
        # 文件
        img_file = os.path.join(self.img_path, img_name)
        captcha_image = Image.open(img_file)
        captcha_array = np.array(captcha_image)  # 向量化

        return label, captcha_array

    def test_batch(self):
```

```python
        y_predict = self.model()
        total = self.total
        right = 0

        saver = tf.train.Saver()
        with tf.Session() as sess:
            saver.restore(sess, self.model_save_dir)
            s = time.time()
            for i in range(total):
                # test_text, test_image = gen_special_num_image(i)

                test_text, test_image = self.gen_captcha_text_image()  # 随机
                p = os.path.join('./test_img/', "{}_{}.jpg".format(i, test_text))
                img = Image.fromarray(test_image)
                img.save(p)
                test_image = self.convert2gray(test_image)
                test_image = test_image.flatten() / 255

                predict = tf.argmax(tf.reshape(y_predict, [-1, self.max_captcha, self.char_
                        set_len]), 2)
                text_list = sess.run(predict, feed_dict={self.X: [test_image], self.keep_
                        prob: 1.})
                predict_text = text_list[0].tolist()
                p_text = ""
                for p in predict_text:
                    p_text += str(self.char_set[p])
                print("origin: {} predict: {}".format(test_text, p_text))
                if test_text == p_text:
                    right += 1
                else:
                    pass
            e = time.time()
        rate = str(right/total * 100) + "%"
        print("测试结果: {}/{}".format(right, total))
        print("{}个样本识别耗时{}秒,准确率{}".format(total, e-s, rate))


def main():
    with open("conf/sample_config.json", "r") as f:
        sample_conf = json.load(f)

    test_image_dir = sample_conf["test_image_dir"]
    model_save_dir = sample_conf["model_save_dir"]
```

229

```
        char_set = sample_conf["char_set"]
        print('123123', test_image_dir)
        total = 100
        tb = TestBatch(test_image_dir, char_set, model_save_dir, total)
        tb.test_batch()


if __name__ == '__main__':
main()
```

（5）程序运行结果如图 5-57 所示。

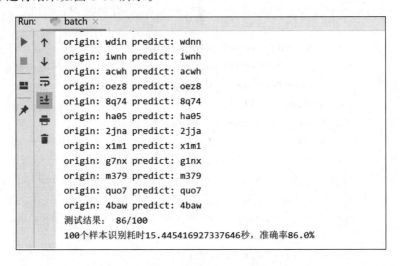

图 5-57　二维码识别程序运行结果

# 本章小结

　　本章主要对图像识别的基础知识、深度学习框架、神经网络基础、卷积神经网络（CNN）、循环神经网络（RNN）等进行了介绍，首先详细描述了图像识别基本框架、图像识别学习过程、深度学习框架 TensorFlow 和 PyTorch 的基本应用；接着对神经网络基础知识、卷积神经网络（CNN）及循环神经网络（RNN）的基本结构、构建过程、训练学习过程进行了详细介绍；最后通过手写数字识别、猫狗分类、文本分类、验证码识别等案例，介绍了模型设计、构建、训练、识别预测的完整流程。

# 习 题 5

**1. 概念题**

（1）图像识别与深度学习有什么联系和区别？

（2）什么是神经网络？神经网络有哪些类型？

（3）卷积神经网络 CNN 的基本结构包含哪些？它与经典的卷积神经网络结构有什么不同？

（4）循环神经网络 RNN 的基本结构是什么？它与递归神经网络有什么不同？

**2. 操作题**

以 IMDb 数据集为基础，编写程序实现用 RNN 对电影评论中的情感进行分析，并画出训练损失和测试损失的对比曲线。

# 第 6 章　AI 云平台及移动端应用

本章主要介绍计算机视觉在 AI 开发云平台中的百度云开发平台、阿里云开发平台、Face++ 云开发平台、科大讯飞云开发平台等方面的应用,同时也介绍了计算机视觉在移动端的应用以及云端机器学习的应用,使读者通过本章的学习,逐渐深入了解 AI 云平台。

**本章学习目标:**

(1) 了解百度云开发平台、阿里云开发平台、Face++ 云开发平台、科大讯飞云开发云平台的 AI 功能;

(2) 熟悉使用云开发平台网络编程的相关方法;

(3) 能够完成各个云平台 API 接口的调用方法和技巧;

(4) 掌握移动端与设备间通信的相关方法;

(5) 熟悉云开发平台自定义模型训练和调用的方法;

(6) 熟悉云端机器学习应用的基本方法和过程。

## 6.1　AI 云开发简介

云开发(CloudBase)是云端一体化的后端云服务,采用 Serverless 架构,提供云原生一体化开发环境和工具平台,为开发者提供高可用、自动弹性扩缩的后端云服务,帮助开发者统一构建和管理后端服务和云资源,避免了开发者应用开发过程中烦琐的服务器搭建及运维,使开发者可以专注于业务逻辑的实现,无须购买数据库、存储等基础设施服务,无须搭建服务器即可使用,降低了开发门槛,提高了效率。

**1. AI 云开发服务**

云开发从下自上,通常分为云开发基础服务 (Infrastructure as a Service,Iaas)、云开发通用服务(Software as a Service,Saas)、云开发平台服务(Platform as a Service,Paas),如图 6-1 所示,即基础设施→通用服务→平台相关的应用服务。一般把与主机,存储,网络,数据库和安全相关的计算服务统称为云开发基础服务。

常见的开发平台服务主要有以下几个方面。

(1) 机器学习框架:提供面向 AI 应用开发者的机器学习数据标注和模型训练平台。

(2) 通信:提供音视频通信、消息推送、短信、邮件等服务。

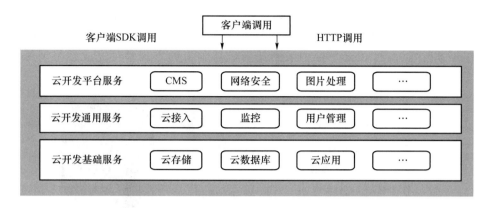

图 6-1　AI 云开发服务

（3）地理信息：提供地图、定位、导航相关的服务。

（4）应用开发框架：提供应用开发环境和运行环境。

（5）媒体服务：提供图片和音视频等媒体文件的编码、加工和存储服务。

云开发从部署模式上，通常分为公共云、私有云、混合云、多云等模式。

**2. AI 开发模式**

在 AI 开发中，人们通常需要从任务的情况和成本因素考虑，需要考虑以下问题。

（1）模型训练问题：自己训练自己的模型还是使用别人训练完的模型？

（2）在哪里训练：在自己的计算机还是服务器或者是在云平台训练？

（3）在哪里预测推理：在本地设备上进行预测推理（离线状态下）还是在云平台上进行预测推理？

那么如何训练自己的模型？如何利用自己的数据训练自己的模型？在哪里训练和如何训练取决于模型的复杂性和收集到的训练数据的数量。

早期人们通常采用以下几种方式。

① 个人 PC 训练：适用于小型模型，可以在个人计算机或一台备用计算机上训练这个模型。

② 服务器机器训练：适用于大型模型，如具有多个 GPU 的服务器机器，能完成高性能计算机集群处理的任务等。

③ 云中租用 GPU：考虑成本因素，使用租用的方式来训练深度学习系统。

上述三种方式只适用于数据来源单一、数据集规模相对不大、机器学习算法基础的情况，对于数据来源多样、数据集规模海量、模型复杂的算法，需要通过后续讲述的第四种方式，即云端平台来训练完成。

归纳上述情况，AI 开发模式可以分为基于云开发平台的 API 调用模式、基于本地设备的训练预测推理模式、基于云端的训练预测推理模式。

1）基于云开发平台的 API 调用模式

基于云开发平台的 API 调用，根据云开发平台的不同、调用设备的不同，其实现方法有多种，但其后续的工作原理基本类似，本节重点以它们在移动端设备的应用进行讲解，即移动应用程序仅需向所需的网络服务发送一个 HTTPS 请求以及提供预测所需的数据，例如，由设备的相机拍摄照片，那么在几秒之内，设备就能接收到预测结果。一般情况下，开发者需要依据不同的请求，支付不同的费用（或者使用免费的），移动端开发者唯一需要做的是使用软件开发工具包（SDK）集成服务，在应用程序内部连接服务的 API 接口。而服务供应商会在后台使用他们的数据对模型进行重复训练，使得模型保持最新，但移动端应用开发者并不需要了解机器学习的具体训练过程，在云平台中采用托管机器学习的方式即可完成学习训练过程，如图 6-2 所示。

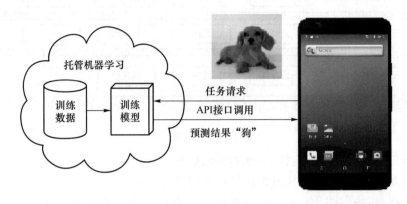

图 6-2　基于云开发平台的 API 调用模式

从中不难看出，使用这种"一站式"机器学习图像识别的优势有：①易上手（通常有免费的）；②不用自己提供运行服务器或训练模型。

其存在的缺点有以下几个方面。

（1）推理无法在本地设备上完成，所有推理都需向服务商的服务器发送网络请求，即需要网络支持，请求推理和获得结果之间存在（短暂的）延迟，而且如果用户没有网络连接，应用程序将完全不能工作。

（2）需要为每个预测请求付费。

（3）无法使用自己数据训练模型，即模型只适用于处理常见的数据，如图片、视频和语音。如果是具有唯一性或特殊性的数据，那么模型效果不一定好。

（4）只提供和允许有限种类的训练。

2）基于本地设备的训练预测推理模式

基于本地设备的训练预测推理模式根据使用设备的不同，通常使用一台 PC 或多台 PC，或者使用本地服务器进行训练，如图 6-3 所示。其基本原理是：在本地设备完成模型训练后，把模型得出的参数加载到应用程序中，应用程序在本地设备的 CPU 或 GPU 上运行所有的推理计算。

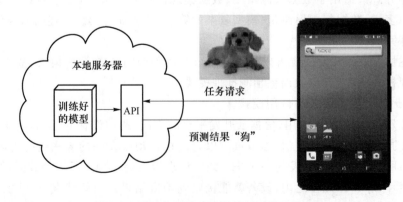

图 6-3　基于本地设备的训练预测推理模式

这种模式的优点有以下几个方面。

（1）如何训练和训练什么，都可自由决定。

（2）训练模型归自己所有，可以随时更新模型，能以任何合适的方式进行部署，既可在自有设备上离线部署，又可在云服务平台上部署。即使没有网络连接，用户也可以轻松使用应用程序的功能。

（3）速度快，不需要发送网络请求到服务器进行推理，在本地设备做推理更快捷也更可靠。不需要维护服务器，无须额外支付租用计算机或云存储的费用。由于不需要搭建服务器，就不会遇到服务器过载的情况，即使应用程序被更多用户下载，也完全不需要扩展任何设备。

但其缺点也比较明显，需要提供训练模型所需的所有资源，包括硬件、软件、电力等。此外，无法处理海量数据、无法不断扩大规模、无法适应大型模型需要更多资源来训练使用的情况。

3）基于云端的训练预测推理模式

基于云端的训练预测推理模式通常可以使用云计算和托管学习两种方式。

云计算方式的基本原理是通过云计算中心访问数据中心，获取训练数据，然后在云计算中心运行、训练模型；完成训练后，从云计算中心下载模型训练结果的参数，并删除计算实例；最后，把训练好的模型部署到移动端设备或其他需要部署的地方。如图 6-4 所示。

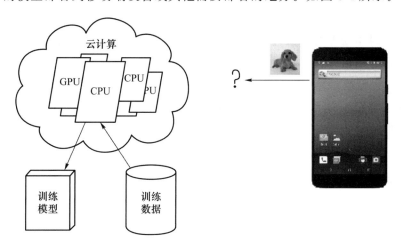

图 6-4　基于云端的训练预测推理模式

云计算方式的优点主要有以下几个方面。

（1）比较灵活，只需提供计算实例。

（2）训练一次完成，且训练时间短，可以训练任意类型的模型，并自由选择训练包。

（3）模型下载部署方便，训练完成后，即可下载训练好的模型，然后根据需要部署它。

此种方法的缺点是，需要将训练数据上传到云计算平台，训练模型需要单独完成。如果不熟悉或无训练经验，那么会比较困难。

托管学习方式的基本原理是只需上传数据，在云端选择需要使用的模型型号，让云端机器学习服务完成"一站式"接管训练和管理。托管学习方式与云计算方式相比，优势是只需上传数据，不需要自己训练模型，容易集成服务到应用程序。但其需要使用第三方的服务，不能离线在移动设备上进行推理预测；此外，可供选择的模型数量有限，灵活性较低。

**3. AI 云开发应用领域**

随着人们对 AI 应用需求的加深，使用 AI 开发工具（如 Jupyter Notebook、Visual Studio Code）和开源框架（如 TensorFlow、PyTorch、Scikit-learn 等）开发视觉、语音、语言和决策 AI 模型，训练和部署机器学习模型，构建和大规模部署 AI 系统，共享计算资源，访问由数千个先进 GPU 组成的超群集的大规模基础结构，成为当前 AI 云开发应用的重要手段，也使得用户通过简单的 API 调用访问高质量的视觉、语音、语言和决策 AI 模型成为现实。本节重点讨论的是基于公有云的云开发平台服务在计算机视觉图像识别方面的应用。

从开源硬件到高性能智能硬件，从云侧人工智能到端侧人工智能，从技术到商业场景（如自动驾驶、智慧物流、智能家居、智慧零售），各大云平台逐渐向人工智能应用靠拢，开发了如人脸识别、人脸分析、人体分析、文字识别、语音识别、EasyDL、DuerOS 等接口，以减少应用开发的难度，提升开发效率，做到应用场景的快速落地。

云开发平台的应用领域如下。

（1）互联网娱乐行业。

实时检测人脸表情及动作，通过真人驱动，使卡通形象跟随人脸做出灵活生动的表情，增强互动效果的同时保护用户的隐私，可用于直播、短视频、拍摄美化、社交等场景。

（2）手机行业。

通过人脸实时驱动卡通形象进行录制拍摄，增强手机的娱乐性及互动性，提升用户体验，适用于相机、短信、通话、输入法等场景。

（3）在线教育行业。

老师和学生可实时驱动虚拟形象进行沟通交流，优化师生之间互动的效果，使教学更加生动有趣，打造创新型教学体验，促进教学风格多元化。

# 6.2　云开发平台

当前市场上成熟的 AI 云开发平台有许多，国内的主要有百度智能云开发、阿里云 AI 开发、华为云开发 ModelArts、腾讯云开发、科大讯飞云开发、海康威视、旷视 Face$^{++}$ 等。国外的主要有 Amazon AI、Google 云开发、Azure AI 等。

下面就以百度云开发平台、阿里云开发平台、Face$^{++}$ 云开发平台、科大讯飞云开发平台为例，讲解它们在图像识别方面的应用。最为典型的应用是人脸识别，人脸识别的关键技术有关键点定位、人脸检测、面部追踪、表情属性、活体检测、人脸识别、3D 重建等。

影响人脸识别效果的因素可从外在和内在两个方面来分：外在因素主要有光线、分辨率、摄像头设备等；内在因素主要有附件与遮挡、姿态角度、纹理变换等。如图 6-5 所示。

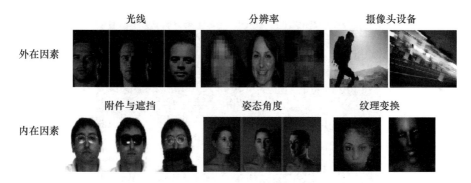

图 6-5　人脸识别影响因素

## 6.2.1　百度云开发平台

百度云开发平台主要有云＋AI、应用平台等类别,云＋AI 包含了百度智能云、百度 AI 开发平台、DuerOS、Apollo 自动驾驶、飞桨 PaddlePaddle、Carlife＋开放平台、EasyEdge 端与边缘 AI 服务平台等,应用平台包含百度地图开放平台、AR 开放平台、智能小程序、百度翻译开放平台等,其链接地址为 https://ai.baidu.com/。

人脸识别包括活体检测、人脸质量检测、OCR 身份证识别等。活体检测中认证核验可通过以下方式完成。

① 确保为真人:通过离线、在线双重活体检测,确保操作者为真人,可有效抵御彩打照片、视频、3D 建模等的攻击。用户无须提交任何资料,高效方便。

② 确保为本人:基于真人的基础,将真人人脸图片与公民身份信息库的人脸小图比对,确保操作者身份的真实性。避免身份证或人脸图像伪造等欺诈风险。

如图 6-6 所示,根据第三步中的两张图片的人脸比对得分,进行最终业务的核身结果判断,阈值可根据领域业务需要进行调整。

图 6-6　认证核验过程

本部分以人脸识别中的第一步为例,介绍如何使用百度智能云平台进行人脸识别开发应用。

(1)首先完成注册,注册成功后,登录进入管理控制台,选择服务,单击左侧菜单栏的“产品服务”→“人工智能”→“人脸识别”,如图 6-7 所示。

图 6-7　百度智能云平台目录

（2）单击"人脸识别"下的应用列表，选择创建应用，如图 6-8 所示。

图 6-8　创建应用

（3）把标有星号的必填项都选上，单击"立即创建"即可。注意，因为选择了人脸识别服务，所以在接口选择中，百度默认将人脸识别的所有接口都自动勾选上了，如图 6-9 所示。

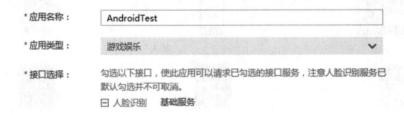

图 6-9　填写应用基本信息

（4）创建完成后，应用列表会出现一个名为 AndroidTest 的应用，单击"管理"查看应用详情，应用详情内包括了 APPID、AK、SK，如图 6-10 所示，这些参数会在后续程序中使用。

图 6-10　应用列表详情

（5）选择已经封装好的 SDK 库，选择 Java，单击"下载"，如图 6-11 所示。

图 6-11　人脸识别 SDK 下载列表

注意：这里我们选择 Java HTTP SDK 下载，因为 Android-离线 SDK 是论个收费的。

（6）下载后，压缩包内存放了四个 jar 包，如图 6-12 所示。

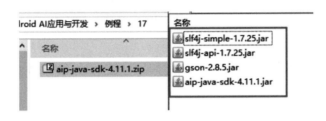

图 6-12　人脸识别 jar 下载列表

（7）选择使用说明，切换成"人脸识别"→"API 文档"→"人脸检测"，如图 6-13 所示和图 6-14 所示。

图 6-13　人脸识别文档链接

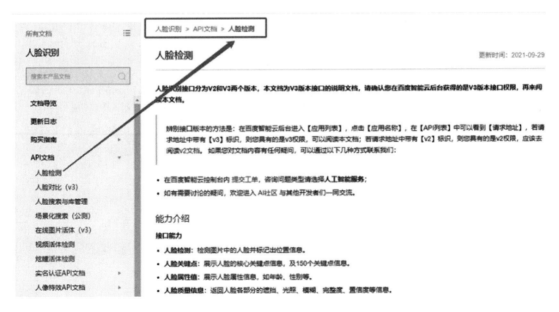

图 6-14　人脸识别文档界面

（8）新建例程，然后打开 FaceDetectEmpty 程序，将 jar 包复制到 libs 目录下，并添加依赖。

```
dependencies {
    ...
    implementation files('libs/aip-java-sdk-4.11.1.jar')
    implementation files('libs/slf4j-api-1.7.25.jar')
    implementation files('libs/slf4j-simple-1.7.25.jar')
    implementation files('libs/gson-2.8.5.jar')
}
```

（9）调用数据，向 API 服务地址使用 POST 发送请求，必须在 URL 中带上参数"access_token"，获取 access_token。

```
package com.baidu.ai.aip.auth;
import org.json.JSONObject;
import java.io.BufferedReader;
import java.io.InputStreamReader;
import java.net.HttpURLConnection;
import java.net.URL;
import java.util.List;
import java.util.Map;

/**
 * 获取 token 类
 */
public class AuthService {

    /**
     * 获取权限 token
     * @return 返回示例:
     * {
     * "access_token": "24.460da4889caad24cccdb1fea17221975.2592000.1491995545.282335-1234567",
     * "expires_in": 2592000
     * }
     */
    public static String getAuth() {
        //官网获取的 API Key 更新为用户注册的
        String clientId = "百度云应用的 AK";
        //官网获取的 Secret Key 更新为用户注册的
        String clientSecret = "百度云应用的 SK";
        return getAuth(clientId, clientSecret);
    }

    /**
```

```
     * 获取 API 访问 token
     * 该 token 有一定的有效期,需要自行管理,当失效时需重新获取
     * @param ak - 百度云官网获取的 API Key
     * @param sk - 百度云官网获取的 Securet Key
     * @return assess_token 示例:
     * "24.460da4889caad24cccdb1fea17221975.2592000.1491995545.282335-1234567"
     */
public static String getAuth(String ak, String sk) {
    //获取 token 地址
    String authHost = "https://aip.baidubce.com/oauth/2.0/token?";
    String getAccessTokenUrl = authHost
            // 1. grant_type 为固定参数
            + "grant_type=client_credentials"
            // 2.官网获取的 API Key
            + "&client_id=" + ak
            // 3.官网获取的 Secret Key
            + "&client_secret=" + sk;
    try {
        URL realUrl = new URL(getAccessTokenUrl);
        //打开和 URL 之间的连接
        HttpURLConnection connection = (HttpURLConnection) realUrl.openConnection();
        connection.setRequestMethod("GET");
        connection.connect();
        //获取所有响应头字段
        Map<String, List<String>> map = connection.getHeaderFields();
        //遍历所有响应头字段
        for (String key : map.keySet()) {
            System.err.println(key + "--->" + map.get(key));
        }
        //定义 BufferedReader 输入流来读取 URL 的响应
        BufferedReader in = new BufferedReader(new InputStreamReader(connection.getInputStream()));
        String result = "";
        String line;
        while ((line = in.readLine()) != null) {
            result += line;
        }
        /* *
         * 返回结果示例
         */
        System.err.println("result:" + result);
        JSONObject jsonObject = new JSONObject(result);
        String access_token = jsonObject.getString("access_token");
```

```
        return access_token;
    } catch (Exception e) {
        System.err.printf("获取 token 失败!");
        e.printStackTrace(System.err);
    }
    return null;
    }
}
```

（10）在对应的字段内填写上自己申请的 AK(appKey)和 SK(secretKey)。

```
public static String getAuth() {
    //官网获取的 API Key 更新为你注册的
    String clientId = "百度云应用的 AK";
    //官网获取的 Secret Key 更新为你注册的
    String clientSecret = "百度云应用的 SK";
    return getAuth(clientId, clientSecret);
}
```

（11）在 MainActivity 下，调用此方法创建分线程。

```
new Thread(new Runnable() {
            @Override
            public void run() {
                ASSESS_TOKEN = AuthService.getAuth();
                runOnUiThread(new Runnable() {
                    @Override
                    public void run() {
                        tv1.setText(ASSESS_TOKEN);
                    }
                });
                Log.e("TAG", "onClick: " + ASSESS_TOKEN);
            }
        }).start();
```

（12）获取 access_token 之后，完成人脸检测 detect()方法。

```
package com.baidu.ai.aip;
import com.baidu.ai.aip.utils.HttpUtil;
import com.baidu.ai.aip.utils.GsonUtils;
import java.util.*;

/* *
 * 人脸检测与属性分析
 */
public class FaceDetect {
```

```
/**
 * 重要提示代码中所需工具类
 * FileUtil,Base64Util,HttpUtil,GsonUtils 请从
 * https://ai.baidu.com/file/658A35ABAB2D404FBF903F64D47C1F72
 * https://ai.baidu.com/file/C8D81F3301E24D2892968F09AE1AD6E2
 * https://ai.baidu.com/file/544D677F5D4E4F17B4122FBD60DB82B3
 * https://ai.baidu.com/file/470B3ACCA3FE43788B5A963BF0B625F3
 * 下载
 */
public static String faceDetect() {
    //请求 url
    String url = "https://aip.baidubce.com/rest/2.0/face/v3/detect";
    try {
        Map<String, Object> map = new HashMap<>();
        map.put("image", "027d8308a2ec665acb1bdf63e513bcb9");
        map.put("face_field", "faceshape,facetype");
        map.put("image_type", "FACE_TOKEN");

        String param = GsonUtils.toJson(map);

        //注意这里仅为了简化编码每一次请求都去获取 access_token,线上环境 access_token
有期限,客户端可自行缓存,过期后重新获取。
        String accessToken = "[调用鉴权接口获取的 token]";

        String result = HttpUtil.post(url, accessToken, "application/json", param);
        System.out.println(result);
        return result;
    } catch (Exception e) {
        e.printStackTrace();
    }
    return null;
}

public static void main(String[] args) {
    FaceDetect.faceDetect();
}
}
```

（13）获取发送的图片、修改请求参数、添加 accessToken、解析接收到的 Json 数据。

把发送的图片放在 assets 路径下，通过 getAssets().open(fileName)方法可获取输入流。

```
BufferedInputStream bis = new BufferedInputStream (getResources().getAssets().open
(fileName));
```

多图的识别的方式如下：

```
private String[] imgSrc = new String[]{ "刘德华.jpg", "吴奇隆.jpg", "吴彦祖.jpg"
        , "张柏芝.jpg", "彭于晏.jpg", "林志玲.jpg", "葛优.jpg", "邓丽君.jpg"};
    private int currentIndex = 0;


@Override
protected void onCreate(Bundle savedInstanceState) {
    ...
        button2.setOnClickListener(new View.OnClickListener() {
            @Override
            public void onClick(View v) {
                button2.setText("识别(" + imgSrc[currentIndex] + ")");
                new Thread(new Runnable() {
                    @Override
                    public void run() {
                        facemerge(imgSrc[currentIndex]);
                        currentIndex++;
                        if (currentIndex == imgSrc.length)
                            currentIndex = 0;
                    }
                }).start();
            }
        });
}
```

图片是以 Base64 字符串的形式上传的,观察 Base64Util 可发现 encode(byte[] from)方法需要放入 byte[]数组,而目前只有输入流,那么需要通过 ByteArrayOutputStream 的 toByteArray()转化成 byte[]数组。

```
ByteArrayOutputStream bos = new ByteArrayOutputStream(bis.available());
    try {
        int bufSize = 1024;
        byte[] buffer = new byte[bufSize];
        int len;
        while (-1 != (len = bis.read(buffer, 0, bufSize))) {
            bos.write(buffer, 0, len);
        }
        byte[] var7 = bos.toByteArray();
        return var7;
    } finally {
        bos.close();
    }
```

根据文档中的请求参数,加入颜值、年龄、表情的分析,获取人脸属性值。

| | | | |
|---|---|---|---|
| face_field | 否 | string | 包括**age,expression,face_shape,gender,glasses,landmark,landmark150,**<br>**quality,eye_status,emotion,face_type,mask,spoofing信息**<br>逗号分隔. 默认只返回face_token、人脸框、概率和旋转角度 |

（14）将 face_field 对应的值设置为如下。

```
map.put("face_field", "faceshape,beauty,facetype,age,emotion");
```

接着，修改 ASSESS_TOKEN 值并解析 JSON 数据。

（15）运行程序，单击"识别图片"，识别返回的人脸属性
结果信息如图 6-15 所示。

图 6-15　运行结果

## 6.2.2　阿里云开发平台

阿里云开发平台是支撑阿里"新零售，新制造，新金融，新
技术，新能源"的基础设施，其计算操作系统"飞天"，是一个大
规模分布式计算系统，包括飞天内核和飞天开放服务，以在线
公共服务的方式提供计算能力。

阿里云开发平台中的云原生 AI 支持主流框架（如
Tensorflow、PyTorch、Keras、Caffe、MXNet 等）和多种环境，
屏蔽底层差异并承担非算法相关工作，利用阿里云容器服务
（ACK）全面支持 GPU 和 CPU 异构资源集群统一管理和调
度，支持机器学习计算从数据预处理、开发、训练、预测到运维
等的全生命周期，如图 6-16 所示。

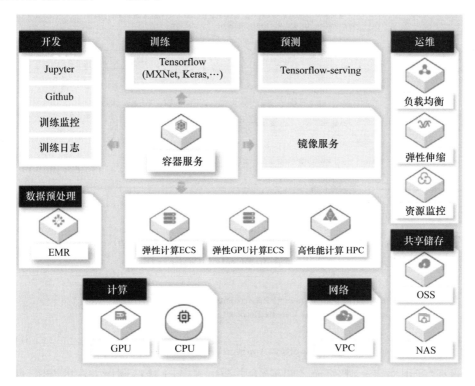

图 6-16　机器学习全生命周期

下面以 OCR 图像识别为例，介绍如何使用阿里云平台进行开发应用。

（1）通过 account.aliyun.com 进入阿里云平台，推荐使用支付宝账号登录，因为云平台的大部分项目都需要实名认证。进入平台后，搜索"通用文字识别－高精版 OCR 文字识别"，搜索结果如图 6-17 所示。

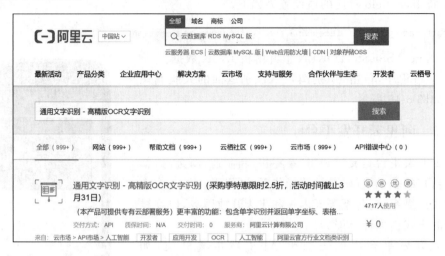

图 6-17　阿里云平台云市场搜索结果

（2）选择标签"阿里云官方行业文档类识别"，进入后选择 0.01 元，单击"购买"如图 6-18 所示。

图 6-18　通用文字识别详情页面

（3）购买成功后，进入控制台，在云市场的列表当中会有 AppKey、AppSecret、AppCode 三个接口，参数详情见图 6-19。这里介绍 AppCode 的使用方法。

AppKey: 203793249　　AppSecret: 9w2ehjt2iamfzezz3rwjdgxe00siz8dx　复制

AppCode: dbcdadf5d25547f198e64b691cd5b081　复制　重置

图 6-19　AppKey、AppSecret、AppCode 参数详情

（4）返回"通用文字识别"页面，"购买"下方会出现 API 接口调用方法的介绍，并有 curl/Java/C♯/PHP/Python/ObjectC 不同语言的参考代码，如图 6-20 所示。

图 6-20　代码示例详情

（5）因 Java 和 Android 的添加依赖方式不同，图 6-20 中添加依赖的链接不适用于 Java，需要重写 HTTP 请求。这里采用 OkHttp3 框架编写网络请求，所以在创建工程后，需要在 build.gradle 中添加 OkHttp3 和 gson 依赖，代码如下：

```
dependencies {
    implementation fileTree(dir: 'libs', include: ['*.jar'])
    implementation 'androidx.appcompat:appcompat:1.0.2'
    implementation 'androidx.constraintlayout:constraintlayout:1.1.3'
    implementation 'com.google.code.gson:gson:2.8.0'
    //联网
    implementation 'com.squareup.okhttp3:okhttp:3.10.0'
}
```

（6）然后复制 6.2.1 节中百度云平台的 utils 工具包至工程中，同样把测试图片放在 assets 目录下，整体目录如图 6-21 所示。

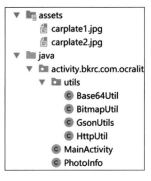

图 6-21　Android 工程目录

（7）根据 Java 部分的请求示例提示，编写 POST 请求，完整的 MainActivity 代码如下。

```java
public class MainActivity extends AppCompatActivity {

    private ImageView img1;
    private TextView tv2;
    private Button btn2;
    @Override
    protected void onCreate(Bundle savedInstanceState) {
        super.onCreate(savedInstanceState);
        setContentView(R.layout.activity_main);
        img1 = (ImageView) findViewById(R.id.img1);
        tv2 = (TextView) findViewById(R.id.tv2);
        btn2 = (Button) findViewById(R.id.btn2);
        btn2.setOnClickListener(new View.OnClickListener() {
            @Override
            public void onClick(View view) {
                post("carplate2.jpg");
            }
        });
    }

    private static OkHttpClient okHttpClient = new OkHttpClient();
    private static MediaType mediaType = MediaType.parse("application/json");

    public void post(String fileName){
        try {
            MediaType JSON = MediaType.parse("application/json;charset=utf-8");

            //获取图片
            BufferedInputStream bis = new BufferedInputStream(getResources().getAssets().open(fileName));
            // I/O流转字节流
            byte[] data = readInputStreamByBytes(bis);
            img1.setImageBitmap(BitmapFactory.decodeByteArray(data,0,data.length));
            PhotoInfo pi = new PhotoInfo();
            pi.setImg(Base64Util.encode(data));
            RequestBody body = RequestBody.create(JSON, new Gson().toJson(pi));
            Request request = new Request.Builder()
                    .url("https://ocrapi-advanced.taobao.com/ocrservice/advanced")
                    .post(RequestBody.create(mediaType, ""))
                    .addHeader("Authorization", "APPCODE " + "dbcdadf5d25547f198e64b691cd5b081")
                    .addHeader("Content-Type", "application/json; charset=UTF-8")
                    .post(body)
```

```
                        .build();

            okHttpClient.newCall(request).enqueue(new Callback() {
                @Override
                public void onFailure(Call call, IOException e) {
                    e.printStackTrace();
                }


                @Override
                public void onResponse(Call call, Response response) throws IOException{
                    final String msg = response.body().string();
                    Log.e("TAG", "onResponse: " + msg);
                    runOnUiThread(new Runnable() {
                        @Override
                        public void run() {
                            tv2.setText(msg);
                        }
                    });
                }
            });
        } catch (Exception e) {
            e.printStackTrace();
        }
    }


    public static byte[] readInputStreamByBytes(BufferedInputStream bis) throws IOException {

        ByteArrayOutputStream bos = new ByteArrayOutputStream(bis.available());
        try {
            int bufSize = 1024;
            byte[] buffer = new byte[bufSize];
            int len;
            while (-1 != (len = bis.read(buffer, 0, bufSize))) {
                bos.write(buffer, 0, len);
            }
            byte[] var7 = bos.toByteArray();
            return var7;
        } finally {
            bos.close();
        }
    }
}
```

（8）上述代码是 OCR 图像识别的默认版本，只传经 Base64 转化后的图像，还有其他可选参数可以设置（具体可参考相关文档）。图 6-22 是单击"识别"后云平台返回的结果。

### 6.2.3　Face⁺⁺云开发平台

Face⁺⁺是旷视科技开发的人工智能开发平台，主要提供计算机视觉领域中的人脸识别、人像处理、人体识别、文字识别、图像识别等 AI 开发支持，同时提供云端 REST API 以及本地 API（涵盖 Android、iOS、Linux、Windows、Mac OS），并且提供定制化及企业级视觉服务，其自称为云端视觉服务平台。它有联网授权与离线授权两种 SDK 授权模式，其 API 文档和 SDK 文档可参阅网址：https://console.faceplusplus.com.cn/documents/5671789。

下面简单介绍使用 Face⁺⁺云开发平台进行人脸检测的过程。

（1）在采用联网授权模式前，需要首先创建 API Key（API 密钥），它是使用 SDK 的凭证。进入控制台，单击"创建我的第一个应用"，一个免费的 API Key 将会自动生成，如图 6-23 和图 6-24 所示。

图 6-22　运行结果

图 6-23　创建 API Key

（2）Bundle ID 是 App 的唯一标识，如果需要在 App 内集成 SDK，首先需要绑定 Bundle ID（包名）。每开发一个新应用，都需要先创建一个 Bundle ID。Bundle ID 分为两种。

图 6-24　创建生成的 API Key

① Explicit App ID 的一般格式为 com. company. appName。这种 ID 只能用在一个 App 上,每一个新应用都要创建并只有一个。

② Wildcard App ID 的一般格式为 com. domainname. *。这种 ID 可以用在多个应用上,虽然方便,但是使用这种 ID 的应用不能使用通知功能,所以不常用。

在安卓系统中,Bundle ID 是 Package Name,是 Android 系统中判断一个 App 的唯一标识;而在 iOS 中是 Bundle ID。

进入控制台→应用管理,点击"Bundle ID",进行绑定。

(3) 进入控制台→联网授权 SDK→资源中心,勾选需要的 SDK 产品及相应平台,进行下载,本部分以人脸检测-基础版 SDK 为例进行简单讲解。

下载完成后,在运行 Demo 工程前,按照 Demo 工程的工程名,将其填入应用名称中,创建新的 API Key,创建完后单击"查看",如图 6-25 所示。

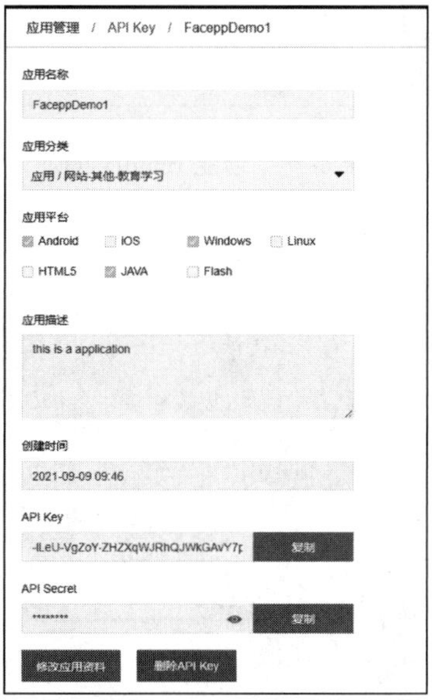

图 6-25　Demo 创建完成的 API Key

然后,点击"Bundle ID",把包的名称填入 Bundle ID,如图 6-26 所示。

(4) 在 Android Studio 中导入 Demo 工程,把 model 文件中的 megviifacepp_model 文件拷贝到工程的 src→main→assets 目录下,然后修改 utils 文件下的 Util 文件,把上述申请的 API_KEY 和 API_SECRET 填入如下代码中。

```
    public class Util {

//在此处填写 API_KEY 和 API_SECRET
public static String API_KEY = " - lLeU - VgZoY - ZHZXqWJRhQJWkGAvY * * ";
public static String API_SECRET = "xB0ycbPueUD0VUNsC7xdZy4K86s6D_ * * ";
    }
```

图 6-26　创建 Bundle ID

（5）接着，在 SelectedActivity.java 中修改代码，如图 6-27 中的方框部分所示。

```
licenseManager.takeLicenseFromNetwork(Util.CN_LICENSE_URL, uuid, Util.API_KEY, Util.API_SECRET,
        duration: "1", new LicenseManager.TakeLicenseCallback() {
        @Override
        public void onSuccess() {
            authState( result: true, errorCode: 0, errorMsg: "");

        }

        @Override
        public void onFailed(int i, byte[] bytes) {
            String msg = "";
            if (bytes != null && bytes.length > 0) {
                msg = new String(bytes);
            }
            authState( result: false, i, msg);
        }
    });
}
```

图 6-27　在 SelectedActivity.java 中修改代码

注意：默认测试 key duration 填写 1，正式的 key 根据购买时间填写。

（6）连接手机设备，部署运行 Demo 工程，运行后，单击"人脸检测"，会出现"实时浏览"和"图片导入"按钮，单击"图片导入"按钮，导入图片，检测效果如图 6-28 所示。

图 6-28　人脸检测效果

注意：如果创建自己的工程完成人脸检测，创建 API Key 和 Bundle ID 步骤同上一样，但需要把 Demo 工程 libs 文件下的 licensemanager. aar 和 sdk. aar 拷贝到自己的 app→libs 文件下，同时需要在 Project 的 build. gradle 中增加配置，修改添加如下。

```
...
repositories {
    flatDir { dirs 'libs' }
}
dependencies {
    ...
    implementation(name: 'licensemanager', ext: 'aar')
    implementation(name: 'sdk', ext: 'aar')
}
```

调用流程中需要使用以下方法获取网络授权。

```
private void network() {
        long ability = FaceppApi. getInstance ( ). getModelAbility ( ConUtil. readAssetsData
(SelectedActivity. this, "megviifacepp_model"));
        FacePPMultiAuthManager authManager = new FacePPMultiAuthManager(ability);
        final LicenseManager licenseManager = new LicenseManager(this);
```

```
            licenseManager.registerLicenseManager(authManager);
            String uuid = Util.getUUIDString(this);


            rlLoadingView.setVisibility(View.VISIBLE);
            licenseManager.takeLicenseFromNetwork(Util.CN_LICENSE_URL, uuid, Util.API_KEY, Util.API_SECRET,
                    "1", new LicenseManager.TakeLicenseCallback() {
                        @Override
                        public void onSuccess() {
                            Log.e("access123","success");
                            loadModel();
                        }


                        @Override
                        public void onFailed(int i, byte[] bytes) {
                            rlLoadingView.setVisibility(View.GONE);
                            String msg = "";
                            if (bytes != null && bytes.length > 0) {
                                msg = new String(bytes);
                                Log.e("access123","failed:" + msg);
                                Toast.makeText(SelectedActivity.this, msg, Toast.LENGTH_SHORT).show();
                            }
                            setResult(101);
                            finish();
                        }
                    });
    }
```

### 6.2.4  科大讯飞云开发平台

科大讯飞的云开发平台叫"讯飞开放平台",它在语音识别、语音合成、机器理解、卡证票据文字识别、人脸识别、图像识别、机器翻译等领域都有典型应用。在图像识别方面主要有场景识别、物体识别、场所识别等,人脸识别主要包含了人脸验证与搜索、人脸比对、人脸水印照比对、静默活体检测、人脸分析等。

下面以运行官方 Demo 为例,了解讯飞开放平台的使用流程。

(1)单击链接:https://www.xfyun.cn/,进入官网后注册账号登录控制台。注册完成后,可选择完成个人实名认证。

(2)在实名后,在"我的应用"中单击"创建应用",填写应用名称、选择应用分类、填写应用功能描述,创建后的应用如图 6-29 所示。

创建完应用后,单击生成的应用名称,可在右上侧看到 APPID、APISecret、APIKey 的信息,如图 6-30 所示。

(3)下载完与"人脸验证与搜索"对应的 SDK 后,将 Android SDK 压缩包中 libs 目录下所有子文件拷贝至创建工程 KDFaceTest1 的 libs 目录下,如图 6-31 所示。

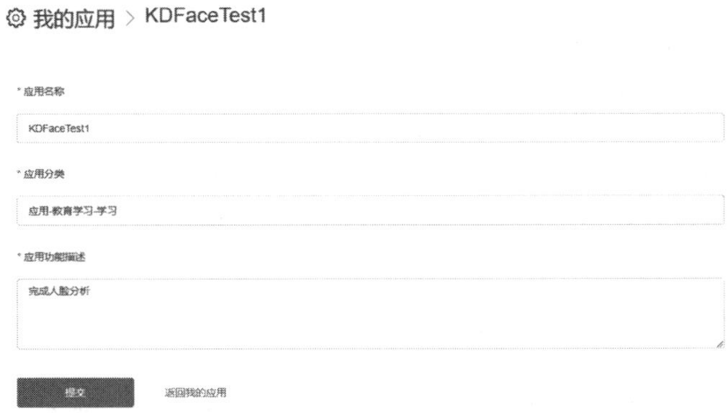

我的应用 > KDFaceTest1

* 应用名称

KDFaceTest1

* 应用分类

应用-教育学习-学习

* 应用功能描述

完成人脸分析

提交　　　返回我的应用

图 6-29　创建应用

图 6-30　APPID、APISecret、APIKey 信息

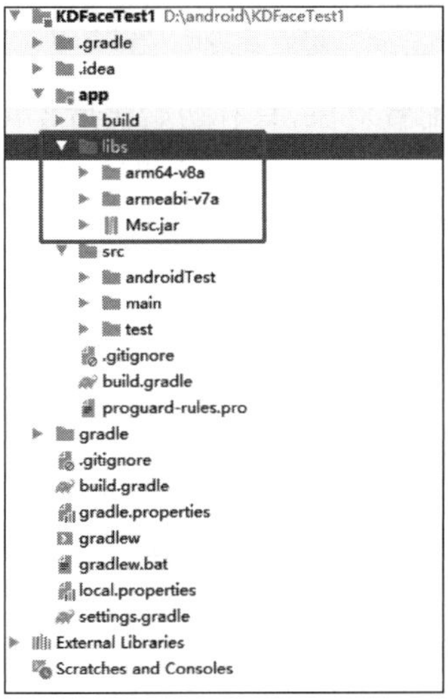

图 6-31　导入 SDK

（4）添加用户权限，在工程 AndroidManifest. xml 文件中添加如下权限。

```
<! --连接网络权限,用于执行云端语音功能 -->
<uses-permission android:name="android.permission.INTERNET"/>
<! --获取手机录音机使用权限,听写、识别、语义理解需要用到此权限 -->
<uses-permission android:name="android.permission.RECORD_AUDIO"/>
<! --读取网络信息状态 -->
<uses-permission android:name="android.permission.ACCESS_NETWORK_STATE"/>
<! --获取当前 wifi 状态 -->
<uses-permission android:name="android.permission.ACCESS_WIFI_STATE"/>
<! --允许程序改变网络连接状态 -->
<uses-permission android:name="android.permission.CHANGE_NETWORK_STATE"/>
<! --读取手机信息权限 -->
<uses-permission android:name="android.permission.READ_PHONE_STATE"/>
<! --读取联系人权限,上传联系人需要用到此权限 -->
<uses-permission android:name="android.permission.READ_CONTACTS"/>
<! --外存储写权限,构建语法需要用到此权限 -->
<uses-permission android:name="android.permission.WRITE_EXTERNAL_STORAGE"/>
<! --外存储读权限,构建语法需要用到此权限 -->
<uses-permission android:name="android.permission.READ_EXTERNAL_STORAGE"/>
<! --配置权限,用来记录应用配置信息 -->
<uses-permission android:name="android.permission.WRITE_SETTINGS"/>
<! --手机定位信息,用来为语义等功能提供定位,提供更精准的服务-->
<! --定位信息是敏感信息,可通过 Setting.setLocationEnable(false)关闭定位请求 -->
<uses-permission android:name="android.permission.ACCESS_FINE_LOCATION"/>
<! --如需使用人脸识别,还要添加摄像头权限,拍照需要用到 -->
<uses-permission android:name="android.permission.CAMERA" />
```

注意：如需在打包或者生成 APK 的时候进行混淆，可在 proguard. cfg 中添加如下代码。

```
-keep class com.iflytek.**{*;}
-keepattributes Signature
```

（5）通过初始化来创建语音配置对象，只有初始化后才可以使用 MSC 的各项服务。一般将初始化放在程序入口处（如 Application、Activity 的 onCreate 方法），初始化代码如下。

```
//将"12345678"替换成申请的 AppID,申请地址为 http://www.xfyun.cn
//请勿在"="与 appid 之间添加任何空字符或者转义符
SpeechUtility.createUtility(context, SpeechConstant.APPID + "=12345678");
```

（6）人脸注册，根据 mEnrollListener 的 onResult 回调方法得到注册结果。

```
//设置会话场景
mIdVerifier.setParameter(SpeechConstant.MFV_SCENES, "ifr");
//设置会话类型
mIdVerifier.setParameter(SpeechConstant.MFV_SST, "verify");
//设置验证模式,单一验证模式为 sin
mIdVerifier.setParameter(SpeechConstant.MFV_VCM, "sin");
```

```
//用户 id
mIdVerifier.setParameter(SpeechConstant.AUTH_ID, authid);
//注册监听器(IdentityListener)mVerifyListener,开始会话
mIdVerifier.startWorking(mVerifyListener);
//子业务执行参数,若无可以传空字符串
StringBuffer params = new StringBuffer();
//写入数据,mImageData 为图片的二进制数据
mIdVerifier.writeData("ifr", params.toString(), mImageData, 0, mImageData.length);
//停止写入
mIdVerifier.stopWrite("ifr");
```

（7）删除模型,人脸注册成功后,在语音云端会生成一个对应的模型来存储人脸信息,当前不支持查询"query"操作。

```
//设置会话场景
mIdVerifier.setParameter(SpeechConstant.MFV_SCENES, "ifr");
//用户 id
mIdVerifier.setParameter(SpeechConstant.AUTH_ID, authid);
//设置模型参数,若无可以传空字符串
StringBuffer params = new StringBuffer();
//执行模型操作,cmd 取值为"delete"
mIdVerifier.execute("ifr", cmd, params.toString(), mModelListener);
```

（8）使用 demo 测试,带 UI 界面接口时,将 assets 下的文件拷贝到项目中,将 sample 文件夹下 speechDemo→src→main→java 中 com.iflytek 包的文件拷贝到工程对应的包下;同时,将 res 文件中的内容拷贝到工程对应的 res 文件夹下。另外,把 src→main 下的 AndroidManifest.xml 文件内容拷贝到工程的对应 AndroidManifest.xml 文件中。

（9）修改工程的 build.gradle 文件,添加代码如下。

```
android {
    ...
    sourceSets {
        main {
            jniLibs.srcDirs = ['libs']
        }
    }
}

dependencies {
    ...
    implementation files('libs/Msc.jar')
    implementation 'androidx.legacy:legacy-support-v4:1.0.0'
    implementation 'com.google.android.material:material:1.4.0'
}
```

（10）连接手机设备,部署工程,启动后需要授权访问声音设备和相机处理图片,如图 6-32 所示。

图 6-32　授权访问设备

（11）单击"立刻体验人脸识别"，出现如图 6-33 所示的界面。

工程师开发使用中，点击可关闭

# 在线人脸识别示例

请输入 authid

| 选图 | 拍照 |
|------|------|
| 注册 | 1:1验证 |
| 人脸模型删除 | 1:N验证 |

图 6-33　人脸识别界面

（12）输入 AppID，然后选图，选好后单击"确定"，如图 6-34 所示。

图 6-34　裁剪图片

（13）单击"注册"，识别后会返回包含图片识别信息的 JSON 格式字符串，其他后续功能不再一一解释，可部署本书附带代码工程，进行操作测试。相关文档可参考 https://www.xfyun.cn/doc/face/face/Android-SDK.html。

## 6.3　云端机器学习应用

前面章节已经讲述了机器学习的工作流程，包含数据准备、训练模型开发、训练任务执行、模型导出、在线预测服务运行等。基于云端的机器学习框架贯穿了机器学习的整个生命周期，从开发、训练、预测到运维等。目前云端学习训练支持单机和多机两种模式。如果是多机模式，那么需要分别指定参数和任务服务器的数量，然后在调度时刻，将生成的参数传递给任务服务器，训练过程中可以根据需要查看训练状况。下面以百度的 EasyDL 为例，介绍 AI 开发平台在图像识别方面的多物体识别应用。

### 6.3.1　基于 EasyDL 的多物体识别

EasyDL 基于 PaddlePaddle 深度学习框架构建而成，内置百亿级大数据训练的成熟预训练模型，如图像分类、物体检测、文本实体抽取、声音/视频分类等，并提供一站式的智能标注、模型训练、服务部署等全流程功能，支持公有云、设备端、私有服务器、软硬一体等灵活的部署方式。

下面以多物体识别为例，介绍使用 EasyDL 平台进行物体检测的基本流程。

### 1. 物体检测及流程

物体检测：在一张图包含多个物体的情况下，能够根据需要个性化地识别出每个物体的位置、数量、名称；同时，还可以识别出图片中有多个主体的场景。

物体检测中训练模型的基本流程如图 6-35 所示。

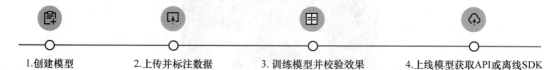

1.创建模型　　　2.上传并标注数据　　　3.训练模型并校验效果　　　4.上线模型获取API或离线SDK

图 6-35　基于 EasyDL 平台的训练流程

模型的选择取决于需要解决的实际场景问题，图 6-36 所示为图像分类和物体检测任务的区别。

**图像分类**

识别一张图中是否是某类物体/状态/场景，适合用于图片中主体相对单一的场景

**物体检测**

在一张图包含多个物体的情况下，定制识别出每个物体的位置、数量、名称，适合用于图片中有多个主体的场景

图 6-36　模型的区别

### 2. 创建模型

通过链接 https://ai.baidu.com/easydl/ 登录控制台，在"创建模型"中填写模型名称、联系方式、功能描述等信息，即可创建模型，如图 6-37 所示。

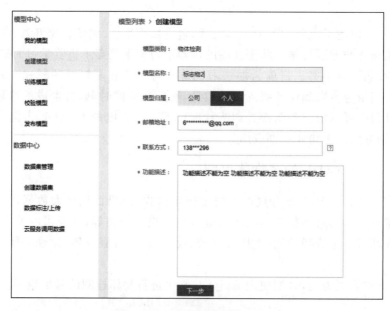

图 6-37　EasyDL 创建模型界面

模型创建成功后,可以在"我的模型"中看到刚刚创建的模型。

**3. 上传并标注数据**

在训练之前需要在数据中心创建数据集。

(1) 设计标签

在上传之前确定想要识别哪几种物体,并上传含有这些物体的图片。每个标签对应于想要在图片中检测出的一种物体。注意:标签的上限为 1 000 种。

(2) 准备图片

① 基于设计好的标签准备图片

每种要识别的物体在所有图片中出现的数量需要大于 50。如果某些标签的图片具有相似性,那么需要更多的图片。一个模型的图片总量限制到 4 张～10 万张。

② 图片格式要求

目前支持的图片类型为 png、jpg、bmp、jpeg,图片大小限制在 4 MB 以内。图片长宽比在 3∶1 以内,其中最长边小于 4 096 px,最短边大于 30 px。

③ 图片内容要求

训练图片和实际场景中要识别的图片拍摄环境要一致,例如,如果实际要识别的图片是摄像头俯拍的,那训练图片就不能用网上下载的目标正面图片。

每个标签的图片需要尽可能覆盖实际场景的所有情况,如拍照角度、光线明暗等,训练集覆盖的场景越多,模型的泛化能力越强。

(3) 上传和标注图片

先在"创建数据集"页面创建数据集,再进入"数据标注/上传",步骤如下。

① 选择数据集。

② 上传已准备好的图片。

③ 在标注区域内进行标注,以"检测图片标志物"为例,首先在标注框上方找到工具栏,单击标注按钮并在图片中拖动画框,圈出要识别的目标,如图 6-38 所示。

图 6-38　EasyDL 数据标注界面

然后在右侧的标签栏中,增加新标签,或选择已有标签,如图 6-39 所示。

图 6-39　为数据标注添加标签

若需要标注的图片量较大(如超过 100 张)时,可以启动智能标注来降低标注成本。

### 4. 训练模型

数据提交后,可以在导航中找到"训练模型",启动模型训练。先选择模型,勾选应用类型,然后选择算法,添加训练数据。完整操作如图 6-40 所示。

图 6-40　EasyDL 训练模型界面

### 5. 校验模型效果

在训练完成后,可以在"我的模型"列表中看到模型效果,以及详细的模型评估报告。如果单个分类/标签的图片量在 100 张以内,那么数据的参考意义不大。实际效果可以通过左侧导航中找到"校验模型"功能校验,或者发布为接口后测试。模型校验功能示意图如图 6-41 所示。

如果对模型效果不满意,可以通过扩充数据、调整标注等方法进行模型迭代。

图 6-41　EasyDL 校验模型界面

### 6. 发布模型

训练完毕后就可以在左侧导航栏中找到"发布模型",自定义接口地址后缀、服务名称后,即可申请发布。发布模型界面如图 6-42 所示。

图 6-42　EasyDL 发布模型界面

申请发布后,通常的审核周期为 $T+1$,即当天申请第二天就可以完成审核。

在正式使用之前,还需要为接口赋权。需要登录控制台,选择在"EasyDL 控制台"中创建一个应用,获得由一串数字组成的 AppID。操作结果如图 6-43 所示。

同时支持在"EasyDL 控制台-云服务权限管理"中为第三方用户配置权限,操作过程如图 6-44 和图 6-45 所示。

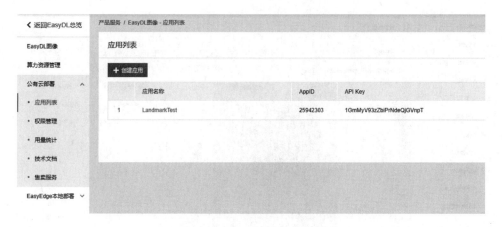

图 6-43　EasyDL 控制台

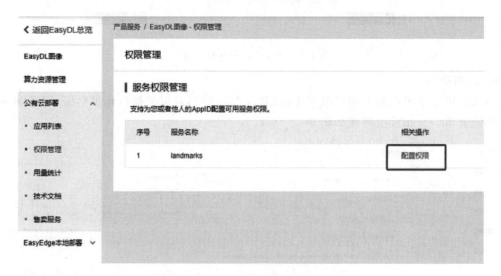

图 6-44　云服务权限管理界面

图 6-45　添加应用标签

发布成功后,即可在训练平台"我的模型"处获得 API 接口界面如图 6-46 所示。

图 6-46　EasyDL 模型发布成功后的界面

**7. 标志物检测**

首先找到物体检测的 API 文档,该文档提供了拿到接口后如何去请求的方法,如图 6-47 所示。

图 6-47　EasyDL 接口调用文档

以上便是完成多物体识别的流程介绍,具体功能可参考官方 API 文档。部分关键代码如下。

(1)将文档代码复制到 LandmarkDetectionEmpty.java 中。

```java
public void easydlObjectDetection(String fileName) {
    //请求 url
    String url = "【接口地址】";
    try {
        Map<String, Object> map = new HashMap<>();
        map.put("image", "sfasq35sadvsvqwr5q...");

        String param = GsonUtils.toJson(map);
```

```
        //注意这里仅为了简化编码每一次请求都去获取 access_token,线上环境 access_token
有期限,客户端可自行缓存,过期后重新获取
        String accessToken = "[调用鉴权接口获取的 token]";

        String result = HttpUtil.post(url, accessToken, "application/json", param);
        System.out.println(result);
    } catch (Exception e) {
        e.printStackTrace();
    }
}
```

(2) 将图片转化为 Base64 编码格式。

```
    //获取图片
BufferedInputStream bis = new
BufferedInputStream(getResources().getAssets().open(fileName));
    // I/O 流转字节流
    byte[] data = readInputStreamByBytes(bis);
Bitmap bmp = BitmapFactory.decodeByteArray(data,0,data.length);
    runOnUiThread(() -> image1.setImageBitmap(bmp));

    Map<String, Object> map = new HashMap<>();
    String basse64 = Base64Util.encode(data);
```

(3) 解析 JSON 数据。

```
LandmarkInfo lmi = GsonUtils.fromJson( result,LandmarkInfo.class);
for (LandmarkInfo.ResultsBean rb : lmi.getResults()){ }
```

(4) 根据返回位置画出矩形框。

```
Canvas canvas = new Canvas(tempBitmap);
    //图像上画矩形
    Paint paint = new Paint();
    paint.setColor(Color.RED);
    paint.setStyle(Paint.Style.STROKE);//不填充
    paint.setStrokeWidth(10);  //线的宽度
    canvas.drawRect(rb.getLocation().getLeft(), rb.getLocation().getTop()
, rb.getLocation().getLeft() + rb.getLocation().getWidth(), rb.getLocation().getTop() + rb.
getLocation().getHeight(), paint);
```

(5) 运行案例,拍摄标志物之后,识别检测结果如图 6-48 所示。

图 6-48　运行结果

## 6.3.2　基于 PaddlePaddle 的图像识别

本小节以 AI Studio 实训平台为例,简要介绍在 PaddlePaddle 2.0 上基于 CNN 的图片识别多分类任务——宝石识别。本任务及资料来源于 AI Studio 平台。前面已经讲述了 CNN 的基本原理,此处不再赘述。任务实验环境为 AI Studio、PaddlePaddle 2.0、Python 3.7。

任务整个流程共分 5 个阶段,分别是:数据准备、模型设计、训练配置、训练过程、模型保存。模型设计包含网络结构设计、损失函数选择/设计。训练配置和训练过程两个阶段也可以称之为训练模型和模型评估的过程。训练配置包含优化器选择、资源配置(单机 CPU 或 GPU、多机 CPU 或 GPU)等。模型保存阶段包含了模型的预测,比如预测场景以及恢复训练场景等。如图 6-49 所示。

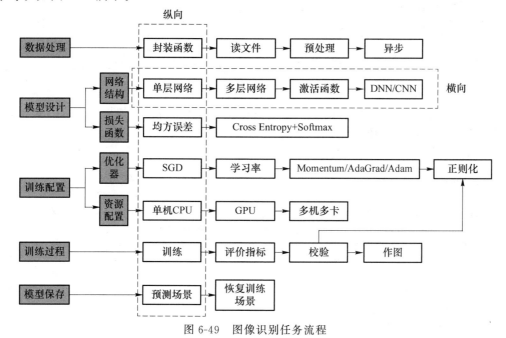

图 6-49　图像识别任务流程

### 1. 数据准备

宝石图像数据集包含 25 类宝石，共 811 张图片，其中训练集有 749 张，验证集有 62 张，图片格式为 RGB，大小是 $3 \times 224 \times 224$。

（1）导入需要的包。

```python
# 导入需要的包
import os
import zipfile
import random
import json
import cv2
import numpy as np
from PIL import Image
import matplotlib.pyplot as plt
import paddle
from paddle.io import Dataset
import paddle.nn as nn
import paddle
```

（2）进行参数配置。

```python
'''
参数配置
'''
train_parameters = {
    "input_size": [3, 224, 224],                        # 输入图片的 shape
    "class_dim": 25,                                     # 分类数
    "src_path":"data/data55032/archive_train.zip",      # 原始数据集路径
    "target_path":" /data/dataset",                     # 要解压的路径
    "train_list_path": "./train.txt",                   # train_data.txt 路径
    "eval_list_path": "./eval.txt",                     # eval_data.txt 路径
    "label_dict":{},                                    # 标签字典
    "readme_path": " /data/readme.json",                # readme.json 路径
    "num_epochs":20,                                    # 训练轮数
    "train_batch_size": 32,                             # 批次的大小
    "learning_strategy": {                              # 优化函数相关的配置
        "lr": 0.001                                     # 超参数学习率
    }
}
```

注意：上述路径是以 AI Studio 在线平台/home 为路径起始的，如果采用离线模式，那么需要修改为自己的数据路径。

（3）解压数据集。

```python
def unzip_data(src_path,target_path):
    '''
    解压原始数据集，将 src_path 路径下的 zip 包解压至 data/dataset 目录下
    '''
    if(not os.path.isdir(target_path)):
        z = zipfile.ZipFile(src_path, 'r')
        z.extractall(path = target_path)
        z.close()
    else:
        print("文件已解压")
```

（4）定义生成数据列表的方法。

```python
def get_data_list(target_path,train_list_path,eval_list_path):
    '''
生成数据列表
    '''
    # 获取所有类别保存的文件夹名称
    data_list_path = target_path
    class_dirs = os.listdir(data_list_path)
    if '__MACOSX' in class_dirs:
        class_dirs.remove('__MACOSX')
    # 存储要写进 eval.txt 和 train.txt 中的内容
    trainer_list = []
    eval_list = []
    class_label = 0
    i = 0

    for class_dir in class_dirs:
        path = os.path.join(data_list_path,class_dir)
        # 获取所有图片
        img_paths = os.listdir(path)
        for img_path in img_paths:                      # 遍历文件夹下的每个图片
            i += 1
            name_path = os.path.join(path,img_path)          # 每张图片的路径
            if i % 10 == 0:
                eval_list.append(name_path + "\t%d" % class_label + "\n")
            else:
                trainer_list.append(name_path + "\t%d" % class_label + "\n")

        train_parameters['label_dict'][str(class_label)] = class_dir
        class_label += 1

    # 乱序
    random.shuffle(eval_list)
    with open(eval_list_path,'a') as f:
        for eval_image in eval_list:
            f.write(eval_image)
    # 乱序
    random.shuffle(trainer_list)
    with open(train_list_path,'a') as f2:
        for train_image in trainer_list:
            f2.write(train_image)

    print('生成数据列表完成！')
```

（5）定义函数的调用和执行。

```python
# 参数初始化
src_path = train_parameters['src_path']
target_path = train_parameters['target_path']
train_list_path = train_parameters['train_list_path']
eval_list_path = train_parameters['eval_list_path']
batch_size = train_parameters['train_batch_size']

# 解压原始数据到指定路径
unzip_data(src_path, target_path)

# 每次生成数据列表前，先清空 train.txt 和 eval.txt
with open(train_list_path, 'w') as f:
    f.seek(0)
    f.truncate()
with open(eval_list_path, 'w') as f:
    f.seek(0)
    f.truncate()

# 生成数据列表
get_data_list(target_path, train_list_path, eval_list_path)
```

（6）定义读取数据类和方法。

```python
class Reader(Dataset):
    def __init__(self, data_path, mode='train'):
        """
        数据读取器
        :param data_path: 数据集所在路径
        :param mode: train or eval
        """
        super().__init__()
        self.data_path = data_path
        self.img_paths = []
        self.labels = []

        if mode == 'train':
            with open(os.path.join(self.data_path, "train.txt"), "r", encoding="utf-8") as f:
                self.info = f.readlines()
            for img_info in self.info:
                img_path, label = img_info.strip().split('\t')
                self.img_paths.append(img_path)
                self.labels.append(int(label))
```

```
        else:
            with open(os.path.join(self.data_path, "eval.txt"), "r", encoding = "utf - 8") as f:
                self.info = f.readlines()
            for img_info in self.info:
                img_path, label = img_info.strip().split('\t')
                self.img_paths.append(img_path)
                self.labels.append(int(label))


    def __getitem__(self, index):
        """

        获取一组数据
        :param index:文件索引号
        :return:
        """
        #第一步打开图像文件并获取 label 值
        img_path = self.img_paths[index]
        img = Image.open(img_path)
        if img.mode != 'RGB':
            img = img.convert('RGB')
        img = img.resize((224, 224), Image.BILINEAR)
        img = np.array(img).astype('float32')
        img = img.transpose((2, 0, 1)) / 255
        label = self.labels[index]
        label = np.array([label], dtype = "int64")
        return img, label

    def print_sample(self, index: int = 0):
        print("文件名", self.img_paths[index], "\t 标签值", self.labels[index])

    def __len__(self):
        return len(self.img_paths)
```

（7）训练数据和测试数据加载。

```
#训练数据加载
train_dataset = Reader('./', mode = 'train')
train_loader = paddle.io.DataLoader(train_dataset, batch_size = 16, shuffle = True)
#测试数据加载
eval_dataset = Reader('./', mode = 'eval')
eval_loader = paddle.io.DataLoader(eval_dataset, batch_size = 8, shuffle = False)
```

**2．模型设计**

本例可设计 20 层的 AlexNet 结构的网络，代码如下。

```
class AlexNetModel(paddle.nn.Layer):
    def __init__(self):
        super(AlexNetModel, self).__init__()
        self.conv_pool1 = paddle.nn.Sequential(    #输入大小为 m * 3 * 227 * 227
            paddle.nn.Conv2D(3,96,11,4,0),          #L1,输出大小为 m * 96 * 55 * 55
            paddle.nn.ReLU(),                       #L2,输出大小为 m * 96 * 55 * 55
            paddle.nn.MaxPool2D(kernel_size = 3, stride = 2))
                                                    #L3,输出大小为 m * 96 * 27 * 27
        self.conv_pool2 = paddle.nn.Sequential(
            paddle.nn.Conv2D(96, 256, 5, 1, 2),     #L4,输出大小为 m * 256 * 27 * 27
            paddle.nn.ReLU(),                       #L5,输出大小为 m * 256 * 27 * 27
            paddle.nn.MaxPool2D(3, 2))              #L6,输出大小为 m * 256 * 13 * 13
        self.conv_pool3 = paddle.nn.Sequential(
            paddle.nn.Conv2D(256, 384, 3, 1, 1),    #L7,输出大小为 m * 384 * 13 * 13
            paddle.nn.ReLU())                       #L8,输出大小为 m * 384 * 13 * 13
        self.conv_pool4 = paddle.nn.Sequential(
            paddle.nn.Conv2D(384, 384, 3, 1, 1),    #L9,输出大小为 m * 384 * 13 * 13
            paddle.nn.ReLU())                       #L10,输出大小为 m * 384 * 13 * 13
        self.conv_pool5 = paddle.nn.Sequential(
            paddle.nn.Conv2D(384, 256, 3, 1, 1),    #L11,输出大小为 m * 256 * 13 * 13
            paddle.nn.ReLU(),                       #L12,输出大小为 m * 256 * 13 * 13
            paddle.nn.MaxPool2D(3, 2))              #L13,输出大小为 m * 256 * 6 * 6
        self.full_conn = paddle.nn.Sequential(
            paddle.nn.Linear(256 * 6 * 6, 4096),    #L14,输出大小为 m * 4096
            paddle.nn.ReLU(),                       #L15,输出大小为 m * 4096
            paddle.nn.Dropout(0.5),                 #L16,输出大小为 m * 4096
            paddle.nn.Linear(4096, 4096),           #L17,输出大小为 m * 4096
            paddle.nn.ReLU(),                       #L18,输出大小为 m * 4096
            paddle.nn.Dropout(0.5),                 #L19,输出大小为 m * 4096
            paddle.nn.Linear(4096, 25))             #L20,输出大小为 m * 10
        self.flatten = paddle.nn.Flatten()

    def forward(self, x):  #前向传播
        x = self.conv_pool1(x)
        x = self.conv_pool2(x)
        x = self.conv_pool3(x)
        x = self.conv_pool4(x)
        x = self.conv_pool5(x)
        x = self.flatten(x)
        x = self.full_conn(x)
        y = paddle.reshape(x, shape = [-1, 50 * 25 * 25])
        return y
```

```python
epoch_num = 20
batch_size = 256
learning_rate = 0.0001

val_acc_history = []
val_loss_history = []

def train(model):
    # 启动训练模式
    model.train()

    opt = paddle.optimizer.Adam(learning_rate = learning_rate, parameters = model.parameters())
    # train_loader = paddle.io.DataLoader(cifar10_train, shuffle = True, batch_size = batch_size)
    # valid_loader = paddle.io.DataLoader(cifar10_test, batch_size = batch_size)

    for epoch in range(epoch_num):
        for batch_id, data in enumerate(train_loader()):
            x_data = paddle.cast(data[0], 'float32')
            y_data = paddle.cast(data[1], 'int64')
            y_data = paddle.reshape(y_data, (-1, 1))
            y_predict = model(x_data)
            loss = F.cross_entropy(y_predict, y_data)
            loss.backward()
            opt.step()
            opt.clear_grad()

        print("训练轮次：{}；损失：{}".format(epoch, loss.numpy()))

        # 每训练完 1 个 epoch，用测试数据集来验证一下模型
        model.eval()
        accuracies = []
        losses = []
        for batch_id, data in enumerate(eval_loader()):
            x_data = paddle.cast(data[0], 'float32')
            y_data = paddle.cast(data[1], 'int64')
            y_data = paddle.reshape(y_data, (-1, 1))
            y_predict = model(x_data)
            loss = F.cross_entropy(y_predict, y_data)
            acc = paddle.metric.accuracy(y_predict, y_data)
            accuracies.append(np.mean(acc.numpy()))
            losses.append(np.mean(loss.numpy()))

        avg_acc, avg_loss = np.mean(accuracies), np.mean(losses)
```

```
        print("评估准确度为:{};损失为:{}".format(avg_acc，avg_loss))
        val_acc_history.append(avg_acc)
        val_loss_history.append(avg_loss)
        model.train()
```

或者设计简单的7层CNN网络结构,代码如下。

```
# 定义卷积神经网络实现宝石识别
class MyCNN(nn.Layer):

    def __init__(self):
        super(MyCNN,self).__init__()
        self.hidden1_1 = nn.Conv2D(in_channels = 3,out_channels = 64,kernel_size = 3,stride = 1) # 通道数、卷积核个数、卷积核大小
        self.hidden1_2 = nn.MaxPool2D(kernel_size = 2,stride = 2)
        self.hidden2_1 = nn.Conv2D(in_channels = 64,out_channels = 128,kernel_size = 4,stride = 1)
        self.hidden2_2 = nn.MaxPool2D(kernel_size = 2,stride = 2)
        self.hidden3_1 = nn.Conv2D(in_channels = 128,out_channels = 50,kernel_size = 5)
        self.hidden3_2 = nn.MaxPool2D(kernel_size = 2,stride = 2)
        self.hidden4 = nn.Linear(in_features = 50 * 25 * 25,out_features = 25)
    def forward(self,input):
        x = self.hidden1_1(input)
        x = self.hidden1_2(x)
        x = self.hidden2_1(x)
        x = self.hidden2_2(x)
        x = self.hidden3_1(x)
        x = self.hidden3_2(x)
        x = paddle.reshape(x,shape = [-1,50 * 25 * 25])
        y = self.hidden4(x)

        return y
```

### 3. 训练模型

```
# model = MyCNN() # 模型实例化
# model.train() # 训练模式
model = AlexNetModel()
train(model)
cross_entropy = paddle.nn.CrossEntropyLoss()
opt = paddle.optimizer.SGD(learning_rate = train_parameters['learning_strategy']['lr'],\
                                                    parameters = model.parameters())

epochs_num = train_parameters['num_epochs'] # 迭代次数
for pass_num in range(train_parameters['num_epochs']):
    for batch_id,data in enumerate(train_loader()):
```

```
            image = data[0]
            label = data[1]
            predict = model(image)  #数据传入model
            loss = cross_entropy(predict,label)
            acc = paddle.metric.accuracy(predict,label)        #计算精度
            if batch_id!= 0 and batch_id % 5 == 0:
                Batch = Batch + 5
                Batchs.append(Batch)
                all_train_loss.append(loss.numpy()[0])
                all_train_accs.append(acc.numpy()[0])
                print("epoch:{},step:{},train_loss:{},train_acc:{}".format(pass_num,batch_id,
loss.numpy(),acc.numpy()))
            loss.backward()
            opt.step()
            opt.clear_grad()                                   #用opt.clear_grad()来重置梯度
    paddle.save(model.state_dict(),'MyCNN')                    #保存模型
    draw_train_acc(Batchs,all_train_accs)
    draw_train_loss(Batchs,all_train_loss)
```

**4. 模型评估**

```
    #模型评估
para_state_dict = paddle.load("MyCNN")
model = MyCNN()
model.set_state_dict(para_state_dict)  #加载模型参数
model.eval()  #验证模型

accs = []

for batch_id,data in enumerate(eval_loader()):  #测试集
    image = data[0]
    label = data[1]
    predict = model(image)
    acc = paddle.metric.accuracy(predict,label)
    accs.append(acc.numpy()[0])
avg_acc = np.mean(accs)
print("当前模型在验证集上的准确率为:",avg_acc)
```

**5. 模型预测**

```
def unzip_infer_data(src_path,target_path):
    '''
    解压预测数据集
    '''
    if(not os.path.isdir(target_path)):
```

```
            z = zipfile.ZipFile(src_path,'r')
            z.extractall(path = target_path)
            z.close()


def load_image(img_path):
    '''
    预测图片预处理
    '''
    img = Image.open(img_path)
    if img.mode != 'RGB':
        img = img.convert('RGB')
    img = img.resize((224, 224), Image.BILINEAR)
    img = np.array(img).astype('float32')
    img = img.transpose((2, 0, 1))              # HWC to CHW
    img = img/255                               #像素值归一化
    return img


infer_src_path = '/ data/data55032/archive_test.zip'
infer_dst_path = '/ data/archive_test'
unzip_infer_data(infer_src_path,infer_dst_path)


para_state_dict = paddle.load("MyCNN")
model = MyCNN()
model.set_state_dict(para_state_dict)           #加载模型参数
model.eval()                                    #验证模型


#展示预测图片
infer_path ='data/archive_test/alexandrite_28.jpg'
img = Image.open(infer_path)
plt.imshow(img)                                 #根据数组绘制图像
plt.show()                                      #显示图像
#对预测图片进行预处理
infer_imgs = []
infer_imgs.append(load_image(infer_path))
infer_imgs = np.array(infer_imgs)
label_dic = train_parameters['label_dict']
for i in range(len(infer_imgs)):
    data = infer_imgs[i]
    dy_x_data = np.array(data).astype('float32')
    dy_x_data = dy_x_data[np.newaxis,:, : ,:]
    img = paddle.to_tensor (dy_x_data)
```

```
        out = model(img)
        lab = np.argmax(out.numpy())    #argmax():返回最大数的索引
        print("第{}个样本,被预测为{},真实标签为{}".format(i+1,label_dic[str(lab)],infer_path.
split('/')[-1].split("_")[0]))
    print("结束")
```

程序执行结果如图 6-50 所示。

&lt;Figure size 432×288 writh 1 Axes&gt;

图 6-50　预测结果

第 1 个样本,被预测为 alexandrite,真实标签为 alexandrite
结束

注意:如果上述训练模型的预测结果与真实标签不一致,模型还需要重新优化和训练。

# 本章小结

本章主要介绍了 AI 云开发的基础知识以及常用的百度、阿里、Face++、科大讯飞等云开发平台和云端机器学习的基本过程,详细描述了 AI 云开发的模式,以及不同云开发平台模型的基本开发、训练、发布、调用流程,同时对基于云端机器学习的多物体识别、图像识别任务所需的数据准备、模型设计、模型训练、模型评估、模型预测全过程进行了详细介绍,并以 EasyDL 和 PaddlePaddle 为例,进行了模型学习和预测的实现。

# 习 题 6

**1. 概念题**

(1) AI 开发模式有哪些? 不同开发模式之间有什么不同?

(2) 云平台进行图像识别开发的基本流程有哪些?

(3) 人脸检测、活体检测、人脸识别有什么不同?

(4) 云端使用 CNN 和 DNN 算法进行图片分类预测,通常需要完成哪些步骤?

**2. 操作题**

使用 Oxford-IIIT Pet 数据集(https://www.robots.ox.ac.uk/~vgg/data/pets,该数据集包括 37 个类别的宠物数据集,每个类别大约有 200 张图像)编写程序,设计网络结构和模型,实现从预测数据集中随机抽 3 个动物来看预测的效果,并展示原图、标签图和预测结果。

# 参 考 文 献

［1］ 杨强. 机器学习的几个前沿问题［R］. 清华-中国工程院知识智能联合研究中心年会暨认知智能高峰论坛. 2020

［2］ 百度百科. 飞浆［EB/OL］. （2020-12-21）［2021-8-30］. https：//baike. baidu. com/item/％E9％A3％9E％E6％A1％A8/23472642? fromtitle＝PaddlePaddle&fromid＝20110894&fr＝Aladdin.

［3］ Alibaba. 用户文档［EB/OL］. （2019-8-12）［2021-8-30］. https：//github. com/alibaba/x-deeplearning.

［4］ LinkedIn. Photon ML Tutorial［EB/OL］. （2016-6-20）［2021-8-28］. https：//github. com/linkedin/p hoton-ml.

［5］ JIANG J, YU L, JIANG J W, et al. Angel：a new large-scale machine learning system［J］. National Science Review，2018，5(2)：216-236.

［6］ TIBSHIRANI R. Regression shrinkage and selection via the lasso：a retrospective［J］. Journal of the Royal Statistical Society. Series B (Statistical Methodological)，1996，58(1)：267-288.

［7］ OpenCV：Open Source Computer Vision Library［EB/OL］. （2020-6-27）［2021-7-28］. https：//github. com/opencv/opencv.

［8］ SWAN A R H, SANDILANDS M H. Introduction to Geological Data Analysis［M］. Oxford：Wiley-Blackwell，1995.

［9］ DABOV K, FOI R, KATKOVNIK V, et al. Image denoising with block-matching and 3D filtering［J］. Proc. SPIE-IS&T Electronic Imaging，2006.

［10］ LIY X. DEEP REINFORCEMENT LEARNING. （2018-10-15）［2021-6-2］. https：//arxiv. org/abs/1810. 06339v1.

［11］ TensorFlow. TensorFlow Core［EB/OL］. （2021-3-21）［2021-8-28］. https：//tensorflow. google. cn/tutorials.

［12］ MINSKY M, PAPERT S. Perceptrons［M］. Cambridge：M. I. T. Press，1969：22-26.

［13］ RUMELHART D E, HINTON G E, WILLIAMS R J. Learning representations by back-propagating errors［J］. Nature，1986，323(6088)：533.

［14］ LECUN Y，BOTTOU L，BENGIO Y，et al. Gradient-based learning applied to document recognition［J］. Proceedings of the IEEE，1998，86(11)：2278-2324.

［15］ KRIZHEVSKY A，SUTSKEVER I，HINTON G. ImageNet classification with deep convolutional neural networks［J］. Advances in neural information processing systems，2017，60(6)：84-90.

［16］ HE K M，ZHANG X Y，REN S Q，et al. Deep residual learning for image recognition［C］. 2016 IEEE Conference on Computer Vision and Pattern Recognition (CVPR)，1：770-778.